# 移动互联网技术架构及其发展

## （修订版）

郑凤 杨旭 胡一闻 彭扬 编著

Mobile
Internet
Technical
Architecture



人民邮电出版社

北京

**图书在版编目（CIP）数据**

移动互联网技术架构及其发展 / 郑凤等编著. -- 修订本. -- 北京 : 人民邮电出版社, 2015.9（2024.1 重印）
ISBN 978-7-115-39930-4

Ⅰ. ①移… Ⅱ. ①郑… Ⅲ. ①移动通信－互联网络－研究 Ⅳ. ①TN929.5

中国版本图书馆CIP数据核字(2015)第162752号

## 内 容 提 要

本书共 7 章。主要内容包括：移动互联网的特点、演进历程、典型架构、协议簇以及移动互联网技术的标准化及其发展；移动互联网的发展历程以及各阶段的技术标准和应用；移动互联网的支撑技术及运营管理系统；移动终端执行环境与操作系统；移动互联网服务技术以及移动互联网 2.0 技术及其技术发展趋势。

本书深入浅出，易于理解，适合运营商、移动互联网运营企业和相关领域研究机构的管理、研究人员阅读，还可作为高校相关专业本科生与研究生的参考用书。

◆ 编　　著　郑　凤　杨　旭　胡一闻　彭　扬
　责任编辑　李　静
　责任印制　彭志环
◆ 人民邮电出版社出版发行　　北京市丰台区成寿寺路 11 号
　邮编　100164　　电子邮件　315@ptpress.com.cn
　网址　http://www.ptpress.com.cn
　北京七彩京通数码快印有限公司印刷
◆ 开本：700×1000　1/16
　印张：18.5　　　　2015 年 9 月第 1 版
　字数：343 千字　　　2024 年 1 月北京第 13 次印刷

定价：68.00 元

**读者服务热线：(010)81055493　印装质量热线：(010)81055316**
**反盗版热线：(010)81055315**

# 前　言

近年来，随着新技术的迅猛发展和人们需求的不断提升，移动通信和互联网的快速发展已成为一种必然的趋势，在国内外成为信息通信领域增长最快的两大产业。

移动互联网是互联网产业与电信产业融合背景下的产物。它融合了互联网的连接功能、无线通信的移动性以及智能移动终端的计算功能，并呈现出数字化和IP 化的发展特点。数字化提供了统一的数字表述格式，IP 化则提供了统一的数据联通格式。以此为前提，网络通信和信息共享都变得相对简单，这是信息产业的一项重要变革。产业技术融合将给用户一种全新的“超媒体”体验，即个人计算、个人通信和个人控制，从而带给用户一种全新的生活方式和工作方式。

移动互联网是电信业最有发展潜力的领域之一，是未来的蓝海，它将有力地推动电信行业的创新与转型，也将成为加快我国信息化发展的重要契机。而目前国内针对移动互联网、移动互联网技术的书籍较少。为了让广大读者熟悉、了解移动互联网及其相关技术，我们编写了本书。

本书共 7 章，第 1 章主要介绍移动互联网架构发展历程、典型架构、协议簇，以及移动互联网技术的标准化及标准化发展；第 2 章主要介绍移动互联网的组网技术与服务环境；第 3 章主要介绍移动云计算；第 4 章主要介绍移动互联网的支撑技术及运营管理系统；第 5 章主要介绍移动终端与操作系统；第 6 章主要介绍移动互联网服务技术，包括移动互联网业务体系、移动互联网技术体系、移动门户与内容管理、移动应用商店、移动浏览器、移动搜索、移动商务、移动阅读和移动安全；第 7 章主要介绍移动互联网 2.0 技术、Mobile 2.0 技术及移动互联网技术发展的趋势。

由于电信及网络技术的发展迅速，本书所介绍的相关技术可能已发生变化或正在发生变化。本书中可能存在疏漏、不当之处，恳请广大读者给予批评指正，我们将不胜感激！您提出的宝贵意见和建议将帮助我们今后对本书做进一步的修改和完善。

编　者

# 前言

# 再版前言

随着互联网新技术不断革新以及互联网应用日益丰富，互联网浪潮正以前所未有之势席卷传统行业。移动通信和互联网的深度融合，催生出了移动互联网。移动互联网是当前最火热的领域之一，它推动传统行业转型、新兴行业创新，促进行业重塑与融合。意识到移动互联网的重要性，我们在 3 年前移动互联网尚未风靡时出版了本书，是为了让广大读者对移动互联网的技术架构及其发展有一个较为全面的了解和认识。

2015 年，李克强总理在《政府工作报告》中提出："制定'互联网+'行动计划，推动移动互联网、云计算、大数据、物联网等与现代制造业结合，促进电子商务、工业互联网和互联网金融健康发展，引导互联网企业拓展国际市场。"这是继德国推出"工业 4.0"、美国推出"工业互联网"之后，中国将"互联网+"的推广与应用，摆在国家发展战略的重要位置。今天，越来越多的国家和地区认识到，以移动互联网为基础的信息技术的产生、演进和应用，正一步步促进传统产业的融合和升级，带来新一轮技术革命和国家跨越发展的机遇。

基于这样的时代背景，我们推出了本书的第二版，旨在让广大读者紧跟移动互联网发展的步伐，及时了解最新的技术演进、行业应用动态。我们在对第一版内容最大程度进行更新的基础上，不断完善相关内容。

本书第二版共 7 章，分上篇、中篇和下篇三篇进行阐述。上篇"管"主要内容为前三章，中篇"端"为第 4 章，下篇"云"为后三章。第 1 章主要介绍移动互联网的特点、演进历程、典型架构、协议簇，以及移动互联网技术的标准化及标准化发展；第 2 章主要介绍移动互联网的发展历程以及各阶段的技术标准和应用；第 3 章主要介绍移动互联网的支撑技术及运营管理系统；第 4 章主要介绍移动终端执行环境与操作系统；第 5 章主要介绍移动云计算；第 6 章主要介绍移动互联网服务技术；第 7 章主要介绍移动互联网 2.0 技术及其技术发展趋势。

在本书编写过程中，我们的众多研究生对本书写作、出版给予了较大帮助。

其中，何猛、陈健聪参与了本书上篇的资料收集和编写工作，刘珏、陈毅参与了本书中篇的资料收集和编写工作，张兆吉、赵澜参与了下篇的资料收集和编写工作，在此一并表示感谢。

由于移动互联网技术发展迅速，尽管修订版已经对本书所介绍的相关技术进行了更新，但肯定仍存在疏漏和不当之处，恳请广大读者批评指正，我们将不胜感激！您提出的宝贵意见和建议将帮助我们今后对本书做进一步的修改和完善。

编　者

# 目 录

## 上篇：管

## 中篇：端



## 下篇：云

# 管

# 第1章

# 移动互联网架构及协议

本章将从互联网、移动互联网、移动互联网的体系结构、协议簇及其技术的标准化5个方面来论述，旨在使读者对移动互联网产生发展以及运作体系有初步的认识及了解。

## 1.1 互联网

互联网（Internet）是指各种不同类型和规模的计算机网络相互连接而成的网络。1969年，美国国防部高级研究计划管理局（ARPA）开始建立一个命名为ARPAnet的网络，把美国的几个军事及研究的电脑主机连接起来。1983年，ARPA和美国国防部通信局研制成功了用于异构网络的TCP/IP协议，美国加利福尼亚伯克莱分校把该协议作为其BSD UNIX的一部分，使得该协议得以在社会上流行起来，从而诞生了真正的互联网（Internet）。20世纪80年代起，互联网逐渐商用，并得到了快速发展。其应用已渗透到人类生产生活的各个领域，成为改变世界面貌和人类生活的重要工具。

### 1.1.1 互联网的特点

互联网的特点大致有以下几个方面。

- 资源共享：大家分享同一个资源，最大限度地节省成本，提高效率。
- 超越时空：人们可以在网上看新闻、看电影、聊天而不受时间和空间的限制。

- 实时交互性：人们可以随时通过网络和网友、朋友进行即时的互动。
- 个性化：任何一个有个性、有创意的人都可以在互联网上得到很好的生存和发展。也就是说每个人都可以在网上发表自己独到的、与众不同的创意想法。
- 人性化：互联网之所以普及得这么快，就是因为它很多方面都是按人性化标准来设计的。
- 公平性：人们在互联网上发布和接受信息是平等的，互联网上不分地段、不讲身份，机会平等。

### 1.1.2　互联网的影响

互联网已经渗透到各个领域，从政治、经济到文化、社会，从个人工作、学习到生活、娱乐，它几乎无处不在，并且无时无刻不在影响着人们。

**1．成为经济增长新引擎**

在 2012 年，波士顿咨询集团（BCG）预测 2013 年 20 国集团互联网经济规模将达到 2.3 万亿美元，并预计到 2016 年将增长近一倍至 4.2 万亿美元。强大的影响力和巨大的潜力使以互联网为主导的信息消费、信息经济日益成为世界经济的重要组成部分。

在中国，自 1994 年接入互联网以来，经历 21 年的发展，中国已经成为网民规模全球第一的互联网大国，并呈现出强劲的互联网经济活力。据市场研究机构艾瑞咨询统计，2013 年中国网络经济整体规模已达到 6004.1 亿元，同比增长 50.9%。以电子商务为例，2013 年中国电子商务交易总额达到 10 万亿元，其中网络零售超过 1.8 万亿元，中国首次超越美国成为世界第一大网络零售国。

**2．逐渐改变人们的日常生活习惯**

网络技术的进步使得互联网的渗透程度不断加深，互联网应用从最初的电子邮件服务发展到网络新闻、搜索引擎、BBS 论坛、网上购物、数字图书馆、网络游戏等。互联网已经成为社会系统的一个有机组成部分。网络办公、网络招聘已经成为各大企业节约成本、提升效率的普遍选择；传统的电话、信件逐渐被电子邮件和 QQ、微信等即时通信工具所取代；网上购物、网上银行和发达的电子商务缩短了交易双方的时空距离……

**3．表达自己思想的交互平台**

作为一种交互性的“全媒体”和“超媒体”，互联网已经成为网民表达观点、主张和情感的最重要途径之一。网络论坛、博客、播客、微博、即时通信工具因为适应网络受众的新需求而获得迅速的发展。Web 2.0 时代的到来更是使我们进入了个人表达思想和情感的“自媒体时代”。

网络的传播特性使每个网民都可能成为网上内容的提供者和传播者，打破了传统媒体的“把关人”、“传播—接受”、“议程设置”等信息交流格局。每个网民都可能成为互联网信息交流的中心，网民个体的情感、主张和诉求受到空前的重视。

**4．公民有序参与政治、经济的新途径**

互联网作为思想文化的集散地和社会舆论的放大器，在公民有序参与社会政治、经济话题的过程中发挥了越来越突出的作用。网络评论专栏、网络即时评论、网络论坛言论、贴吧、博客以及微博等，已经具有明显的大众媒体和舆论广场特性。

互联网也成为政府官员与民众就社会发展重大问题交流看法的有效方式，各地领导纷纷通过全国各大网络媒体“问计于民”。领导干部对网络的应用和重视，带动了决策层和民间声音的交流沟通。《决策》杂志2008年1月开展的“领导干部信息来源渠道问卷调查”结果显示，领导干部信息渠道的选择近年来发生了明显变化，50%的领导干部选择了网络。可见，网络已成为领导干部的重要信息渠道。

**5．中国与世界对话的新载体**

互联网的国际影响力和渗透力日益增强，对建立国际传播新秩序具有重要的意义，成为国际交流对话的新载体。互联网使中国在世界上获得了更大的“话语权”，最大程度地缩短了人与人、国与国之间的距离，成为让世界了解中国、让中国走向世界的最有效途径之一。

2008年，在四川汶川特大地震灾害的抗震救灾中，互联网成为世界各国了解灾区情况、提供援助的桥梁；在奥运火炬传递过程中，中国网民以高度的爱国热情团结起来，展示出自己的力量，通过网络弘扬并增强了民族自尊和自信。在国际交流中，互联网发挥的作用越来越显著。

但是，任何事物都有其两面性。从虚拟空间走向现实社会，互联网在蓬勃发展的同时，也带来了一些新的问题，如传播方式导致信息的不对称、网络依赖症危害网民身心健康、淫秽色情污染网络环境、网络欺诈造成信用体系缺失、网络暴力危及个人隐私等。

## 1.2 移动互联网

移动互联网是以移动通信网作为接入网的互联网。移动通信技术、终端技术与互联网技术的聚合，使得移动互联网不是固定互联网在移动网上的复制，而是一种新能力、新思想和新模式的体现，并将不断催生出新的产业形态和业务形态。它主要由公众互联网上的内容、移动通信网接入、便携式终端和不断创新的商业模式所构成，大致包括 3 种类型：以移动运营商为主导的封闭式移动互联网、以终端厂商为主导的相对封闭式移动互联网和以网络运营商为主导的开放式移动互联网。

当然，移动互联网是有别于互联网的。互联网是一个对等的、没有管理系统的网络；移动互联网基于电信网络，是具有管理系统的层次管理网，具有完整的计费和管理系统；而且，移动互联网的移动终端具有不同于互联网终端的移动特性、个性化特征，用户的体验也不尽相同。

### 1.2.1 移动互联网的特征

移动互联网的特征可以归结为 4 点：移动性、个性化、私密性和融合性。

**1．移动性**

相对于固定互联网，移动互联网灵活、便捷、高效。移动终端体积小而易于携带；移动互联网里包含了各种适合移动应用的各类信息，用户可以随时随地进行采购、交易、质询、决策、交流等各类活动。移动性带来接入便捷、无所不在的连接以及精确的位置信息，而位置信息与其他信息的结合蕴藏着巨大的业务潜力。

**2．个性化**

移动互联网创造了一种全新的个性化服务理念和商业运作模式。对于不同用户群体和个人的不同爱好和需求，为他们量身定制出多种差异化的信息，并通过不受时空地域限制的渠道，随时随地传送给用户。终端用户可以自由自在地控制所享受服务的内容、时间和方式等，移动互联网充分实现了个性化的服务。

**3．私密性**

与固定互联网不同，移动互联网业务的用户一般对应着一个具体的移动话音用户，即移动话音、移动互联网业务承载在同一个个性化的终端上。而移动通信终端的私密性是与生俱来的，因此移动互联网业务也具有一定的私密性。同时，移动通信技术本身具有的安全和保密性能与互联网上的电子签名、认证等安全协议相结合，可以为用户提供服务的安全性保证。

**4．融合性**

首先，移动话音和移动互联网业务的一体化导致了业务融合；其次，手机终端趋向于变成人们随身携带的唯一的电子设备，其功能集成度越来越高。

### 1.2.2 中国的移动互联网行业发展特点

在互联网已经成熟发展、4G 热潮正如火如荼上演的今天，移动互联网已经成为人们关注的焦点。2014 年中国移动互联网市场规模为 2134.8 亿元，同比增长 115.5%。预计到 2018 年，市场规模将突破万亿。如图 1-1 所示，移动互联网保持较快的发展势头，其主要原因在于：一是受到智能终端和移动网民规模增速的推动；二是 3G/4G 的普及迎来了大流量消费时代，催熟了商业化环境；三是移动应用纷纷开始探索新的商业化道路，使得移动互联网生态环境进一步优化。

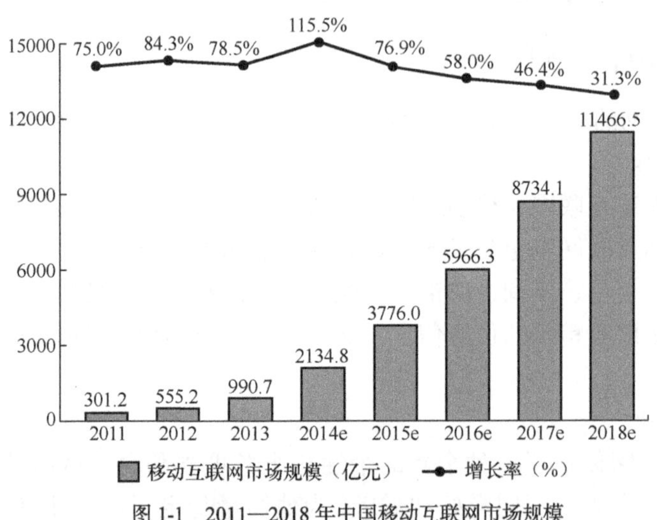


图 1-1　2011—2018 年中国移动互联网市场规模

经过近年来的发展，我国移动互联网行业发展呈现出以下几个特点。

（1）移动购物占比过半，移动营销稳步提升，移动营销市场发展潜力巨大。

（2）移动搜索市场规模不断扩张。近年来市场规模年均增长超过 100%，随着手机 Wap、Web、App 的进一步成熟，移动搜索市场规模将稳步增长。

（3）移动游戏市场规模不断增长。移动互联网商业化发展和智能移动终端的普及为扩大移动游戏市场规模奠定了基础。随着人们消费能力的提升，以及对娱乐休闲的需求增加，移动游戏市场发展前景一片向好。

（4）移动中国移动增值市场保持稳定增长。随着 4G 业务发展，移动用户基数增加，移动增值市场规模仍将保持稳定增长。

### 1.2.3　业务应用

伴随着 Web2.0、UGC（User Generated Content，用户生成内容）等新技术、新模式的发展和应用，移动互联网业务有了新的发展。Web2.0 颠覆了传统的以新闻门户网络平台为中心的信息发布模式，催生出“自媒体”，从而实现个体制造信息、个体发布、个体传播并扩散到尽可能多的其他个体。

根据提供方式和信息内容的不同，移动业务应用大致可细分为 6 种类别。

（1）移动公众信息类：主要包括为公众进行普遍服务的生活信息、区域广告、紧急呼叫、合法跟踪等。这类业务可以为移动互联网聚集人气。

（2）移动个人信息类：主要包括移动网上冲浪、移动 E-mail、城市导航、移动证券（信息）、移动银行（信息）、个人助理等。移动个人信息类是最有个性化的业务，会占据潜在的巨大市场。

（3）移动电子商务类：主要包括移动证券（交易）、移动银行（交易）、移动购物、移动预定、移动拍卖、移动在线支付等。

（4）移动娱乐服务类：主要包括各类移动游戏、移动 ICQ、移动电子宠物。

（5）移动企业虚拟专用类：主要应用在企业用户的移动办公方面。

（6）移动运营模式类：主要包括移动预付费、移动互联网门户等。

根据应用场合和社会功能的差异，移动互联网的业务还可分为 3 种组合类型：社交型、效率型和情景型。

## 1.3　移动互联网的演进

根据所应用的技术基础及成熟度，移动互联网从产生至今天，一共经历了 4 个阶段。了解移动互联网的演进，对认识其技术架构及未来发展十分必要。移动互联网的 4 个演进阶段如下。

（1）移动增值网：是为移动通信系统提供增值业务的网络，属于业务网络，能够提供移动的各种增值业务。

（2）独立 Wap 网站：是独立于移动网络体系的移动互联网站点，网站独立于运营商，直接面向消费者。

（3）移动互联网：以互联网技术（如 HTTP/HTML 等）为基础，以移动网络为承载，以获取信息、进行娱乐和商务等服务的公共互联网。

（4）宽带无线互联网：是移动互联网的高级阶段，可以采用多种无线接入方式，如 4G、WiMAX 等。

## 1.4　移动互联网的体系结构和协议簇

### 1.4.1　体系结构

何谓体系结构？计算机工业对体系结构的定义是“计算机或计算机系统的组

件的组织和集成方式”。由于互联网的发展，创建一个体系结构来构建系统的模式在过去的 20 年中得到了飞速的发展。现在已经进入移动互联网时代，它的体系结构又是怎样的？

**1．移动互联网的技术架构 MITA**

MITA（Mobile Internet Technical Architecture，移动互联网技术架构）由诺基亚公司提出，是正在开发的全新技术架构。它的目标是为在任何互动模式之间和任何网络环境下，采用任何接入方式提供无缝交互能力，以向每个人提供用户友好的移动互联网体验。

MITA 包括三种工具：（1）MITA 的三层模型。在由服务驱动的未来架构中，可把宏观环境理解为网络之间、设备之间和应用之间的交互作用。从最终用户的观点来看，它对应 MITA 原理中的三个 C：内容（Content）、连接（Connection）和消费（Consumption）。（2）MITA 的要素。在各层中进一步分解为各种要素，它们是移动互联网的基本组成部分，其本身又被描述成几个子层。以 MITA 描述该架构，可明确各不同层之间所需的具体交互作用。（3）MITA 立方体。通过各种网络环境、身份识别/寻址与交互模式的相互影响，产生各层之间的交互作用。MITA 立方体是用于理解产生于不同层相关问题的判断框架。

**2．MWIF 的体系结构**

MWIF（Mobile Wireless、Internet、Forum，移动无线互联网论坛）体系结构将采用现有或演化的 IETF（Internet Engineering Task Force，互联网工程任务组）协议用于扩展的无线互联网服务，并和下一代网络及其媒体网关互通。MWIF 体系结构拟在 4 个方面扩展使用互联网技术：在接入网和核心网中使用 IP（3 层）协议进行传输和控制；主体采用互联网官方协议标准（Internet official Protocol Standards，即 Request For Comments:2600，RFC2600）；根据潜在的移动环境，适时调整 IETF 协议的制定；采用 IP 实现端到端（包括终端）连接。MWIF 要求网络应具备的服务功能包括鉴定、授权、计费、命名和目录服务、IP 移动性、网络管理、服务质量 QoS，安全性和会晤管理等。

### 1.4.2 协议簇

协议是为计算机网络中进行数据交换而建立的规则、标准或约定。协议的集合是互联网相互连接和组网的基础。

**1．HTML**

HTML（Hyper Text Mark-up Language）即超文本标记语言或超文本链接标识语言，是目前网络上应用最广泛的语言，也是构成网页文件的主要语言。

### 2．CSS 语言

CSS（Cascading Style Sheet）译作“层迭样式表单”，是用于（增强）控制网页样式并允许将样式信息与网页内容分离的一种标记性语言。

### 3．RSS

RSS（Really Simple Syndication）也称为聚合 RSS，是在线共享内容的一种简易方式。用户在时效性比较强的内容上使用 RSS 订阅能更快速地获取信息；网站提供 RSS 输出，也有利于让用户获取最新的网站内容。

### 4．XML

XML（Extensible Markup Language）又称为可扩展标记语言，是一种置标语言。XML 是从标准通用置标语言（SGML）中简化修改出来的，主要用到的有可扩展置标语言、可扩展样式语言（XSL）、XBRL 和 XPath 等。

### 5．HTTP

HTTP（Hyper Text Transfer Protocol）即超文本传输协议，是互联网上最常见的协议，用于传输以超文本标记语言（HTML）写的文档，也就是我们通常说的网页。通过这个协议，我们可以浏览网络上的各种信息，在浏览器上看到丰富多彩的文字与图片。

### 6．TCP/IP

TCP/IP 是包含了一系列构成互联网基础的网络协议。TCP/IP 从字面上看代表了两个协议：TCP（传输控制协议）和 IP（网际协议）。TCP/IP 对为数众多的低层协议提供支持。基于 TCP/IP 协议的网络体系结构如图 1-2 所示。

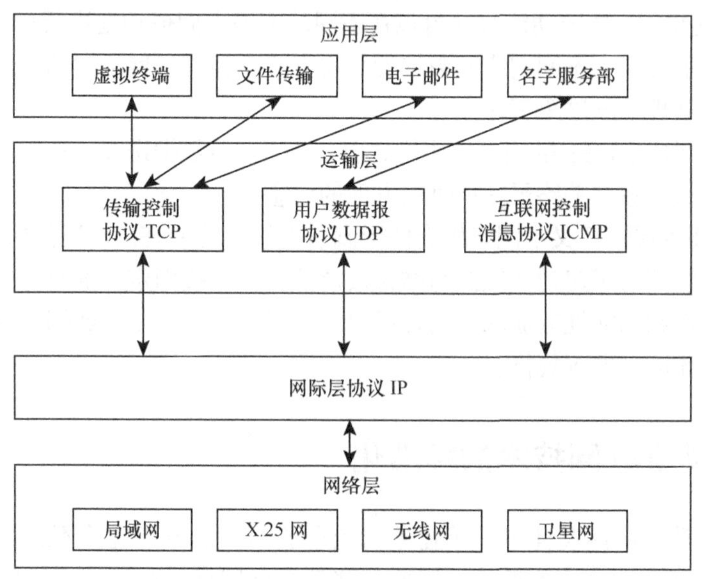


图 1-2　基于 TCP/IP 协议的网络体系结构

**7．SOAP**

SOAP 是 Web 服务范式中的一种基本技术。最初它是 Simple Object Access Protocol 的缩写，现在代表 Services-Oriented Access Protocol。这是因为它的重点已经从基于对象的系统转向消息交换的交互操作。SOAP 消息体封装了应用程序特有的负载。

**8．REST 协议**

REST（Representational State Transfer）是一种只使用 HTTP 和 XML 基于 Web 通信的技术。REST 从根本上来说只支持几个操作（POST、GET、PUT、DELETE），这些操作适用于所有的消息。REST 强调信息本身，称为资源。

**9．OSI 7 层模型**

OSI 7 层模型从高到低依次叙述如下。

（1）应用层：参考模式的最高层。用户接口或者应用程序编程接口通过这一层的协议连接网络。

（2）展现层：负责同层协议间数据交换的格式，保证从某一套系统的应用层数据传送到另一套系统的应用层时仍能显示相同的数据。

（3）会议层：负责与展现层之间建立、管理以及结束通信。这一层的通信包括在不同设备上的应用程序间服务的要求与响应。

（4）传输层：要连通网络上的两个设备，必须先在设备间建立连接，而传输层定义了两个端点主机间建立联机的基本原则。除此之外，还提供端点间的传输服务。

（5）网络层：主要功能是让封包在不同的网络之间成功地进行传递。它规定了网络的寻址方式、不同网络间数据的传递方式、处理子网之间的传递、路由的选择、数据处理的顺序等工作。

（6）数据链路层：数据送上网络之前，必须知道数据送往何处以及到达目的地后要做什么，数据链路层就提供这方面的信息。

（7）物理层：定义了网络媒介的形态、连接器的形态以及通信信号的形态。它是端点系统间为了启动、维护与结束彼此的实体链接而定义的有关电子性、机械性、程序性和功能性等需求。物理层也定义了如电压大小、数据速率、最大传输距离和实体链接器等规格。

## 1.5　移动互联网技术的标准化

由于移动互联网整体定位于业务与应用层面，业务与应用不遵循固定的发展模式，其创新性、实效性强，因此，移动互联网标准的制定面临很多争议和挑战。从移动应用出发，为确保基本移动应用的互通性，开放移动联盟（Open

Mobile Alliance，OMA）组织制定移动应用层的技术引擎、技术规范及实施互通测试，其中部分研究内容对移动互联网有支撑作用；从固定互联网出发，万维网联盟（World Wide Web Consortium，W3C）制定了基于 Web 基础应用技术的技术规范，为基于 Web 技术开发的移动互联网应用奠定了坚实的基础。

### 1.5.1　OMA 技术标准

在移动业务与应用发展的初期阶段，很多移动业务局限于某个厂商的设备、手机，某个内容提供商、某个运营商网络的局部应用。标准的不完备、不统一是移动互联网发展受限的主要原因之一（制定移动业务相关技术规范的论坛和组织曾经达十几个）。2002 年 6 月初，开放移动联盟（OMA）正式成立，其主要任务是收集市场移动业务需求并制定规范，清除互操作性发展的障碍，并加速各种全新的增强型移动信息、娱乐服务的开发和应用。OMA 在移动业务应用领域的技术标准研究致力于实现无障碍的访问能力、可控并充分开放的网络和用户信息、融合的信息沟通方式、灵活完备的计量体系、可计费和经营、多层次的安全保障机制等，使得移动网络和移动终端具备了实现开放有序移动互联网市场环境的基本技术条件。

开放移动联盟定义的业务范围要比移动互联网更加广泛，其部分研究成果可作为移动互联网应用的基础业务能力。

- 移动浏览技术可以认为是移动互联网最基本的业务能力；移动下载（OTA）作为一个基本业务，可以为其他业务（如 Java、Widget 等）提供下载服务，也是移动互联网技术中重要的基础技术之一。
- 移动互联网服务相对于固定互联网而言，最大的优势在于能够结合用户和终端的不同状态而提供更加精确的服务。这种状态可以包含位置、呈现信息、终端型号和能力等方面。OMA 定义了多种业务规范，能够为移动互联网业务提供用户与终端各类状态信息的能力，即属于移动互联网业务的基础能力，例如呈现、定位、设备管理等。
- OMA 移动搜索业务能力规范定义一套标准化的框架结构、搜索消息流和接口适配函数集，使移动搜索应用本身以及其他业务能力能有效地分享现有互联网商业搜索引擎技术成果。
- 开放移动联盟制定的多种移动业务应用能力规范可以对移动社区业务提供支持。作为锁定用户的有效手段，即时消息是社区类业务的核心应用；组和列表管理（XDM）里的用户群组，可以用于移动社区业务，成为移动社区里博客用户的好友群组；针对特定话题讨论的即按即说（PoC）群组，可以移植到相关专业移动社区的群组里，增加了这些用户进行交流的方式。

同时，随着 OMA 项目的进展，一些工作组的参与程度也在发生着变化，热点相对转移和集中到一些新的项目，例如 CPM、GSSM、SUPM、KPI、移动广告、移动搜索、移动社区、API 等。Parlay 组织（由英国电信、微软、北电网络公司等于 1998 年联合发起成立，2008 年并入 OMA 组织）和 OMA 组织在不同时间推出了 Parlay X 标准和 Parlay REST 标准，为移动互联网共性服务的开放提供了部分服务的描述和接口定义。

### 1.5.2 W3C 技术标准

万维网联盟（W3C）是制定 WWW 标准的国际论坛组织。W3C 的主要工作是研究和制定开放的规范，以便提高 Web 相关产品的互用性。为解决 Web 应用中不同平台、技术和开发者带来的不兼容问题，保障 Web 信息的顺利和完整流通，W3C 制定了一系列标准并督促 Web 应用开发者和内容提供商遵循这些标准。目前，W3C 正致力于可信互联网、移动互联网、互联网话音、语义网等方面的研究，无障碍网页、国际化、与设备无关和质量管理等主题也已融入了 W3C 的各项技术研究之中。W3C 正致力于将万维网从最初的设计（基本的超文本链接标记语言、统一资源标识符和超文本传输协议）转变为未来所需的模式，以帮助未来万维网成为信息世界中有高稳定性、可提升和强适应性的基础框架。

W3C 发布了两项标准——XHTML Basic 1.1 及移动 Web 最佳实践 1.0。这两项标准均针对移动 Web，其中 XHTML Basic 1.1 是 W3C 建议的移动 Web 置标语言。W3C 针对移动特点，在移动 Web 设计中遵循如下原则。

- 为多种移动设备设计一致的 Web 网页。在设计移动 Web 网页时，考虑到各种移动设备，以降低成本，增加灵活性，并使 Web 标准可以保证不同设备之间的兼容。
- 针对移动终端、移动用户的特点进行简化与优化。对图形和颜色进行优化，显示尺寸、文件尺寸等要尽可能小，要方便移动用户的输入；移动 Web 提供的信息要精简、明确。
- 节约使用接入带宽。不要使用自动刷新、重定向等技术，不要过多引用外部资源，要较好地利用页面缓存技术。

### 1.5.3 3GPP 技术标准

第三代合作伙伴计划（3rd Generation Partnership Project，3GPP）是一个成立于 1998 年 12 月的标准化机构。由欧洲电信标准化协会（ETSI）、日本无线工业及商贸联合会（ARIB）、日本电信技术委员会（TTC）、韩国电信技术协会（TTA）和美国 T1 通信标准委员会五个标准化组织发起，主要是制订以

GSM 核心网为基础，UTRA（FDD 为 W-CDMA 技术，TDD 为 TD-CDMA 技术）为无线接口的第三代技术规范。3GPP 的目标是在 ITU 的 IMT-2000 计划范围内制订和实现全球性的（第三代）移动电话系统规范。3GPP 的网络结构如图 1-3 所示。

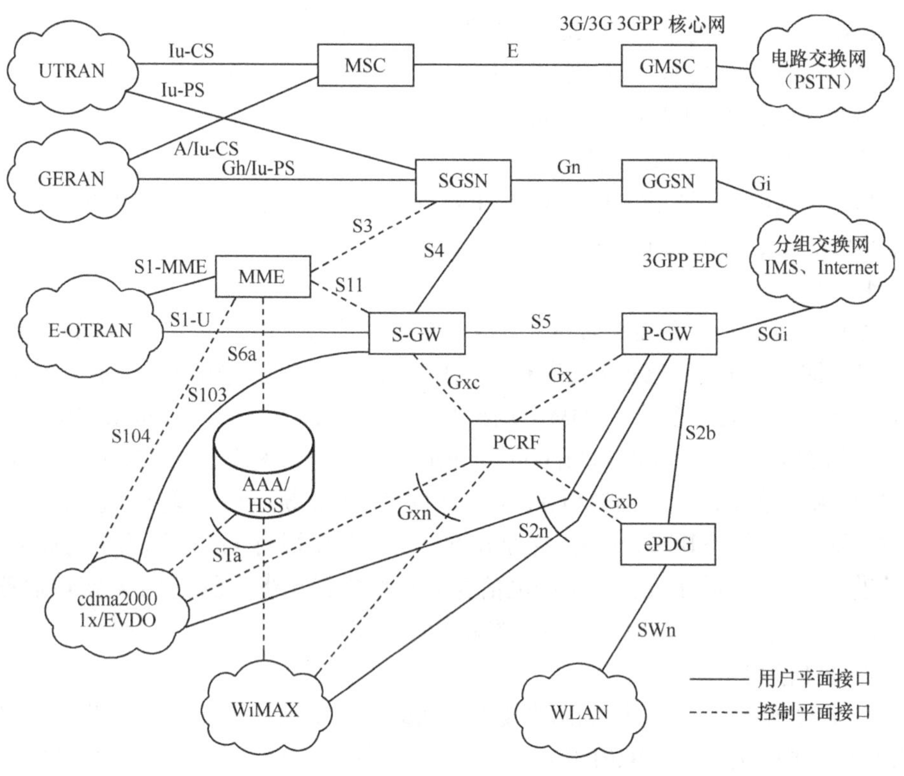


图 1-3　3GPP 的网络结构图

3GPP2（第三代合作伙伴计划 2）成立于 1999 年 1 月，由美国通信工业协会（TIA）、日本的 ARIB、日本的 TTC、韩国的 TTA 四个标准化组织发起，主要是制订以 ANSI-41 核心网为基础，CDMA2000 为无线接口的第三代技术规范。3GPP2 致力于使 ITU 的 IMT-2000 计划中的（3G）移动电话系统规范在全球的发展，实际上它是从 2G 的 CDMA One 或者 IS-95 发展而来的 CDMA2000 标准体系的标准化机构，它受到拥有多项 CDMA 关键技术专利的高通公司的较多支持。

中国无线通信标准研究组（CWTS）于 1999 年 6 月在韩国正式签字同时加入 3GPP 和 3GPP2，成为这两个组织的成员。

3GPP 标准组织主要包括项目合作组（PCG）和技术规范组（TSG）两类。其中 PCG 工作组主要负责 3GPP 总体管理、时间计划、工作的分配等，具体的技术工作则由各 TSG 工作组完成。目前，3GPP 包括 4 个 TSG，分别负责 EDGE 无线接入网（GERAN）、无线接入网（RAN）、系统和业务方面（SA）、核心网与终端（CT）。每一个 TSG 进一步分为不同的工作子组，每个工作子组分配具体的任务。例如，SAWGl 负责需求制定，SAWG2 负责系统架构，SAWG3 负责安全，SAWG5 负责网络管理等。又如，TSGRAN 划分为 5 个工作小组，分别是 RAN 层 1 规范组、层 2 与层 3RR 规范组、Iubflur/Iu 规范与 OAM 需求规范组、无线性能与协议规范组和终端一致性测试规范组。

目前，3GPP 已经正式发布 R99、R4、R5、R6、R7、R8、R9、R10、R11 和 R12（2015 年 3 月）共 10 个版本。

#### 1. R99 阶段

R99 阶段是 3G 标准的第一个阶段。在无线接入方面，定义了新型的空中接口标准，即 WCDMA 无线接入技术，工作在 5MHz 频段，采用了 3G 系统的标志性多址技术——码分多址（CDMA）技术，使分组域（PacketSwitched，PS）空口速率达到 2Mbit/s，电路域（CircuitSwitched，CS）空口速率达到 384kbit/s。核心网方面，R99 版本延续了 GSM/GPRS 系统的核心网系统结构，即分为电路域和分组域分别处理语音和数据业务。在业务方面，R99 阶段对 GSM 网络中的业务进行了进一步增强，除了支持基本的电信业务和承载业务外，还增加了对定位业务、64kbit/s 电路数据承载、电路域多媒体业务等的支持。

#### 2. R4 阶段

与 R99 相比，R4 阶段在无线技术方面的主要变化是将 TD.SCDMA 纳入到 3GPP 体系中，融合为 3GPPTDD 模式的空中接口标准，其他方面没有根本性变化。在核心网方面，R4 版本在 R99 基础上引入了软交换思想，将 MSC 的承载与控制功能分离，即呼叫控制与移动性管理功能由 MSCServer 承担，话音传输承载和媒体转换功能由 MGW 完成。在业务方面，R4 阶段针对宽带 AMR 语音、定位业务（LCS）、视频媒体流等业务进行了全面的定义与增强。

#### 3. R5 阶段

为了满足用户对高速下行数据业务的需求。在无线接入网方面，R5 版本定义了 HSDPA 技术，通过引入多种先进的无线传输技术，将下行数据业务的峰值速率提高到 14.4Mbit/s；在核心网方面，为了能够在 IP 平台上支持丰富的移动多媒体业务，R5 版本引入了基于会话初始协议（SIP）的 IP 多媒体子系统（IMS）。同时，R5 阶段引入了 Flex 技术，突破了一个 RNC 只能连接一个 MSC 或 SGSN 的限定，即允许一个 RNC 同时连接至多个 MSC 或 SGSN 实体。

在业务方面，R5 版本增加了支持 SIP 业务的功能，如 Vom 话音、定位、即时消息、在线游戏以及多媒体邮件等。

#### 4．R6 阶段

为满足高速上行数据业务的用户需求，R6 版本在无线接入网方面提出了 HSUPA 技术，通过引入 E—DCH 传输信道、自适应调制和编码、快速混合自动重传等技术，将上行数据峰值速率提高至 5.76Mbit/s。在核心网方面，R6 版本在系统构架方面没有做大的改变，主要是对 IMS 技术进行了功能增强，尤其对 IMS 与其他系统的互操作能力进行了完善，如与外部 IP 多媒体网络、与 CS 域之间、与 WLAN 网络之间的互通等，并引入了策略控制功能（PDF）作为 QoS 规则控制实体；在业务方面，R6 版本进一步增强了业务能力：对无线信道、信令以及核心网实体都进行了修改以支持广播多播业务（MBMS）；在 IMS 业务方面，对 Presence、多媒体会议、Push、PoC 等业务及应用进行了定义和完善。

#### 5．R7 阶段

R7 版本在 R6 阶段的基础上进行了进一步的功能与性能增强。在无线接入网方面，主要进行了 HSPA 的增强与演进（HSPA+），即通过引入 MIMO、高阶调制（上行 16QAM、下行 64QAM）、连续性分组连接（CPC）、干扰删除、L2 增强、高级接收机、发射分集等高级无 4 线传输技术，将 HSPA+系统的峰值数据速率提高至下行 42Mbit/s、上行 11Mbit/s。在核心网方面，R7 版本继续对 IMS 技术进行了增强，提出了语音连续性（VCC）、CS 域与 IMS 域融合业务（CSI）等重要课题，在安全性方面引入了 EarlyIMS 技术，以解决 2G 卡接入 IMS 网络的问题。并将 R6 版本的 PDF 与流计费（FBC）相融合，提出了策略控制与计费（PCC）的新架构，完成资源接纳控制和业务质量控制功能，但 R7 版本的 PCC 是一个不可商用部署的版本。在业务方面，R7 版本对组播业务、IMS 多媒体电话、紧急呼叫等业务进行了严格定义，使整个系统的业务能力进一步大大丰富。

#### 6．R8 阶段

迫于 WiMAX 等移动通信技术的竞争压力，为继续保证 3GPP 系统在未来 10 年内的竞争优势，3GPP 标准组织在 R8 阶段正式启动了长期演进（LTE）与系统架构演进（SAE）两大重要项目的标准制定工作。R8 阶段重点针对 LTE/SAE 网络的系统架构、无线传输关键技术、接口协议与功能、基本消息流程、系统安全等方面均进行了细致的研究和标准化。在无线接入网方面，将系统的峰值数据速率提高至下行 100Mbit/s、上行 50Mbit/s；在核心网方面，引入了全新的纯分组域核心网系统架构，并支持多种非 3GPP 接入网技术接入该统一的核心网。

在完成 LTE/SAE 网络技术规范制定的同时，R8 阶段还进行了一系列技术标准的增强和完善工作。

（1）HsPA+增强与演进：具体包括FDDHSDPA的64QAM与MIMO的合并使用、增强型服务小区改变（E—SCC）、CSoverHSPA、双载波HSDPA、上行L2增强、增强型上行CELLFACH、语音呼叫连续性（VCC）等子课题。

（2）家庭基站技术：为解决3G系统的室内覆盖难题，增强室内用户的数据传输能力，R8阶段专门针对3G家庭基站（HomeNodeB）及演进型家庭基站（HomeeNodeB）进行了立项研究。

（3）IMS技术的增强：主要包括IMS中心化业务（ICS）、单射频语音呼叫连续性（SR-VCC）、多媒体业务连续性（MMSC）、IMS接入企业网等子课题。

另外，R8阶段还提出了CommonIMS课题，即重点解决3GPP与3GPP2、TISPAN等几个标准化组织之间IMS技术的融合与统一。

#### 7．R9阶段

3GPP从安全角度出发，研究远程管理M2M终端USIM应用的可行性并建立远程管理信任模型。同时，该项目还负责分析在引入远程管理USIM应用之后带来的安全威胁及安全需求，以及引入新的USIM应用所需要增加的其他功能。本项目由负责网络安全的SA3小组负责，2009年12月完成了相关研究报告（3GPP TR33.812）。

#### 8．R10阶段

针对SA1工作组提出的终端与服务器通信情景下的诸多网络优化需求，3GPP在Release 10阶段主要是在过载控制方面对原有核心网和接入网的Stage2和Stage3技术规范进行了修订和完善。RAN2工作组在NIMTC-RAN_overload项目中，制定了防止核心网过载的接入网配合机制。

#### 9．R11阶段

为完成剩余的网络优化需求标准化，在2010年6月的SA #48全会上，SA2工作组启动了Release 11阶段SIMTC特性的标准化工作。在Release 11阶段，该特性下的研究项目对M2M通信相关的14个关键问题和众多潜在解决方案进行了初步分析，形成了研究报告TR 23.888。对小数据传输和终端触发、终端能耗优化、监控和组特性4个关键问题的进一步研究成果将会汇集到Release 12阶段的研究报告TR 23.887中。

在Release 11阶段，SA2工作组所完成的Stage2标准基本集中在MTC可达性方面，主要包括为支持终端触发所需的架构增强、使用非MSISDN标示（即URI作为外部标示、IMSI作为内部标示）和启用IPv6地址后所涉及的相关架构标准化工作。截至2012年9月3GPP Release11标准冻结时，TSG CT也基于SA2工作组设定的架构，在MTC可达性方面完成了对Stage3标准的修改或完善。

3GPP认为，宏观上应用服务器与M2M终端间的通信有3种模式：一是直接模式，即应用服务器不使用任何 SCS 所提供的增值服务，直接通过 3GPP 网与外部网络间的用户面 Gi 接口与 M2M 终端进行通信；二是间接模式，即应用服务器通过 Web API 调用 SCS 所提供的增值服务，通过 SCS 间接地连接到 3GPP 网；三是混合模式，即同时使用直接模式和间接模式。这 3 种模式不是互斥的，而是互补的，即每个 M2M 应用可根据自身的具体情况使用不同模式及不同 SCS。

10．R12 阶段

在最新的 Release12 阶段，3GPP 仍在继续深化针对 MTC 方面的网络优化工作，启动了 MTCe 特性标准化工作。在该项目下，SA3 工作组将完成 MTCe 特性网安全架构的增强规范，并形成新的技术规范 TS33.187。该特性的其他工作还包括以下内容。

（1）MTCe-SIMSE 和 MTCe-SRM 子项目。SA1 工作组已明确了为与 ETSI 所定义 SCL 交互所需的网络升级及其他需求，并已更新到 TS 22.368。

（2）MTCe-小数据传输与终端触发（SDDTE）子项目。SA2 工作组将在其 R11 阶段成果基础上，针对如何在信令面实现小数据传输功能和提供更多终端触发机制（如基于 T5 接口触发）方面形成研究报告，并更新 TS 23.682 规范。

（3）MTCe-终端能耗优化（UEPCOP）子项目。SA2 工作组将针对降低终端能耗形成研究报告，并更新 TS 23.682、TS 23.401 和 TS 23.060 规范。

同时，RAN2 工作组还启动了研究项目 FS_MT_Ce_RAN，并将形成研究报告 TR 37.869。RAN2 工作组将寻找和评估针对小数据传输的 RAN 侧能力增强机制，并调查和评估 SA2 工作组针对 SDDTE 和 UEP_COP 提出的与 RAN 侧相关解决方案，特别是提高信令效率、降低小数据背景下的终端能耗。在降低信令开销方面，该项目将研究改善 RRC 连接管理流程、支持短时间连接或无连接方法的潜在机制、改善连接状态下的小数据传输处理机制及上述流程中控制面信令（S1AP、RANAP 等）优化问题。

### 1.5.4　ITU 技术标准

国际电信联盟（International Telecommunication Union，ITU）是负责确立国际无线电和电信的管理制度和标准的国际组织。它的前身是 1865 年 5 月 17 日在巴黎创立的国际电报联盟。它的主要任务是制定标准，分配无线电资源，组织各个国家之间的国际长途互连方案。

ITU 标准也就是国际电信联盟标准，主要由国际电联标准化部门（ITU-T）制定。

ITU 制定的国际标准一直被称作某某“建议”（Recommendations，这个词通常一般要全部大写以区分普通意义上的“建议”），并把建议按照一定的类别归纳为从 A 到 Z 等 26 个系列。由于 ITU 作为国际组织的长期性和作为联合国的特别机构的特殊地位，ITU 发布的标准比大多数其他同一级别的技术规范制定组织拥有更高的国际认同度。

### 1.5.5 中国的移动互联网标准化

中国通信标准化协会（CCSA）负责组织移动互联网标准的研究工作。部分项目源于中国产业的创新，也有大量工作与 W3C 和 OMA 等国际标准化工作相结合。

目前，CCSA 开展了 WAP、Java、移动浏览、多媒体消息（MMS）、移动邮件（MEM）、即按即说、即时状态、组和列表管理、即时消息（IM）、安全用户面定位（SUPL）、移动广播业务（BCAST）、移动广告（MobAd）、移动阅读、移动搜索（MobSrch）、融合消息（CPM）、移动社区、移动二维码、移动支付等标准的研究，面向移动 Web2.0 的工作已起步，并开始研究移动聚合（Mashup）、移动互联网 P2P、移动互联网架构等方面的工作。2011 年 6 月 15 日，中国互联网协会组织起草并发布了我国首个互联网服务标准《互联网服务统计指标 第 1 部分：流量基本指标》（YD/T 2134.1-2010）。

移动互联网标准化方面取得了一些进展，但是，移动互联网中最为核心的智能终端方面的标准还有很大空白，跨系统或跨平台标准化水平还很低。目前智能终端操作系统、中间件平台本身以及基于智能终端开发的应用程序标准化工作尚不完善，不能很好地满足当前的行业需求。

# 第 2 章

# 移动互联网技术架构的发展历程

在谈到一个网络时，首先应该明确的是它的组网技术和服务环境。在这个方面，移动互联网和互联网有着很大的不同。因此在接下来的章节，将简单介绍 1G 组网技术，较为详细地介绍 2G、3G、B3G、4G 与 5G 的组网技术。

GSM 网络是最早出现的数字移动通信技术。它是基于 FDD 和 TDMA 技术来实现的，由于 TDMA 的局限性，GSM 网络发展受到容量和服务质量方面的严峻挑战。从业务支持种类来看，虽然采用 GPRS/EDGE 引入了数据业务，但是由于采用的是 GSM 原有的空中接口，因此其带宽受到限制，无法满足数据业务多样性和实时性的需求。在技术标准发展方面，针对 GPRS 提出了 EDGE 以及 EDGE+的演进方向，但是基于 CDMA 接入方式的 3G 标准的出现使得 EDGE 不再进入人们的视线。

CDMA 采用码分复用方式，虽然 2G 时代的 CDMA 标准成熟较晚，但是它具有抗干扰能力强、频谱效率高等技术优势，所以 3G 标准中的 WCDMA、TD-SCDMA 和 CDMA2000 都普遍采用了 CDMA 技术。

演进到 3G 网络时，GSM 系统可以采用 WCMDA 或者 TD-SCDMA 的路线，而 CDMA 则使用 CDMA2000 的途径。WCDMA 和 TD-SCDMA 早期标准为 R99，后来在 R4 版本中引入 IMS，R5 版本中引入 HSDPA，R6 版本中引入 HSUPA，R7 版本中引入 HSPA+，R8 版本则面向 LTE，CDMA 系列的演进经由 CDMA2000 到 CDMA1x 再到 UWB 的方向发展，演进路径如图 2-1 所示。

移动网络结构的扁平化趋势可以用图 2-2 来展示。

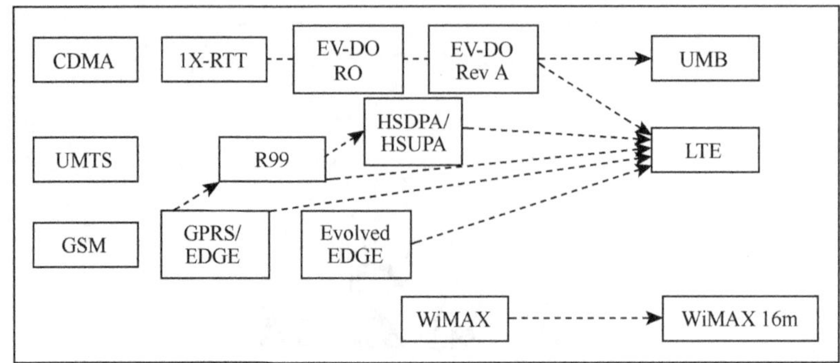


图 2-1　移动网络的演进路径

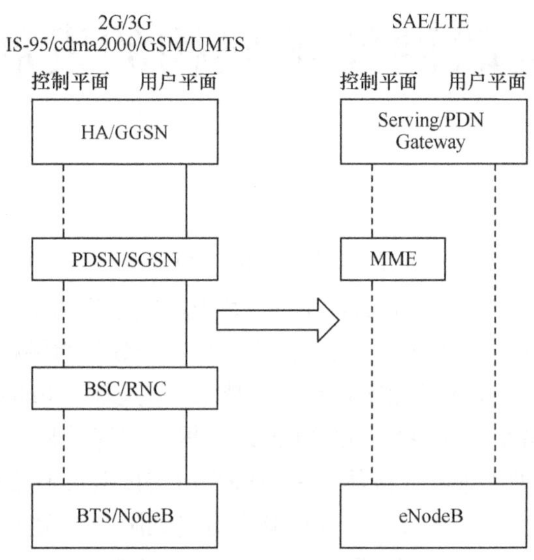


图 2-2　移动网络结构的扁平化趋势

## 2.1　第一代移动通信技术（1G）

第一代移动通信技术（1G）是指以模拟技术为基础的蜂窝无线电话系统，提出于 20 世纪 80 年代，完成于 20 世纪 90 年代。它主要采用的是模拟技术和频分多址（FDMA）技术，由于受到传输带宽的限制，不能进行移动通信的长途漫游，只能是一种区域性的移动通信系统。

### 2.1.1　标准及商用情况

第一代移动通信技术（1G）标准包括 Nordic 移动电话（NMT）的标准，应用于 Nordic 国家、东欧以及俄罗斯；其他还包括美国的高级移动电话系统

（AMPS），英国的总访问通信系统（TACS）以及日本的 JTAGS，西德的 C-Netz，法国的 Radiocom 2000 和意大利的 RTMI。

第一代移动通信系统主要用于提供模拟语音业务。

美国摩托罗拉公司的工程师马丁·库珀于 1976 年首先将无线电应用于移动电话。同年，国际无线电大会批准了 800/900 MHz 频段用于移动电话的频率分配方案。在此之后一直到 20 世纪 80 年代中期，许多国家都开始建设基于频分复用技术（FDMA，Frequency Division Multiple Access）和模拟调制技术的第一代移动通信系统（1G，1st Generation）。

1978 年底，美国贝尔试验室研制成功了全球第一个移动蜂窝电话系统——先进移动电话系统（AMPS，Advanced Mobile Phone System）。5 年后，这套系统在芝加哥正式投入商用并迅速在全美推广，获得了巨大成功。

同一时期，欧洲各国也纷纷建立起自己的第一代移动通信系统。瑞典等北欧 4 国在 1980 年研制成功了 NMT-450 移动通信网并投入使用；联邦德国在 1984 年完成了 C 网络（C-Netz）；英国则于 1985 年开发出频段在 900MHz 的全接入通信系统（TACS，Total Access Communications System）。

在各种 1G 系统中，美国 AMPS 制式的移动通信系统在全球的应用最为广泛。它曾经在超过 72 个国家和地区运营，直到 1997 年还在一些地方使用。同时，也有近 30 个国家和地区采用英国 TACS 制式的 1G 系统。这两个移动通信系统是世界上最具影响力的 1G 系统。

第一代移动通信有多种制式，我国采用的是 TACS。第一代移动通信有很多不足之处，比如容量有限、制式太多、互不兼容、保密性差、通话质量不高、不能提供数据业务、不能提供自动漫游等。中国的第一代模拟移动通信系统于 1987 年 11 月 18 日在广东第六届全运会上开通并正式商用。从中国电信 1987 年 11 月开始运营模拟移动电话业务到 2001 年 12 月底中国移动关闭模拟移动通信网，1G 系统在中国的应用长达 14 年，用户数最高曾达到了 660 万。

### 2.1.2　FDMA 技术

FDMA 是数据通信中的一种技术，即不同的用户分配在时隙相同而频率不同的信道上。按照这种技术，把在频分多路传输系统中集中控制的频段根据要求分配给用户。与固定分配系统相比，频分多址使通道容量可根据要求动态地进行交换。

FDMA 是指不同的移动台（或手机）占用不同的频率，即每个移动台占用一个频率的信道进行通话或通信。因为各个用户使用不同频率的信道，所以相互没有干扰。这是模拟载波通信、微波通信、卫星通信的基本技术，也是第一代模拟移动通信的基本技术，早期的移动通信多使用这种方式。由于每个移动用户进行通信时占用一个频率、一个信道，频带利用率不高。随着移动通信的迅猛发展，很快就显示出其容量不足的缺点。

FDMA——在频分多址中，不同地址用户占用不同的频率，即采用不同的载波频率，通过滤波器选取信号并抑制无用干扰，各信道在时间上可同时使用。频分多址技术比较成熟，第一代蜂窝式移动电话系统采用的就是 FDMA 技术。模拟蜂窝式移动电话系统均使用频分多址技术。

FDMA 频分多路多址联接方式是每个地球站分配一个专用的载波，并且所有地球站的载波互不相同，为了载波互不干扰，它们之间有足够的间隔。即频分多路复用 - 调频方式 - 频分多址联接（FDM-FM-FDMA），这里，首先将电话信号经长途电信局送到载波终端，按频分多路复用 FDM 方式把信号复用在 60 路标准基带中，整个基带包括 5 个基群，每个基群有 12 个话路，将它们按预先分配方式分配给一个地球站，然后把 60 路的群信号用 FM 方式调制到分配给地球站的载波上，经本站天线系统向卫星发射。通过卫星上转发器将上行频率变换成下行频率，并发向各站，这些地球站将收到的信号解调便得到 60 路群信号，从群信号滤出发给本站的基群信号。

频分复用的目的在于提高频带利用率。通常，在通信系统中，信道所能提供的带宽往往要比传送一路信号所需的带宽宽得多。因此，一个信道只传输一路信号是非常浪费的。为了充分利用信道的带宽，因而提出了信道的频分复用问题。

合并后的复用信号，原则上可以在信道中传输，但有时为了更好地利用信道的传输特性，还可以再进行一次调制。

在接收端，可利用相应的带通滤波器（BPF）来区分开各路信号的频谱。然后，再通过各自的相干解调器便可恢复各路调制信号。

频分复用系统的最大优点是信道复用率高，容许复用的路数多，分路也很方便。因此，它成为模拟通信中最主要的一种复用方式。特别是在有线和微波通信系统中应用十分广泛。频分复用系统的主要缺点是设备生产比较复杂，会因滤波器件特性不够理想和信道内存在非线性而产生路间干扰。

## 2.2 第二代移动通信技术（2G）

我国应用的第二代蜂窝系统为欧洲的 GSM 系统以及北美的窄带 CDMA 系统。GSM 系统具有标准化程度高、接口开放的特点，强大的联网能力推动了国际漫游业务；用户识别卡的应用，真正实现了个人移动性和终端移动性。窄带 CDMA，也称为 IS-95，1995 年在香港开通了第一个商用网。CDMA 技术具有容量大、覆盖好、话音质量好、辐射小等优点；但窄带 CDMA 技术成熟较晚，标准化程度较低，在全球的市场规模远不如 GSM 系统。GSM 的网络结构如图 2-3 所示。

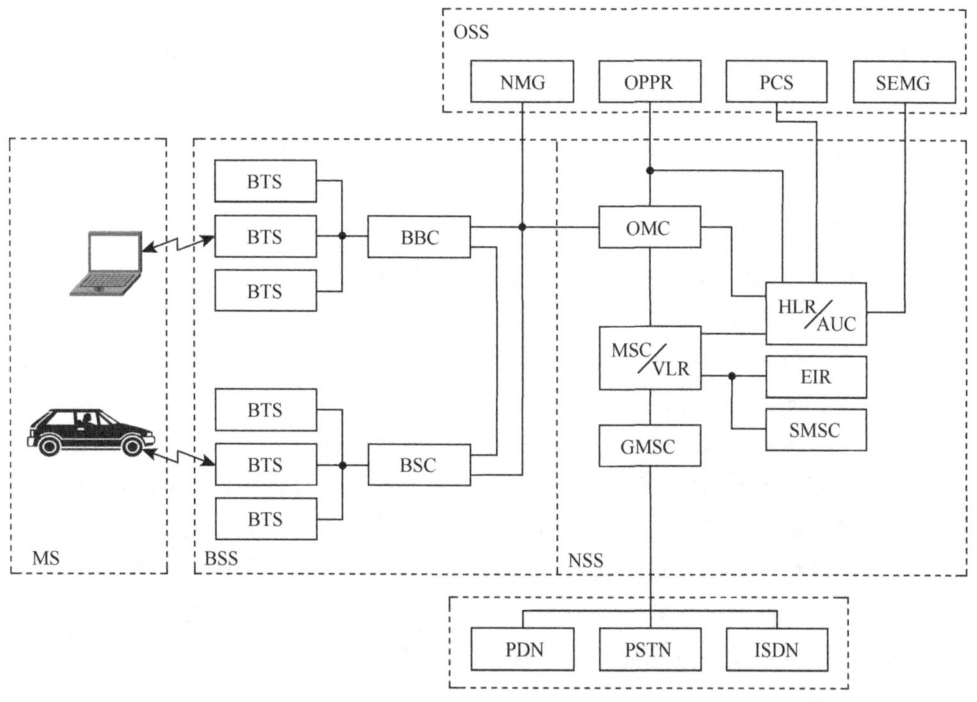


图 2-3　GSM 的网络结构图

第二代移动通信技术主要采用的是数字时分多址（TDMA）技术和码分多址（CDMA）技术，主要业务是话音，其主要特性是提供数字化的话音业务及低速数据业务。它克服了模拟移动通信系统的弱点，话音质量、保密性能得到很大的提高，并可进行省内、省际自动漫游。第二代移动通信替代第一代移动通信系统完成了模拟技术向数字技术的转变，但由于采用的是不同的制式，导致移动通信标准不统一，用户只能在同一制式覆盖的范围内进行漫游，因而无法进行全球漫游。加之第二代数字移动通信系统带宽有限，从而限制了数据业务的应用，也无法实现高速率的业务，如移动的多媒体业务。

2G 时代主要的组网技术包括移动智能网、WAP、GPRS、EDGE。

### 2.2.1　移动智能网

我国自 1995 年开始智能网建设，如今各运营商已建成自己的全国骨干智能网。我国的 GSM 移动智能网是全球最大、技术最先进、业务种类最丰富的商用移动智能网系统，系统上部署和提供了多种新业务。这些业务基本覆盖了国际上所有实现成功应用的移动智能业务。

根据移动智能网技术的发展及其在我国的应用情况来看，目前的热点业务主要包括以下 3 类。

- 资源增强类：除已取得巨大市场成功的彩铃外，个性化背景音、音信互动、音频及视频点播等业务也被普遍看好。特别是在基础网络演进到 3G 系统后，多媒体形式的资源类业务成为娱乐类增值业务的主体。
- 移动商务类：目前，移动小额支付业务已在个别地区进行试商用，但在业务开展的深度和广度方面还有很大的发展空间。
- 移动位置类：根据市场调查，位置服务类业务已成为移动用户的首选业务，但业务的具体发展还要考虑两方面因素：一是位置服务涉及移动定位、地理信息系统等方面的复杂技术；二是可提供业务的范围直接取决于网络的定位能力，可能涉及用户个人隐私问题。

从技术方面来看，在 3GPP 对 3G 核心网络的规范化过程中，提出了 VHE/OSA（虚拟归属环境/开放业务体系结构）的概念。它集成了智能网的思想精髓，高度抽象了底层网络的能力，通过接口标准向第三方开放，使得任何业务提供商、企业或个人均可方便地开发业务和应用。这种结构充分体现了网络发展的趋势，成为移动智能网技术发展的趋势、指导和框架。移动智能网的技术发展主要体现在以下几个方面。

- 从现有电信式框架结构向适用于综合网络环境、基于开放接口的开放式业务提供框架结构发展。
- 业务控制功能的分布和接口开放性。在现有智能网接口协议的基础上，结合分布对象技术、中间件技术、移动代理技术、各类开放 API 技术，实现业务控制功能提供的开放性及向网络边缘的分布。
- 开放业务创建机制及环境的开发，实现真正的第三方业务创建。
- 新的业务管理机制的提供。随着智能网体系从封闭走向开放，业务管理将完成更为负责、严格的业务及用户的鉴权、验证及管理工作。
- 移动智能网 SDF 向 IP 领域的扩展。
- SRF 的功能增强和向 Internet 的扩展。实现 SRF 功能的独立，只能外设由单纯的资源提供系统向更多智能的业务执行体系演进。

总体来看，无论是从 2G 到 3G，还是从 PSTN 到 NGN，通信系统的特性决定了网络的演进必然是平滑过渡、长期渐进的过程。现有的各类智能网系统也应随着网络的发展实现平滑演进，并最终走向融合。

## 2.2.2 WAP

WAP（无线应用协议）是在数字移动电话、Internet 或个人数字助理机（PDA）、计算机应用之间进行通信的开放全球标准。

WAP 协议包括以下几层：

- Wireless Application Environment (WAE);
- Wireless Session Layer (WSL);
- Wireless Transport Layer Security (WTLS);
- Wireless Transport Layer (WTP)。

其中，WAE 层含有微型浏览器、WML、WMLScript 的解释器等功能；WTLS 层为无线电子商务及无线加密传输数据时提供安全方面的基本功能。

WAP 的发展经历了 WAP 1.0、WAP 1.1、WAP 1.2、WAP2.0 几个阶段。1997 年 7 月，WAP 论坛出版了第一个 WAP 标准架构。WAP2.0 除了继承了原来 WAP 1.X 针对无线链路和手机设备所做的优化以外，还新增了大量的业务和应用，其中包括能够使用现有 Internet 的内容。

WAP2.0 于 2001 年 8 月正式发布，它在 WAP1.X 的基础上集成了 Internet 上最新的标准和技术，并将这些技术和标准应用到无线领域。这些新技术和标准包括 XHTML、TCP/IP、超文本协议（HTTP/1.1）和传输安全层（TLS）。在这些新技术的支持下，新增加了数据同步、多媒体信息服务、统一存储接口、配置信息提供和小图片等新的业务和应用，同时加强了无线电话应用、Push 技术和用户代理特征描述等原理的应用。这些新的业务和应用将会带来一种全新的使用感受，并极大地激发人们对无线应用服务的兴趣，从而推动移动互联网的发展。

**1．技术特点**

WAP 采用二进制传输，更大地压缩数据。同时它的优化功能适于更长的等待时间和低带宽。WAP 的会话系统可以处理间歇覆盖，同时可在无线传输的各种变化条件下进行操作。

WAP 使得那些持有小型无线设备，诸如可浏览 Internet 的移动电话和 PDA 等的用户也能实现移动上网以获取信息。它顾及到了那些设备所受的限制并考虑到了这些用户对于灵活性的要求。

在安全方面，WAP2.0 的端到端安全传输机制，满足了 WAP 应用的机密性、完整性、认证、可用性、不可否认、可审计等 WAP 应用需求，但若不进行有效限制，就可能带来严重的业务资源滥用后果。

**2．应用**

WAP 业务为用户提供移动互联网的体验，包括 WAP 浏览、下载服务以及基于 WAP Push 的各类服务。另外，WAP 还提供一些别的服务，如 MMS、Java 下载的承载、移动位置业务服务的内容下发，同时为其他业务的实现提供了数据传输和 Push 通知功能，是开展移动数据业务的基础。例如，中国移动“移动梦网”手机上网业务就提供以下服务：

利用手机 24 小时内随时进行自助理财，利用 WAP 的推送技术来实现电子邮件功能，相比于 Internet 中的电子邮件系统，及时性大大提高；相比于短消息系统提供的邮件功能，信息量大大增加。

**3．发展趋势**

WAP 目前已成为通过移动电话或其他无线终端访问无线信息服务的全球事实标准。它的发展与应用是无可限量的，可以说唯一的限制就是你的想象力。WAP 不但使现有的许多应用得到了突飞猛进的发展，同时也催生出更多崭新的增值业务。比如，用来支持特定商业程序、信息发送或领域维护，其中包括客户服务与备件提供、消息通知与呼叫管理、电子邮件、基于电话的增值业务、群体计划、气象与交通信息、地图与位置服务、新闻与体育报道等。尤其值得注意的是，它使得广泛应用于网上的信息服务，逐渐由纯信息的提供向更加交互化与最终的电子商务化发展。

### 2.2.3 GPRS

GPRS（General Packet Radio Service，通用无线分组业务）是一种基于 GSM 系统的无线分组交换技术，提供端到端的、广域的无线 IP 连接。通俗地讲，GPRS 是一项高速数据处理的技术，方法是以“分组”的形式传送资料到用户手上。

**1．技术特点**

虽然 GPRS 是作为现有 GSM 网络向第三代移动通信演变的过渡技术，但是它在许多方面都具有显著的优势。

（1）资源利用率高

在 GSM 网络中，GPRS 首先引入了分组交换的传输模式，使得原来采用电路交换模式的 GSM 传输数据方式发生了根本性的变化，这在无线资源稀缺的情况下显得尤为重要。分组交换模式意味着用户只有在发送或接收数据期间才占用资源，这意味着多个用户可高效率地共享同一无线信道，从而提高了资源的利用率。GPRS 用户的计费以通信的数据量为主要依据，体现了“得到多少、支付多少”的原则。

（2）传输速率高

GPRS 可提供高达 115kbit/s 的传输速率（最高值为 171.2kbit/s，不包括 FEC）。这意味着 GPRS 用户能够快速地上网浏览，同时也使一些对传输速率敏感的移动多媒体应用成为可能。

**2．应用**

（1）GPRS 中的 WAP 应用

GPRS 与 WAP 组合是令“手机上网”迈上新台阶很好地实施方案：GPRS 是强大的底层传输，WAP 则作为高层应用。如果把 WAP 比作飞驰的车辆，那么 GPRS 就是宽阔畅通的高速公路，任用户在无线的信息世界中随意驰骋。

（2）设备上的应用

GPRS 可以在除蜂窝电话之外的多种设备中得以实现，包括膝上型电脑的 PCMCIA 调制解调器、个人数字助理的扩展模块和笔记本电脑。BlackBerry（黑莓）的制造商 Research in Motion（RIM）与一个称为 Microcell Telecommunications 的 GSM 供应商合作，研究如何将 GPRS 用于其他无线系统消息的传送。

（3）业务应用

GPRS 主要是在移动用户和远端的数据网络（如支持 TCP/IP、X.25 等网络）之间提供一种连接，从而给移动用户提供高速无线 IP 和无线 X.25 业务。它采用分组交换的方式，数据速率最高可达 164kbit/s，可以给 GSM 用户提供移动环境下的高速数据业务，还具有收发 E-mai1、浏览 Internet 等功能。

**3．发展状况**

根据欧洲电信协会对于 GPRS 发展的建议，GPRS 从试验到投入商用后，分为两个发展阶段：第一个阶段可以向用户提供电子邮件，Internet 浏览等数据业务；第二个阶段是 EDGE 的 GPRS。EDGE 是 GSM 增强数据速率改进的技术，它通过改变 GSM 调制方法，应用 8 个信道，使每一个无线信道的速率达到 48kbit/s，既可以分别使用，也可以合起来使用。它是向第三代移动通信过渡的重要台阶。

### 2.2.4　EDGE

EDGE（Enhanced Data Rate for GSM Evolution）即增强型数据速率 GSM 演进，也是一种从 GSM 到 3G 的过渡技术。它主要是在 GSM 系统中采用了一种新的调制方法，即最先进的多时隙操作和八进制移相键控（8PSK）调制技术。由于 8PSK 可将现有 GSM 网络采用的 GMSK 调制技术的信号空间从 2 扩展到 8，从而使每个符号所包含的信息是原来的 4 倍，俗称 2.75G。

**1．技术特点**

EDGE 能够进一步提高移动数据业务传输速率。它在接入业务和网络建设方面具有以下特性。

（1）接入业务性能

带宽得到明显提高，能够提供更为精准的网络层位置服务。

（2）网络建设方面

在不改变 GSM 或 GPRS 网的结构的情况下，改变了空中接口的速率。引入了媒体网关（MGW），采用了 8PSK 调制，单点接入速率峰值为 2Mbit/s，单时隙信道的速率可达到 48kbit/s，从而使移动数据业务的传输速率在峰值可以达到 384kbit/s，这为实现移动多媒体业务提供了基础，能够满足各种无线应用的需求，同时支持分组交换和电路交换两种数据传输方式。

（3）对网络结构的影响

无线数据通信速度的提高对现有 GSM 网络结构提出了新的要求。然而，EDGE 系统对现有 GSM 核心网络的影响非常有限，并且由于 GPRS 节点、SGSN 和网关 GPRS 支持节点（GGSN）或多或少地独立于用户数据通信速率，因此 EDGE 将不需要部署新的硬件。

（4）信道管理

引入 EDGE 以后，一个信元将包括两类收发机：标准 GSM 收发机和 EDGE 收发机。信元中的每个物理信道（时隙）一般至少具有 4 种信道类型：

- GSM 话音和 GSM 电路交换数据（CSD）;
- GPRS 分组数据;
- 电路交换数据、增强电路交换数据（ECSD）和 GSM 话音;
- EDGE 分组数据（EGPRS），允许同时为 GPRS 和 EDGE 用户提供服务。

虽然标准的 GSM 收发机只支持上述信道类型 1 和 2，但 EDGE 收发机支持上述所有 4 种类型。EDGE 系统中的物理信道将根据终端能力和信元需求动态定义。例如，如果几个话音用户都是活动的，那么 1 类信道的数量就会增加，同时减少 GPRS 和 EDGE 信道。显然，在 EDGE 系统中必须能够实现上述 4 种信道的自动管理，否则将大大削弱 EDGE 系统的效率。

（5）链路自适应

链路自适应是指能够自动选择调制和编码方案来适应无线链路质量的需求。EDGE 标准支持的链路自适应动态选择算法包括对下行链路质量的测量和报告、为上行链路选择新的调制和编码方法等。链路自适应意味着实现调制和编码的完全自动化。通过增量冗余（混合 II/IIIARP）改进 ARP 性能的可能性也正在研究中，这样的方案可以减少在选择调制时对使用链路自适应技术的需求。

（6）功率控制

当前的 GSM 系统使用动态功率控制来增加系统中的均等性，扩大移动终端电池的寿命。类似的策略将被用于 GPRS，尽管它们实际的信令过程是不同的，但 EDGE 对功率控制的支持被专家们认为是 GSM/GPRS 很类似。

因此，网络运营商在部署 EDGE 时只需要修改现有 GSM/GPRS 网络的参数设置即可。

**2．承载业务**

EDGE 的承载业务包括分组业务（非实时业务）和电路交换业务（实时业务）。这些业务的承载者包括以下两种。

（1）分组交换业务承载者

GPRS 网络能够提供从移动台到固定 IP 网的 IP 连接。对每个 IP 连接承载者，都定义了一个 QoS 参数空间，如优先权、可靠性、延时、最大和平均比特率等。通过对这些参数进行不同的组合就定义了不同的承载者，以满足不同应用的需要。

而对 EDGE 需要定义新的 QoS 参数空间。例如，对于移动速度为 250km/h 的移动台，最大码率为 144kbit/s；对移动速度为 100km/h 的移动台，其最大码率为 384kbit/s。此外，EDGE 的平均比特率和延迟等级也与 GPRS 不同。由于应用不同、用户的要求不同，因此 EDGE 必须能够支持更多的 QoS。

（2）电路交换业务承载者

现有的 GSM 系统能够支持透明和非透明业务。它定义了 8 种透明业务承载者，所提供的比特率范围为 9.6～64kbit/s。

非透明业务承载者用无线链路协议来保证无差错数据传输。对于这种情况，有 8 种承载者，所提供的比特率为 4.8～57.6kbit/s。实际的用户数据比特率随信道质量而变化。Tcs-1 通过占用 2 个时隙来实现。而同样的业务，标准 GSM 系统用 TCH/F14.4 需要占用 4 个时隙。

可见，EDGE 的电路交换方式可以利用较少的时隙占用来实现较高速的数据业务，这可降低移动终端实现的复杂度。同时，由于各个用户占用的时隙数比标准 GSM 系统的少，从而可以增加系统的容量。

**3．发展状况**

从技术角度来说，EDGE 提供了一种新的无线调制模式，提供了 3 倍于普通 GSM 空中传输速率。另一方面 EDGE 继承了 GSM 制式标准，载频可以基于时隙动态地在 GSM 和 EDGE 之间进行转换（基于手机的类型），支持传统的 GSM 手机，从而保护了现有网络的投资。EDGE 网络可灵活地逐步扩容，为运营商实现价值最大化提供了有利的支持。

EDGE 的最高速率能达到 384kbit/s，能为用户提供互联网浏览、视频电话会议、高速电子邮件等具有 3G 感受的无线多媒体通信业务。有生命力的技术还需具有长期演进的能力，EDGE+作为 EDGE 的增强型技术，已经显示出了速率提升上的优势。最新的测试数据显示，EDGE+能将现有 EDGE 网络的平均速率提升至 564kbit/s，EDGE+技术已经完全有能力为用户提供 3G 特征的业务，另外，将现有的 EDGE 网络升级为 EDGE+，只需要通过软件刷新就可以实现。在我国经济持续稳定发展的大背景下，非 3G 网络覆盖区域的 2G 网络需要持续演进以满足用户日益增强的数据业务需求，为用户提供高数据业务的无缝体验。这时，仅通过少量的硬件更新以及软件升级就能实现现有 GSM 网络速率成倍提高的 EDGE 技术就成为运营商理想的选择。

## 2.3 第三代移动通信技术（3G）

第三代移动通信，简单地说就是提供覆盖全球的宽带多媒体服务的新一代移动通信。与从前以模拟技术为代表的第一代和目前仍在使用的第二代移动通信技术相比，3G 有更宽的带宽，其传输速率在室内、室外和行车的环境中应至少达到 2Mbit/s、384kbit/s、144kbit/s。它不仅能传输话音，还能传输数据，从而提供快捷、方便的无线应用，如无线接入 Internet。

能够实现高速数据传输和宽带多媒体服务是第三代移动通信的两个主要特点。第三代移动通信网络能将高速移动接入和基于互联网协议的服务结合起来，提高无线频率利用效率，提供包括卫星在内的全球覆盖，并实现有线和无线以及不同无线网络之间业务的无缝连接；满足多媒体业务的要求，从而为用户提供更经济、内容更丰富的无线通信服务。但第三代移动通信仍是基于地面、标准不一的区域性通信系统。虽然第三代移动通信比现有传输速度快上千倍，但是未来仍无法满足多媒体的通信需求。第四代移动通信系统的提出，便是希望能满足更大的频宽需求，满足第三代移动通信尚不能达到的在覆盖、质量、造价上支持高速数据和高分辨率多媒体服务的需要。

第三代移动通信的主流技术标准主要三种，即由美国高通北美公司提出的 CDMA2000、由欧洲电信标准委员会（ETSI）提出的 WCDMA 以及由我国具有自主知识产权的 TD-SCDMA。2008 年，中国发放 3G 牌照，支持国际电联所确定的三个无线接口标准，分别是中国电信的 CDMA2000，中国联通的 WCDMA，中国移动的 TD-SCDMA。WCDMA、CDMA2000 的网络结构图如图 2-4 和图 2-5 所示。

在商用情况上，截至 2012 年，全球 CDMA2000 用户已超过 2.56 亿，遍布 70 个国家的 156 家运营商已经商用 3G CDMA 业务。在 WCDMA 方面，已有 538 个 WCDMA 运营商在 246 个国家和地区开通了 WCDMA 网络，3G 商用市场份额一度超过 80%，而其向下兼容的 GSM 网络已覆盖 184 个国家，遍布全球，WCDMA 用户数已超过 6 亿。

3G 时代主要的组网技术包括 IMS、HSPA、WiMAX。

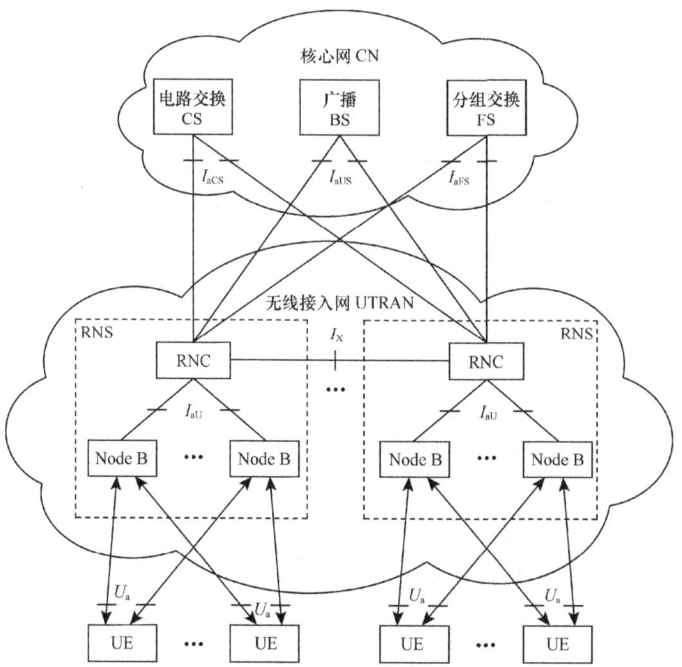


图 2-4　WCDMA 的网络架构图

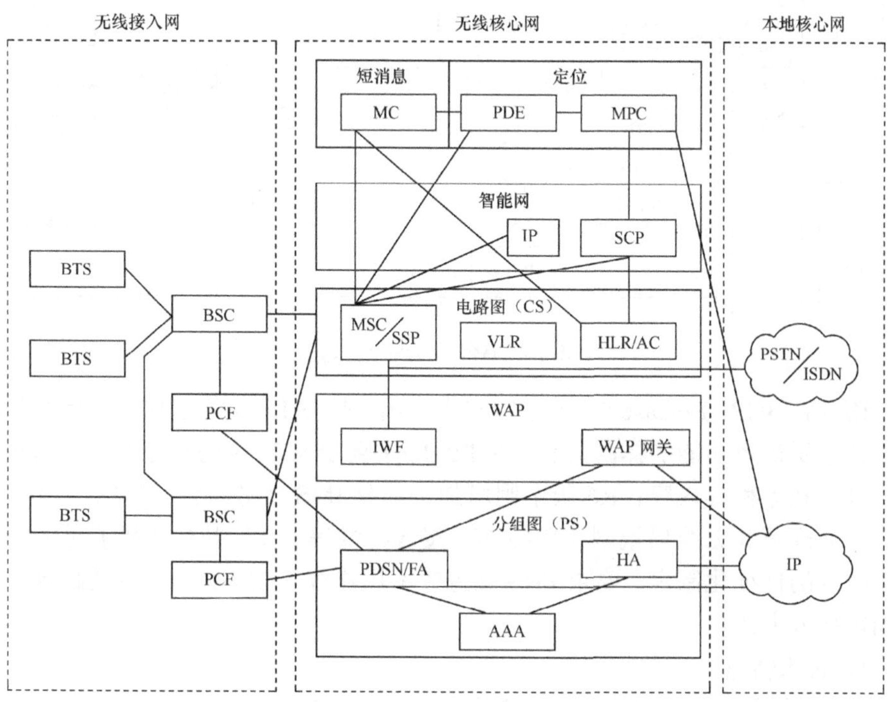


图 2-5　CDMA2000 的网络架构图

### 2.3.1 IMS

IMS（IP Multimedia Subsystem）即 IP 多媒体子系统，是一种全新的多媒体业务形式。它能够满足现在的终端客户更新颖、更多样化的多媒体业务的需求。目前，IMS 被认为是下一代网络的核心技术，也是解决移动与固网融合，引入话音、数据、视频三重融合等差异化业务的重要方式。IMS 的系统结构如图 2-6 所示。

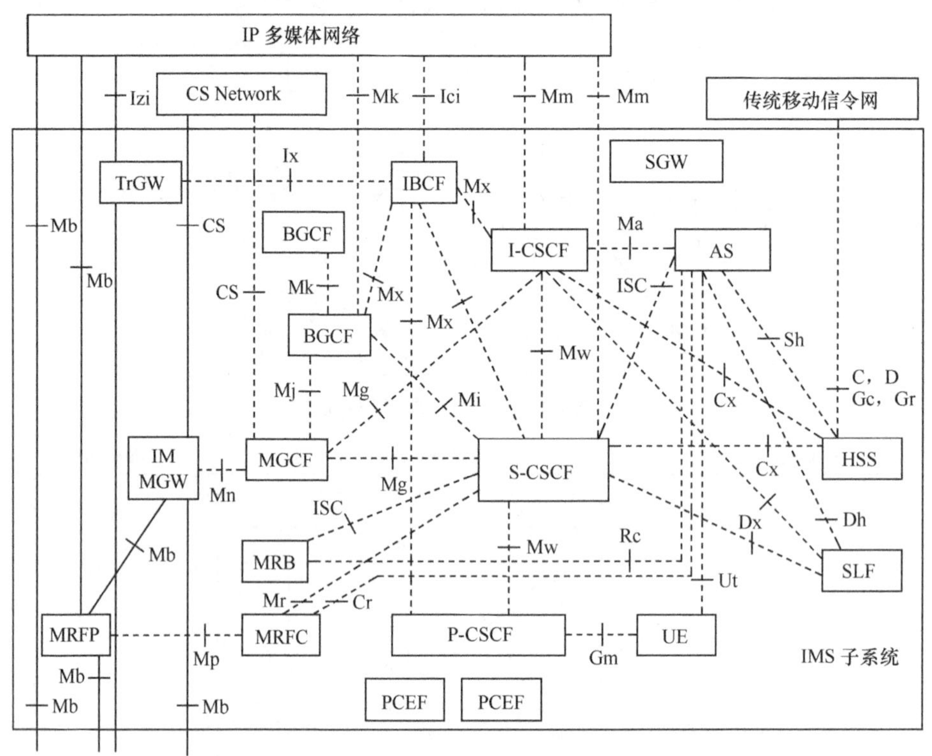


图 2-6 IMS 的系统结构示意图

IMS 在 3GPP Release 5（R5）版本中提出，是对 IP 多媒体业务进行控制的网络核心层逻辑功能实体的总称。3GPP R5 主要定义 IMS 的核心结构、网元功能、接口和流程等内容；R6 版本则增加了部分 IMS 业务特性、IMS 与其他网络的互通规范和无线局域网（WLAN）接入特性等；R7 版本加强了对固定、移动融合的标准化制定，要求 IMS 支持数字用户线（xDSL）、电缆调制解调器等固定接入方式。

**1. 技术特点**

IMS 关键技术特性可以从以下 3 个方面进行分析。

（1）用户管理

IMS 中，用户标识是保存在 ISIM 卡中的专用信息，每个 IMS 用户有一个 IMPI（Private user Identity），其功能类似于 IMSI，由归属网络运营商定义和分配，采用 RFC 2486 定义的网络接入标识格式，用于登记、授权、管理和计费，并安全地保存于 ISIM 中。

每个 IMS 用户有一个或者几个 IMPU（Public User Identities），其功能类似于 MSISDN。IMPU 用于通信请求中的寻址，采用两种格式：电话号码格式和 URI 模式。在 ISIM 中至少保存一个 IMPU。

（2）QoS 和策略控制机制

增加定义了 TE/MT 本地承载业务，外部承载业务之间的交互；增强 GPRS 承载业务，描述了 IP 层和 GPRS 层之间的映射，以及应用层和 IP 层之间的映射；Policy Decision Function 实现应用层和 IP 层之间的交互；Binding Mechanism 实现 IP 层和 GPRS 层之间的交互。

（3）IMS 安全机制

IMS 的安全机制分为两个部分：接入网络的安全和 IP 网络的安全。通过 HSS、ISIM 功能和 AKA 机制提供双向鉴权，UE 到 P-CSCF 之间的安全由接入网络安全机制提供；IMS 网络之上的安全有 IP 网络的安全机制保证，所有 IP 网络的端到端安全基于 IPSec；UE 与 IMS 的承载层分组网络的安全仍由原有的安全机制支持。

**2．应用**

随着 IMS 技术和产品的逐渐成熟，已经有一些运营商开始了 IMS 的商用，还有一些运营商在进行相关的测试。综合考虑，IMS 的应用主要集中在以下几个方面。

（1）移动网络的应用

这类应用是移动运营商为了丰富移动网络的业务而开展的，主要是在移动网络的基础上用 IMS 来提供 PoC、即时消息、视频共享等多媒体增值业务。应用重点集中在给企业客户提供 IPCENTREX 和公众客户的 VoIP 第二线业务。

（2）固定运营商的应用

固定运营商出于网络演进和业务的需要，通过 IMS 为企业用户提供融合的企业的应用（IPCENTREX 业务），以及向固定宽带用户（例如 ADSL 用户）提供 VoIP 应用。

（3）融合的应用

它主要体现在 WLAN 和 3G 的融合，以实现话音业务的连续性。在这种方式下，用户拥有一个 WLAN/WCDMA 的双模终端，在 WLAN 的覆盖区内，一般优先使用 WLAN 接入，因为这种方式用户使用业务的资费更低，数据业务的带宽更充足。当离开 WLAN 的覆盖区后，终端自动切换到 WCDMA 网络，从而实现话音在 WLAN 和 WCDMA 之间的连续性。目前，这种方案的商用较少，但是许多运营商都在进行测试。

在 IMS 中全部采用 SIP 协议，虽然 SIP 也可以实现最基本的 VoIP，但是这种协议在多媒体应用中所展现出来的优势表明，它天生就是为多媒体业务而生的。由于 SIP 协议非常灵活，所以 IMS 还存在许多潜在的业务。

**3. 发展状况**

3GPP 对 IMS 的标准化是按照 R5 版本、R6 版本、R7 版本等过程来发布的。IMS 首次提出是在 R5 版本中，然后在 R6、R7 版本中进一步完善。相比于 R5 版本，R6 版本的网络结构并没有发生改变，只是在业务能力上有所增加。在 R5 的基础上增加了部分业务特性、网络互通规范以及无线局域网接入特性等，其主要目的是促使 IMS 成为一个真正可运营的网络技术。R7 阶段更多地考虑了固定方面的特性要求，加强了对固定、移动融合的标准化制定。

在 TISPAN 定义的 NGN 体系架构中，IMS 是业务部件之一。TISPAN IMS 是在 3GPP R6 IMS 核心规范的基础上对功能实体和协议进行扩展的，支持固定接入方式。TISPAN 的工作方式和 3GPP 相似，都是分阶段发布不同版本。TISPAN 已经发布的 R1 版本就是从固定的角度向 3GPP 提出对 IMS 的修改建议。

TISPAN 在许多文档中都直接引用了 3GPP 的相关文档内容，而 3GPP R7 版本中的很多内容又都是在吸收了 TISPAN 的研究成果的基础上形成的，所以一方对文档内容的修改都将直接影响另一方。此外，国外部分先进的运营商（如德国电信、英国电信和法国电信）已经明确了未来网络和业务融合的战略目标，并开始特别关注基于 IMS 的网络融合研究。各大设备厂商也加大了对 IMS 在固网领域应用的研究，正积极参与并大力推进基于 IMS 的 NGN 的标准化工作。因此各个标准之间协调一致的问题还需要进一步探讨。

### 2.3.2 HSPA

HSPA 包括两部分，即 HSDPA 和 HSUPA，俗称为 3.5G。

HSDPA（高速下行分组接入）在下行链路上能够实现高达 14.4Mbit/s 的速率。通过新的自适应调制与编码以及将部分无线接口控制功能从无线网络控制器转移到基站中，实现了更高效的调度以及更快捷的重传，HSDPA 的性能得到了优化和提升。

HSUPA（高速上行分组接入）在上行链路中能够实现高达 5.76Mbit/s 的速度。基站中更高效的上行链路调度以及更快捷的重传控制成就了 HSUPA 的优越性能。

对用户来说，更高效的重传机制意味着更快的上传与下载速度以及更佳的业务质量，如高质量视频流以及快速电邮业务。对运营商而言，HSPA 实现了这些高级业务，并且使分组数据吞吐量得到了极大的提高，这就意味着一个无线载波能够以更高的数据传输速率支持更多的用户。换言之，利用 HSPA，运营商便能够以最低的成本为大众市场提供高级业务。

1．技术简介

类似于 1xEVDO，HSDPA 引入的最主要的几项核心技术有 AMC、H-ARQ 等。

（1）自适应调制与编码

自适应调制与编码（Adaptive Modulation and Coding，AMC）是基于无线条件和终端能力进行自适应调制和编码。它可以根据 UE 所测量的下行信道条件优选调制和编码方式，提高下行链路的吞吐量。例如，当信道条件差或干扰强时，选择更高保护性的调制和编码方式；而当信道条件好或干扰弱时，选择高阶调制如 16QAM 和低编码率如 7/8 等。换句话说，自适应调制与编码提供适应无线条件的链路适配，每次调制及编码的选择均基于 UE 上报的 CQI（Channel Quality Indicator，信道质量指示）和 UE 类别（即 UE 能力）作出判断。在 UE 可以支持的范围内，无线环境好，便使用抗信道衰落能力较差的高速率调制编码，提高峰值速率。反之，则需要较多的编码比特和低阶调制用于对抗信道衰落。每一个 2ms 无线子帧中，HSDPA 业务信道上的码字的数量、编码速率和调制方式（QPSK or 16QAM）都可以重新选择。

（2）混合自动重发请求

混合自动重发请求（Hybrid Automatic Requestor，H-ARQ）技术是前向纠错编码 FEC 和 ARQ 技术的结合，即结合了自动重发与前向纠错的容错恢复机制，并使用合并前后含有相同数据单元的机制或重传信息块的增量冗余机制，带来更低的剩余误块率，从而减少高层协议 RLC 层的重发和降低下行分组包的发送时延与环回时延（Round Trip Delay）。H-ARQ 重传是在物理层上实现的，它能有效地增加无线链路的数据吞吐量，减小重传的时延，从而提高整个扇区的吞吐量。HSDPA 支持两种合并机制：对基站重发相同的分组包进行前后合并，或对基站重发含有不同编码（即冗余信息）的分组包进行增量冗余合并。HSDPA 终端要求同时支持前后合并和增量冗余两种方式。然而增量冗余要求 HSDPA 终端具有专供高速数据业务使用的更大的内存空间。

（3）快速调度算法

快速调度算法（Fast Scheduling）能在动态复杂的无线环境下使多用户更有效地使用无线资源，提高整个扇区的吞吐量。调度算法功能实现于基站，采用了时分加码分的技术，每一个 2ms 无线子帧都可以重新调度，反应速度大大提高。调度算法可以综合评估多方因素，在实施 HSDPA 分组调度时，调度算法会根据事先掌握的信息在多用户中实施快速调度和无线资源的最优使用，提高频谱的使用效率。

HSDPA 引入的新增信道有：上行引入了 1 个专用控制信道（HS-DPCCH），供 UE 上报 H-ARQ 要求的 ACK/NACK 和所测下行信道的质量 CQI，使用的扩频因子为 SF256。下行引入了最多 15 个码分多址的共享业务信道（HS-PDSCH），用以承载数据比特，使用的扩频因子为 SF16。这些业务信道可以供单用户使用或供多用户共享。

**2．发展状况**

随着技术的发展和市场驱动，HSPA 必然会向 HSPA+和 LTE 演进，为最终用户提供更高的传输速率和吞吐容量。Incident 运营商在 HSPA 网络建设指出，需要考虑设备的平滑演进能力，即设备厂商提供的 HSPA 设备能否支持 HSPA+和 LTE。如果在 HSPA+和 LTE 升级过程中涉及大量的设备替换，将会给运营商造成严重的经济损失。

纵观全球 WCDMA 市场的发展历程，HSPA 技术的引入无疑是该市场发展的转折点。全球主流运营商纷纷通过部署 HSPA 网络和发展高速数据业务，一举扭转竞争颓势，确立了市场领先地位。

## 2.4 第四代移动通信技术（4G）

4G 是英文 Fourth-Generation 的缩写，即指第四代移动通信技术，是 3G 的延伸。从技术标准的角度看，根据 ITU 的定义，静态传输速率达到 1Gbit/s，在高速移动状态下可以达到 100Mbit/s，就可以作为 4G 的技术之一。从运营商的角度看，除了与现有网络的可兼容性外，4G 要有更高的数据吞吐量、更低时延、更低的建设和运行维护成本、更高鉴权能力和安全能力、支持多种 QoS 等级。从融合的角度看，4G 意味着更多参与方，更多技术、行业、应用的融合，不再局限于电信行业，还可以应用于金融、医疗、教育、交通等行业；通信终端能做更多的事情，如除语音通信之外的多媒体通信、远端控制等；或许局域网、互联网、电信网、广播网、卫星网等能够融为一体组成一个通播网，无论使用什么终端，都可以享受高品质的信息服务，向宽带无线化和无线宽带化演进，使 4G 渗透到生活的方方面面。从用户需求的角度看，4G 能为用户提供更快的速度并满足用户更多的需求。移动通信之所以从模拟到数字、从 2G 到 4G 以及将来的向 xG 演进，最根本的推动力是用户需求由无线语音服务向无线多媒体服务转变，从而激发营运商为了提高 ARPU、开拓新的频段支持用户数量的持续增长、更有效的频谱利用率以及更低的营运成本，不得不进行变革转型。

## 2.4.1　制式及商用情况

### 1. 主流标准及演进

LTE 在技术上被认为是 3.9G，但是我们通常还是把它们称为 4G。目前国际上的 4G 主要包括 TD-LTE 和 FDD-LTE 两种制式。

TD-LTE 是一种新一代宽带移动通信技术，是我国拥有自主知识产权的 TD-SCDMA 的后续演进技术，在继承其 TDD 优点的同时又与时俱进地引入了 MIMO（多入多出技术）与 OFDM（正交频分复用技术）。TD-LTE 在帧结构、物理层技术、无线资源配置等方面具有自己独特的技术特点。与 LTE FDD 相比，TD-LTE 具有自己的优势。首先是在频谱灵活配置上，现在 TD-LTE 系统可以根据业务类型灵活配置帧的上下行配比。如浏览网页、视频点播等业务，下行数据量明显大于上行数据量，系统可以根据业务量的分析，配置下行帧多于上行帧；而在提供传统的语音业务时，系统可以配置下行帧等于上行帧。其次在智能天线应用上，TD- LTE 系统中，上下行链路使用相同频率，且间隔时间较短，小于信道相干时间，链路无线传播环境差异不大，在使用赋形算法时，上下行链路可以使用相同的权值。因而，TD- LTE 系统能有效地降低移动终端的处理复杂性。

LTE-FDD（频分双工）是 LTE 技术的双工模式之一，应用 FDD（频分双工）式的 LTE 即为 LTE-FDD。由于无线技术的差异、使用频段的不同以及各个厂家的利益等因素，FDD-LTE 的标准化与产业发展都领先于 TDD-LTE。FDD-LTE 已成为当前世界上采用的国家及地区最广泛的，终端种类最丰富的一种 4G 标准。FDD 模式的特点是在分离（上下行频率间隔 190MHz）的两个对称频率信道上，系统进行接收和传送，用保证频段来分离接收和传送信道。FDD 模式的优点是采用包交换等技术，可突破二代发展的瓶颈，实现高速数据业务，并可提高频谱利用率，增加系统容量。FDD、TDD 模式的 LTE 具体演进详情如图 2-7 所示。

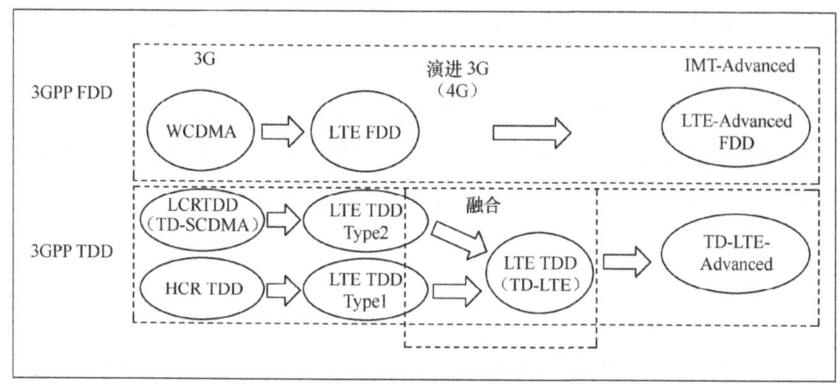


图 2-7　LTE 演进图

**2．商用情况**

根据 GSA 组织 2014 年 6 月的数据报告，当前全球 107 个国家和地区已经部署 300 张 4G 商用网络。其中，LTE-FDD 网络有 264 张，LTE-TDD 网络有 36 张。据统计，目前全球已经有 120 加制造商宣布了超过 1200 款 LTE 用户终端，几乎都支持 FDD，已经宣布的 LTE-TDD 终端由超过 300 款。

在国内，2013 年 12 月 4 日，工业和信息化部向中国电信、中国移动、中国联通发放了 TD-LTE 牌照。2014 年 6 月，工业和信息化部发布公告，正式向中国电信、中国联通两大运营商颁发了 TD-LTE/FDD-LTE 混合组网试商用经营许可，两家公司分别获许在 16 个城市展开试点。2015 年 2 月 27 日，工业和信息化部正式向中国电信、中国联通发放 TD-LTE 牌照。自此，两家公司成为拥有并运营 TD-LTE、LTE-FDD 双牌照的电信运营商。

**3．主流技术**

当前，被 ITU 所承认且被广泛研究的两种主流 4G 技术即 LTE 和 LTE-A。

LTE（Long Term Evolution），技术上被认为是 3.9G，具有 100Mbit/s 的数据下载能力，被视作从 3G 向 4G 演进的主流技术。LTE 的研究，包含了一些普遍认为很重要的部分，如等待时间的减少、更高的用户数据速率、系统容量和覆盖的改善以及运营成本的降低。LTE 改进并增强了 3G 的空中接入技术，采用 OFDM 和 MIMO 作为其无线网络演进的标准。在 20MHz 频谱带宽下能够提供下行 100Mbit/s 与上行 50Mbit/s 的峰值速率，改善了小区边缘用户的性能，提高小区容量和降低系统延迟。

LTE-A 是 LTE-Advanced 的简称，是 LTE 技术的后续演进。LTE 除了最大带宽、上行峰值速率两个指标略低于 4G 要求外，其他技术指标都已达到 4G 标准。LTE-A 的技术整体设计则远超 4G 的最小需求。在 2008 年 6 月，3GPP 完成的 LTE-A 的技术需求报告提出了 LTE-A 的最小需求：下行峰值速率 1Gbit/s，上行峰值速率 500Mbit/s，上下行峰值频谱利用率分别达到 15Mbit/s 和 30Mbit/s。

接下来的章节将主要对 4G 的关键技术进行介绍，包括：OFDM（正交频分复用）、MIMO（多入多出）、SA（智能天线，原名为自适应天线阵列 AAA）、SDR（软件无线电）、IPv6（下一代的互联网协议）、切换技术等。

### 2.4.2 OFDM

**1．OFDM 的技术原理**

正交频分复用技术 OFMD（Orthogonal Frequency Division Multiplexing）是第四代通信的核心技术，作为多载波调制技术（MCM）中的一类，其运行机制大体为：信道被划分成多个正交子信道，高速数据信号被转换成并行的低速数据流后调制在所有子信道上传输。该技术的优点为：频谱的效率高于串行系统，具有更强的抗衰力，消除了信号间的干扰适合高速数据传输。

OFDM 技术归属于 MCM 技术中，通过将信道分成多个正交子信道，并在每一个子信道中进行窄宽调制、传输，不仅能够减少子信道之间的相互干扰，而且还能够提高频谱的使用效率。由于每一个子信道中的信号宽带都比相关宽带要小一些，因此每一个子信道的频率选择性是公平的，消除了符号之间的干扰。OFDM 传输数据的速率和子载波的数量具有密切关系，通过增加子载波的数量，能够提高数据的传输速率。OFDM 的每一个频带都可以使用不同的调制方法，系统灵活性较高，并且 OFDM 能够满足多用户的需求，具有高灵活度、高利用率的特征。

**2．OFDM 的关键技术**

目前，OFDM 的关键技术主要有以下 5 个。

（1）信道估计：信道估计是 OFDM 中的一种重要技术，信道估计技术体现在信道估计器上。信道估计器在设计过程中，由于无线信道中经常处于衰落信道的状态中，需要实时对信道实现跟踪，因此导频信息要不断地进行传送，所以要先进行导频信息的选择，然后进行既有低复杂度又有高导频跟踪能力的设计。在实际设计操作过程中，导频的信息选择和估计器的设计具有直接联系，估计器是否拥有较高的性能，能够直接对导频信息的传输方式产生影响。

（2）信道编码交织：通过信道编码，能够对衰落信道中出现的随机错误进行修正。通过信道交织技术，能够应对信号中出现的突发性错误。信道矫治技术能够减少错误的相关性。

（3）信道分配：信道分配的主要方式为分组信道分配、自适应信道分配两种。通过将信道分组分配到每一个用户中，能够让一些由于失真、不均衡或是频偏的用户之间干扰最小化。

（4）多天线：OFDM 具有较强的抗多径干扰的能力，由于多径时间拖延低于保护间隔，因袭系统不会受到码间干扰，通过多天线能够让单频网络融入到宽带 OFDM 系统中，通过采用大量的低功率发射机，能够消除阴影效应，实现网络的全天覆盖。多天线系统比较适合无线局域网，通过多天线系统，能够提高 4G 网络的速度和质量，并且如果由于阴影效应，导致信号覆盖出现死角，那么 OFDM 能够通过中继器来实现网络的全面覆盖，并能够消除干扰。

（5）同步：OFDM 的同步体现在载波同步、样值同步、接收端的振荡频率和发送端的载波频率相同。通过这样的同步技术，能够提高第四代通信网络技术的使用质量。

### 3．未来发展

作为一种有效的多径处理方式，正交频分复用技术的频谱效率比串行系统高出近一倍。该技术通过与空时编码、干扰抑制以及智能天线等相关技术结合时，能够最大限度地提高物理层数据传输的准确性和可靠性。因此，在未来的宽带接人系统中，正交频分复用技术将会是一项基本技术，对推动第四代移动通信系统的发展具有极大作用。

## 2.4.3 MIMO

### 1．MIMO 的技术原理

多输入多输出技术，简称 MIMO，是第四代移动通信系统中的一项关键技术（如图 2-8 所示）。作为一项由多种无线。射频技术所组成的技术，多输入多输出技术在运作过程中能够与现时的 WLAN 相兼容，从而扩充其传输范围。该技术能够在不增加宽带的条件下，有机地提高通信系统的容量和频谱利用效率。

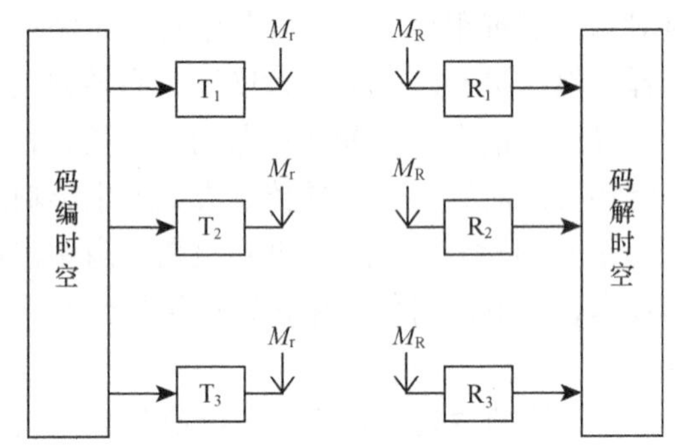


Mr 为发射天线数，$M_R$ 为接收天线数

图 2-8　MIMO 系统方框图

在通信系统中，多径通常会引起衰落现象，对整个系统极为不利。然而，在多输入多输出技术的应用中，能够将多径作为一个有利因素加以利用，从而促进移动通信系统的正常运行。MIMO 技术在其发射端和接收端配备多根天线，各种串行数据符号在经过必要的空时处理后，会自动地送到天线进行发射。为能够有效地促进每一个子数据符号流的分离，每一根天线之间能够保持加大的距离，以避免信号之间发生相互关联。当各个子数据符号流同时进入信道，所有的数据符号流会共同应用一条频带，且不会增加带宽。各个发射接收天线之间的通道之间相互独立，并且可以创造不同的并行空间信道，以提高数据信

息的准确性。

多输入多输出技术优点：首先，该项技术能够充分地利用多径发射以及合成技术，以有效地提高整个移动通信系统的系能。其次，该技术还能够提高频谱的利用率，适当地减少发射功率，并增大系统的容量。最后，该技术能够采用自适应波束形成技术，减少不同信道之间的干扰。

**2．MIMO 的关键技术**

空时编码技术是 MIMO 系统中的一项关键技术，能够在不同的天线上传输不同的信息符号流。同时，为了能够及时地消除噪声干扰性能，MIMO 系统利用编码的方式，让不同天线上传输的符号之间产生一定关联，以利于原始信息获得正确的接受渠道，从而降低系统传输信息中断的概率。在该系统中，空时编码主要是依据信源给出的信息数据流，在经过空时编码器之后，会自动地形成不同的发射天线发射矢量。一个空时矢量符号能够表示一个复数的矢量。空时编码可以在不同的天线所发送的信号中，引入相互关联的空间和时间，以提供分集增益和编码增益。

**3．MIMO-OFDMA 系统**

在以 LTE、WiMax 等为代表的第四代移动通信系统中，MIMO 和 OFDMA 是最重要的关键技术。与 CDMA 系统相比，OFDMA 系统可以在时频域上根据信道响应对多用户数据进行分组调度，如果引入 MIMO，则可以进一步利用空域资源进行调度，获得系统容量的提升。

基于 MIMO-OFDMA 的分组调度，在空域、频域、时域、功率域以及多用户域中进行整体优化，极大扩展了调度的优化空间。这种分组调度，也称为机会式调度，可以根据信道动态变化特性、用户动态性、业务动态性以及网络动态性，进行多维多重联合优化，使多用户的业务需求与网络的信道状态获得最大匹配。总而言之，MIMO-OFDMA 系统中的机会调度能够获得三方面的增益。

OFDMA 系统中的分组调度，主要如下。

（1）功率增益。对于 OFDMA 用户的上行发送信号，可以将功率集中于时频分离的多载波与时隙，从而获得功率增益。假设整个频段被 $N$ 个用户分为 $N$ 个资源块，则可以获得 $10\lg N$（dB）增益。

（2）多用户增益。由于 OFDMA 用户经历不同的频率选择性衰落信道，因此只要用户数充分多，则系统总能够选择信道状态较好的用户进行调度，从而系统吞吐率维持在峰值状态，从而能够获得多用户分集增益。

（3）空间复用/分集增益。MIMO-OFDMA 系统通过分组调度，还能够获得空间复用/分集增益。MIMO 系统的空间分集/复用增益往往会受到信道相关性的影响，如果信道强相关，则 MIMO 性能增益会有显著下降。采用分组调度方法，能够有效减轻信道相关性的不利影响，将多用户分集增益与空间复用/分集增益进行有机组合，进一步提高系统性能。

以下行调度为例，图 2-9 给出了一般的 MIMO-OFDMA 系统分组调度原理结构。

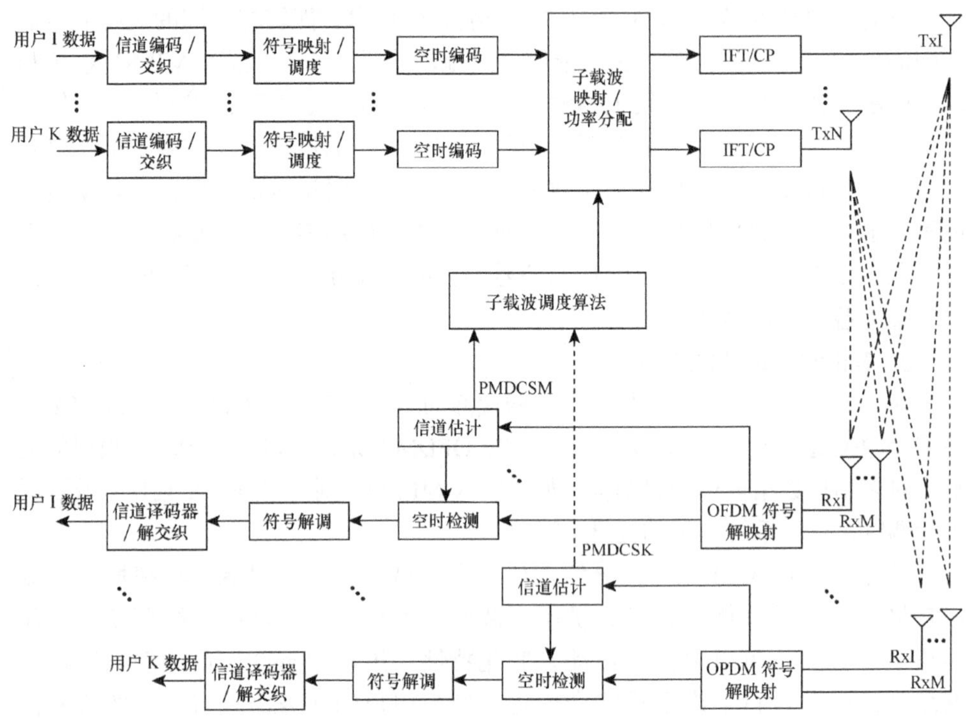


图 2-9　MIMO-OFDMA 系统分组调度原理结构图

## 2.4.4　其他关键技术

### 1. 智能天线技术

智能天线（Smart Antenna，SA），也被称为自适应阵列天线。SA 大致由三部分构成：天线阵、波束形成算法和波束形成网络。SA 通过满足一定标准的算法来调整每个元件信号的相位和加权振幅，以调整天线阵列的形状从而抑制干扰信号同时加强主体信号强度。SA 还具有数字波束调节和自动追踪等智能化功能，能够有效地解决匮乏的频率资源、提高数据传输速率、扩展系统容量、保证通信质量。

2. 软件无线电技术

软件无线电（Software DefinedRadio，SDR）是一种可以将各种通信技术联系在一起的技术。其理念是尽量使数字化后的模拟信号接近于天线，使 D/A 和 A/D 转换器靠近 RF 前段，通过 DSP 技术来完成调制解调、信道分离和信道编译码等工作。软件无线电能够建立一个运行各种软件系统的平台，以此来建立多层次、多通路和多模式的无线通信，从而做到各种平台和系统间的兼容。软件无线电技术主要涉及数字信号处理器（Digital Signal ProcessHardware，DSPH）、现场可编程器件（Field Pro-grammable Gate Array，FPGA）、数字信号处理（Digital SignalProcessor，DSP）等。

3. IPv6

第四代移动通信技术具有一个基于全 IP 的核心网络，从而使不同网络之间可以做到无缝的互联互通。它的核心网络可以提供端对端的 IP 服务、独立于任何具体的无限接入方案从而兼容其他已有的 PSTN 和核心网。开放式的结构使得其核心网能够无碍地被各种空中接口接入。基于全 IP 后的核心网能够实现核心网络协议、链路层与无线接入方式和协议的分离。IP 能够与多种无限接入协议相兼容从而提升了设计核心网络的灵活性，不再受限于选定哪种无限接入方式与协议。第四代移动通信技术采用了 IPV6 协议，地址长度为 128 位，较 IPV4 的地址空间增大了 296 倍，不会再为没有足够的地址而困扰。IPV6 还支持自动控制，具有有状态和无状态两种地址自动配置方式。有状态配置机制，需要额外的服务器为 DHCP 协议的改进和扩展，提升了网络管理的方便性。无状态地址自动配置时需要进行地址节点配置，通过邻居发现机制获得局部连接地址，局部连接地址获得后通过即插即用机制不需要任何干预即可获得一个唯一的路由地址。IPV6 还能提供高质量的服务、具有更好的安全性和移动性能。

4. 切换技术

切换技术能够实现移动终端在不同小区之间跨越和在不同频率之间通信以及在信号质量降低时如何选择信道。它是未来移动终端在众多通信系统、移动小区之间建立可靠通信的基础，主要划分为硬切换、软切换和更软切换。硬切换发生在不同频率的基站或不同系统之间。第 4 代移动通信中的切换技术正朝着软切换和硬切换相结合的方向发展。

## 2.5　第五代移动通信技术（5G）

随着 4G、LTE 进入规模商用，移动互联网和物联网得到快速发展，全球 ICT

产业界的研发重点已经转向了 2020 年及未来的第五代移动通信技术。为此，国际电信联盟 ITU 确定了 5G 的标准时间表，欧美、日韩等国家也纷纷制订、启动和推进相关的研究开发工作。国际电联（ITU）已启动 IMT.Vision 建议书研究，组织全球业界研究定义 5G 愿景与需求。在我国，IMT-2020（5G）推进组组织国内产学研用主要单位，初步完成了 5G 愿景与需求研究工作。

我国相关行业主管部门高度重视 5G 技术的发展，2013 年 2 月，由工业和信息化部、国家发展和改革委员会、科学技术部联合推动成立了 IMT-2020（5G）推进组，其组织架构基于原 IMT-Advanced 推进组，成员包括中国主要的运营商、制造商、高校和研究机构，是聚合中国产学研用等各方力量、推动中国第五代移动通信技术研究和开展国际交流与合作的主要平台。2015 年 2 月和 5 月 IMT-2020 (5G) 推进组分别推出了《5G 概念白皮书》、《5G 无线技术架构白皮书》、《5G 网络技术架构白皮书》。

未来，5G 将渗透到未来社会的各个领域，以用户为中心构建全方位的信息生态系统。为用户提供光纤般的接入速率，“零”时延的使用体验，千亿设备的连接能力，超高流量密度、超高连接数密度和超高移动性等多场景的一致服务，业务及用户感知的智能优化，同时将为网络带来超百倍的能效提升和超百倍的比特低成本。

NoLA（NOmadic Local Area wireless access，中文名为流浪本地无线接入）作为铺设 5G 网络的基础技术，是由韩国电子通信研究院研究出的第五代移动通信技术。该研究院研究成功在步行速度（5 千米以内）中，每秒钟传送 3.6 千兆资料的低速移动无线传送系统“流浪本地无线接入”，与光有线局域网相比，传送速度快 36 倍。

### 2.5.1 5G 关键技术

5G 的关键技术主要有 4 个，即新型多天线传输技术、高频段传输关键技术、密集网络关键技术和新型网络架构。

**1. 新型多天线传输技术**

由于通信产业的发展，频谱资源日益稀少，因此，提高频谱利用率成为未来通信技术发展的重要方向。在这种背景之下，基于大规模天线阵列（LSAS：Large Scale Antenna System）和大规模 MIMO（Massive MIMO）等通信技术被相继提出。其中，利用 LSAS 技术可以带来巨大的阵列增益和干扰抑制增益，使小区总的频谱效率和边缘用户的频谱效率得到极大的提升。同时，LSAS 技术还可以实现对空间位置的划分，利用空分多址，同时服务多个用户。

目前，在 LTE 及 LTE-Advanced（Rel. 8/9/10/11）中，已经推出了对 MIMO

天线的诸多增强性改进，用以满足对小区容量和下载速率增长的需求。但是，在 LTE- Advanced 中，基站下行最大只支持 8 根发送天线，其对于性能的提升还是十分有限的。在未来的 5G 中，将引入有源天线技术（AAS：Active Antenna System），通过这一技术，将更容易实现小区基站上 Massive MIMO 的部署，从而实现 3D 波束成形，相关技术可以显著增加系统容量，满足日益增长的数据业务需求。

具体而言，当前 LTE 基站的多天线只在水平方向排列，只能形成水平方向的波束，并且当天线数目较多时，水平排列会使得天线总尺寸过大从而导致安装困难。而 5G 的天线设计参考了军用相控阵雷达的思路，目标是更大地提升系统的空间自由度。基于这一思想的 LSAS 技术，通过在水平和垂直方向同时放置天线，增加了垂直方向的波束维度，并提高了不同用户间的隔离。同时，有源天线技术的引入还将更好地提升天线性能，降低天线耦合造成能耗损失，使 LSAS 技术的商用化成为可能。由于 LSAS 可以动态地调整水平和垂直方向的波束，因此可以形成针对用户的特定波束，并利用不同的波束方向区分用户。基于 LSAS 的 3D 波束成形可以提供更细的空域粒度，提高单用户 MIMO 和多用户 MIMO 的性能。

同时，LSAS 技术的使用为提升系统容量带来了新的思路。例如，可以通过半静态地调整垂直方向波束，在垂直方向上通过垂直小区分裂（cell split）区分不同的小区，实现更大的资源复用。

**2．高频段传输关键技术**

由于各类无线通信和无线应用的快速发展，各国的低频段频谱资源都已经十分紧张，很难找到适合 5G 技术应用的新频段。同时，为了保证 5G 技术所需要的更大传输带宽，各种射频器件也势必要调整到更好的工作频率上。因此，未来 5G 技术须向高频段扩展，尤其是毫米波频段。该频段频谱资源丰富，具有连续的大带宽，可以满足短距离高速传输的需求。

**3．密集网络关键技术**

为应对未来持续增长的数据业务需求，采用更加密集的小区部署将成为 5G 提升网络总体性能的一种方法。通过在网络中引入更多的低功率节点可以实现热点增强、消除盲点、改善网络覆盖、提高系统容量的目的。但是，随着小区密度的增加，整个网络的拓扑也会变得更为复杂，会带来更加严重的干扰问题。因此，密集网络技术的一个主要难点就是要进行有效的干扰管理，提高网络抗干扰性能，特别是提高小区边缘用户的性能。

密集小区技术也增强了网络的灵活性，可以针对用户的临时性需求和季节性需求快速部署新的小区。在这一技术背景下，未来网络架构将形成“宏蜂窝+长期微蜂窝+临时微蜂窝”的网络架构。这一结构将大大降低网络性能对于网络前期规划的依赖，为 5G 时代实现更加灵活自适应的网络提供保障。

与此同时，小区密度的增加也会带来网络容量和无线资源利用率的大幅度提升。模似实验表明，当宏小区用户数为 200 时，仅仅将微蜂窝的渗透率提高到 20%，就可能带来理论上 1000 倍的小区容量提升。同时，这一性能的提升会随着用户数量的增加而更加明显。考虑到 5G 主要的服务区域是城市中心等人员密度较大的区域，因此，这一技术将会给 5G 的发展带来巨大潜力。

当然，密集小区所带来的小区间干扰也将成为 5G 面临的重要技术难题。目前，在这一领域的研究中，除了传统的基于时域、频域、功率域的干扰协调机制外，3GPP Rel-11 提出了进一步增强的小区干扰协调技术（eICIC），包括通用参考信号（CRS）抵消技术、网络侧的小区检测和干扰消除技术等。这些 eICIC 技术均在不同的自由度上，通过调度使得相互干扰的信号互相正交，从而消除干扰。除此之外，还有一些新技术的引入也为干扰管理提供了新的手段，如认知技术、干扰消除和干扰对齐技术等。随着相关技术难题的陆续解决，在 5G 中，密集网络技术将得到更加广泛的应用。

**4. 新型网络架构**

未来的 5G 网络必将是多种网络共存的局面，融合多种通信方式将成为一个显著的特点。由于移动通信网络的演进特性，未来的网络将包括 3G、4G 以及 WLAN 网络等多种制式，是无缝、异构、融合的网络。因此，未来 5G 将形成蜂窝与 Wi-Fi 融合组网的新型网络架构，可以有效利用非授权频段实现业务分流。

随着移动通信业务量的不断增长，基站所承担的业务量和计算量也越来越大。为了减轻基站压力，提高传输速度，D2D（Device to Device）网络的概念被提出。目前，在 LTE Rel-13 中已经开始讨论 D2D 技术，未来也将成为 5G 中的关键技术。D2D 技术即终端直通技术，指终端之间通过复用小区资源直接进行通信的一种技术。D2D 技术无需基站转接而直接实现数据交换或服务提供，可以有效减轻蜂窝网络负担，减少移动终端的电池功耗、增加比特速率、提高网络基础设施的鲁棒性。然而，在蜂窝通信系统与 D2D 通信系统融合的系统中，网络需要决定何时启用 D2D 通信模式，以及 D2D 通信如何与蜂窝通信共享资源，是采用正交的方式，还是复用的方式，是复用系统的上行资源，还是下行资源，这些问题也增加了 D2D 辅助通信系统资源调度的复杂性。

此外，随着物联网技术的飞速发展，未来网络不仅有人与人的通信，还将产生大量机器与机器（M2M）通信。随着 M2M 终端及其业务的广泛应用，未来移动网络中连接的终端数量会大幅度提升，会引起接入网或核心网的过载和拥塞，这不但会影响普通移动用户的通信质量，还会造成用户接入网络困难甚至无法接收入。因此，如何优化网络，使之能适应 M2M 应用的各种场景是未来 M2M 需要解决的关键。目前确认的方案包括几种类型：接入控制方案、资源划分方案、随机接入回退方案、随机接入回退方案、特定时隙接入方案、Pull 方案等，另外，还有针对核心网拥塞的无线侧解决方案。

### 2.5.2　5G 应用展望与未来发展

**1. 5G 应用展望**

5G 网络不仅传输速率更高，而且在传输中呈现出低时延、高可靠、低功耗的特点，低功耗能更好地支持物联网应用，如智慧医疗、车联网等。5G 网络使人与人之间实现无缝连接，还可以进一步加强人与物、物与物之间的高速连接。未来的应用将在多平台环境下开发，基于 5G 网络超高的数据传输及无感知的时延，会给人们带来全新的体验。

- 虚拟导航：用户可以实时访问城市街道和建筑物实景等大型地图数据库。
- 移动远程医疗：用户可以在高速行驶的列车上通过视频系统获得医生的协助。
- 环境监测和智慧农业：通过 5G 时代“万物互联”的物联网系统及边缘地区的无缝覆盖，人们能对联网的动植物、山川、水域等进行实时监控，以获取最新的环境数据，并时刻掌握环境变化动态。
- 应急通信：自然灾害将导致通信系统的瘫痪。而 5G 网络能使瘫痪的通信系统在短时间内迅速恢复工作。

**2. 5G 未来发展**

ICT 行业的发展趋势，除了计算、存储及网络等传统物理要素在不断演进和融合外，智能终端和移动（Mobile）网络技术的发展将“人”这一主体引入 ICT 行业，我们称之为“M-ICT”。5G 将是 M-ICT 最重要的基础，以“人的体验”为中心，在终端、无线、网络、业务等领域进一步融合及创新。5G 将为“人”在感知、获取、参与和控制信息的能力上带来革命性的影响。5G 的服务对象将由公众用户向行业用户拓展，吸收蜂窝网和局域网的优秀特性，形成一个更智能、更友好、用途更广泛的网络。5G 将渗透到人类生活的方方面面，与其他成功商用的技术和谐共存。

5G 的研究将从单纯提升带宽转向大幅提升用户体验，从满足个人信息消费应用转向满足万物互联的信息化社会应用。5G 在技术发展上面临着三大挑战。

**挑战一：无处不在的服务**

在 M-ICT 时代，用户需要更便捷、更高效地使用移动办公、信息分享、社交互动、电子商务、互联金融等移动互联网业务。5G 的研究将从改善用户体验着手，围绕用户的服务需求来建立用户感知模型，进而在网络容量、带宽保障、峰值速率、网络时延、高精度室内定位等关键技术指标上有量级的提升。

**挑战二：海量的信息连接**

5G 网络不仅建立人与人之间的高速连接，同时也建立“人与物”及“物与物”之间的高速连接。物理世界与数字世界是以信息为纽带，通过建立泛在的多用途的高速连接网络，5G 作为信息化社会的一个综合基础设施，为社会生活和行业应用等提供高效连接，它是一个海量的连接，远远超过现有连接总量。这对网络能力和稳定可靠性带来巨大挑战。解决这一挑战，5G 必将把办公、购物、医疗、教育、娱乐、交通、社交等各垂直行业的价值环节和生产要素更大规模地纳入移动互联网产业。在互联网上构建“物理图谱”，将物理世界搬至互联网，将数字世界和物理世界合二为一。

**挑战三：绿色节能**

5G 必须在绿色节能方面有巨大提升。在 M-ICT 时代，5G 网络为了满足人们无处不在的服务需求和海量信息连接需求，必须是一张庞大密集的覆盖网络，按照现有技术，将带来巨大的能源消耗。另外，终端是人及物与整个网络连接的桥梁，也是“用户体验”的直接呈现者，5G 终端将汇集各种感知技术、新媒体技术、新材料技术，也将面临更巨大的功耗挑战。5G 需要通过网络架构变革、各类网元功能和组织结构的重组，达到网络和终端的节能目的。

5G 研究将专注面向用户体验的提升、面向信息化社会的业务应用和构建融合智能化的网络。

（1）超大数据流量实现技术

M-ICT 时代，移动智能终端及云应用等将催生数据流量持续爆炸性增长，无线网络要支持超大数据流量，需要在无线链路、频谱使用和组网 3 个维度开展研究。

① 无线链路效率的提升

无线链路效率提升可以突破的方向包括编码调制、多址技术和接收机领域。在编码调制领域重点研究非线性多用户预编码、新型联合调制编码、网络编码等技术。在多址技术领域重点研究非正交多址技术。在接收机领域重点研究能够支持 MIMO（Multi Input and Multi Output）传输的新波形和短无线链路的全双工传输。以上这些技术的组合，可以显著提升无线网络的传输性能。

② 频段的延伸和灵活管理

5G 可以通过增加新的工作频段提供更高数据带宽。可使用的新频段包括

3GHz 以上，甚至于毫米波的一些频段。这些频段具备向室内及热点用户提供光纤级带宽的速率能力。在开辟新频段的基础上，5G 可以引入动态频谱智能管理技术使其工作在非授权频段和非主用频段。

③ 密集组网

局部热点地区将是 5G 的重要应用场景，具有超大容量需求。可通过密集组网方式提升单位空间的带宽能力。各种新型高速无线局域网接入点和蜂窝小基站，共同构成立体的超密集网络架构，形成一张超级带宽能力网络。

（2）网络的云化和智能化

面对数字流量的巨大变化，5G 网络结构将向云化和智能化转变。M-ICT 时代要求人与人、人与物、物与物之间无缝联通，任何个人、企业甚至机器都有可能既是信息服务的消费者，又是信息服务的提供者。他们形成全新的关系型数字生态系统，并引发数字流量的快速增长，云化和智能化的网络才能够应对这样的挑战。

① 接入网的云化

5G 将是一个基于云处理的异构网络。这个网络在引入新的无线技术的同时要满足对现存无线制式的接入控制，这就需要建立一种新的控制机制协调各种无线制式之间、频段之间、小区之间的无线资源，以显著提升用户在各种场景下的数据接入能力。将无线资源的管理和调度功能进行云化可以实现上述功能，并降低网络建设和管理成本，方便 5G 及现有无线网络的统一运营。5G 接入网的云化体系结构如图 2-10 所示。

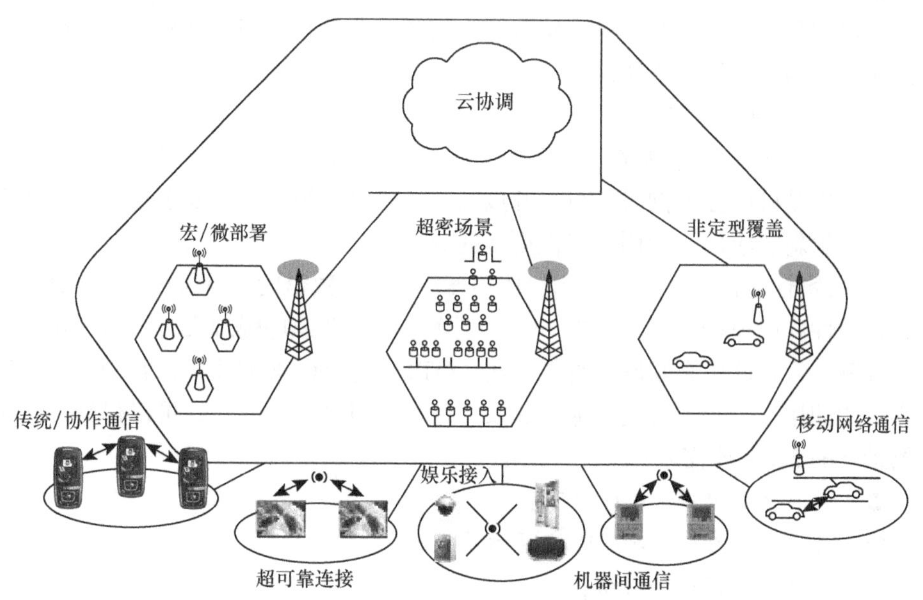


图 2-10　接入网的云化体系结构

② 网络架构进一步扁平

5G 网络架构将根据 M-ICT 时代的业务特性进行扁平化改造，比如利用软件定义网络及网络功能虚拟化等技术将垂直的网络架构演进为水平的网络架构。另外，5G 将增强无线接入网功能、简化网关功能、降低网络复杂性。5G 网络控制面集中化和转发面通用化易于支持多种业务，如增值业务、大数据分析、管道能力开放等。

③ 多网络技术融合

5G 需要考虑将多种接入技术，包括新型高速无线局域网技术和短距离连接技术等，融合到统一的体系架构下，重点研究多制式的融合、智能管理和构建云化的通用平台。

④ 超低时延的实现

降低用户响应时延是提高用户体验的一个重要手段。5G 可以在网络时延、回传时延、接入时延和终端时延 4 个方面逐步降低用户响应时延。可以使用的技术和策略包括预调度、本地化网关、本地化缓存、快速解码、面向业务的 QoS 控制等。

（3）业务和网络的深度融合

M-ICT 时代，移动多媒体业务将得到快速发展。在目前的网络和服务架构下，一些大流量的业务如“超高清”的移动视频，虚拟/增强现实业务等必将引爆全网络的数字洪水。在 5G 中，这些业务将不仅由云端提供，也可以由网络直接提供。此外，以“智能管道”和“业务感知”为特征的业务和网络深度融合技术能极大提高用户体验，降低网络建设和运营成本。

（4）网络能力开放

M-ICT 时代，网络服务模式将构建在一个开放的统一的平台上。5G 网络在为用户提供基础服务的同时，可以开放自身的接口，第三方开发者通过运用和组装接口产生新的应用，为用户提供更多的业务。

5G 关键性能指标主要包括用户体验速率、连接数密度、端到端时延、流量密度、移动性和用户峰值速率。在 5G 典型场景中，考虑增强现实、虚拟现实、超高清视频、云存储、车联网、智能家居、OTT 消息 5G 典型业务，并结合各场景未来可能的用户分布、各类业务占比及对速率、时延等的要求，可以得到各个应用场景下的 5G 性能需求：

- 用户体验速率：0.1～1Gbit/s;
- 连接数密度：1 百万连接/平方公里;
- 端到端时延：毫秒级;
- 流量密度：数十 Tbit/s 平方公里;

- 移动性：500km/h 以上；
- 峰值速率：数十 Gbit/s；其中，用户体验速率、连接数密度和时延为 5G 最基本的三个性能指标。

## 2.6　移动互联网新技术

近几年来，随着网络与通信技术的飞速发展，无线通信在人们的生活中扮演着越来越重要的角色，其中近距离无线通信技术正在成为人们关注的焦点。目前的近距离无线通信技术包括了蓝牙、802.11（Wi- Fi）、近场通信（NFC：Near Field Communication）、ZigBee、红外（IrDA）、超宽带（UWB）等，它们都有各自的特点：或基于传输速度、距离、耗电量的特殊要求，或着眼于功能的扩充性，或符合某些单一应用的特别要求等。但是没有一种技术可以满足所有的要求。图 2-11 显示了目前不同无线通信技术的传输速率和传输距离。

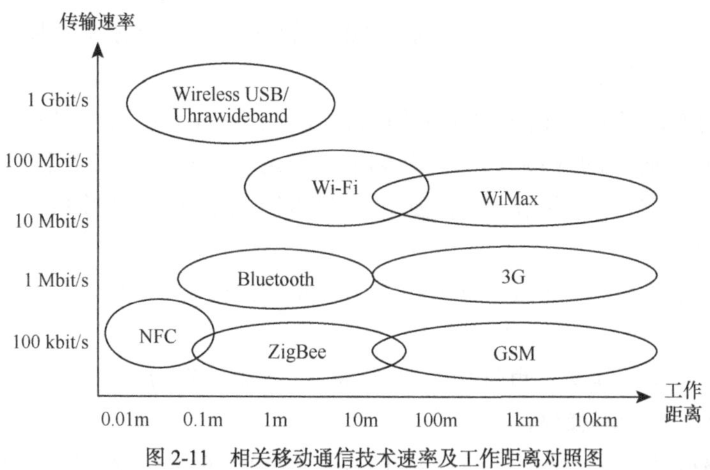


图 2-11　相关移动通信技术速率及工作距离对照图

本书在这里重点介绍蓝牙、近场通信（NFC，Near Field Communication）ZigBee 等移动通信技术。

### 2.6.1　蓝牙

“蓝牙”（Bluetooth）原是一位在 10 世纪统一丹麦的国王，他将当时的瑞典、芬兰与丹麦统一起来。用他的名字来命名这种新的技术标准，含有将四分五裂的局面统一起来的意思。蓝牙技术使用高速跳频（FH，Frequency Hopping）和时分多址（TDMA，Time DivesionMuli—access）等先进技术，在近距离内最廉价地将几台数字化设备（各种移动设备、固定通信设备、计算机及其终端设备、各种数字数据系统，如数字照相机、数字摄像机等，甚至各种家用电器、自动化设备）呈网状链接起来。蓝牙技术将是网络中各种外围设备接口的统一桥梁，消除了设备之间的连线，取而代之以无线连接。

蓝牙是一种短距的无线通讯技术。它的标准是 IEEE802.15，工作在 2.4GHz 频带，带宽为 1Mbit/s。电子装置彼此可以透过蓝牙而连接起来，省去了传统的电线。透过芯片上的无线接收器，配有蓝牙技术的电子产品能够在十公尺的距离内彼此相通，传输速度可以达到每秒钟 1 兆字节。以往红外线接口的传输技术需要电子装置在视线之内的距离，而现在有了蓝牙技术，这样的麻烦也可以免除了。

蓝牙（Bluetooth）是由东芝、爱立信、IBM、Intel 和诺基亚于 1998 年 5 月共同提出的近距离无线数字通信的技术标准。其目标是实现最高数据传输速度 1Mbit/s（有效传输速度为 721kbit/s）、最大传输距离为 10m，用户不必经过申请便可利用 2.4GHz 的 ISM（工业、科学、医学）频带，在其上设立 79 个带宽为 1MHz 的信道，用每秒钟切换 1600 次的频率、滚齿方式的频谱扩散技术来实现电波的收发。

蓝牙的网络拓扑结构主要是采用两种技术：一种是由两台设备（如便携式电脑和蜂窝电话）的连接开始，最多由 8 台设备构成的特定组网方式微微网（Piconet）；另一种是由多个独立、非同步的微微网形成的散射网络（Scatternet）。

蓝牙的协议体系结构可以分为底层硬件模块、核心协议层、高端应用层 3 大部分。

- 底层硬件模块：由链路管理（LM）、基带（BB）和射频（RF）构成了蓝牙的物理模块。
- 核心协议层：蓝牙标准包括 Core，Profiles 两大部分。Core 是蓝牙的核心，主要定义蓝牙的技术细节；Profiles 部分定义了在蓝牙的各种应用中的协议栈组成，并定义了相应的实现协议栈。
- 高端应用层：主要有 RFCOMM 电缆替代协议、TCS 电话控制协议、与 Internet 相关的高层协议、无线应用协议（WAP）、点对点协议（PPP）、对象交换协议（OBEX）和 TCP/UDP/IP。

总体来看，蓝牙技术具有的优势包括：支持语音和数据传输；传输范围大、穿透能力强；采用跳频展频技术，抗干扰性强，不易窃听；使用在各国都不受限制的频谱；功耗低；成本低。蓝牙技术的劣势主要体现在传输速度慢、传输距离限制较大。

### 2.6.2 Wi-Fi

Wi-Fi（Wireless Fidelity），又称 802.11 标准，是 IEEE 定义的一个无线网络通信的工业标准。该技术使用的使 2.4GHz 附近的频段，该频段目前尚属没用许可的无线频段。其主要特性为：速度快、可靠性高、在开放性区域，通信距离可达 305m；在封闭性区域，通信距离为 76～122m，方便与现有的有线以太网络整合，组网的成本更低。

**1. 技术特点**

Wi-Fi 在技术上有着覆盖范围广、传输速度快、门槛低的突出优势。

➲ 覆盖范围广

基于蓝牙技术的电波覆盖范围非常小，半径大约只有 15m 左右，而 Wi-Fi 的半径则可达 100m 左右。办公室自不用说，就是在整栋大楼中也可使用。

➲ 传输速度快

虽然由 Wi-Fi 技术传输的无线通信质量不是很好，数据安全性能比蓝牙差一些，传输质量也有待改进，但传输速度非常快，可以达到 11Mbit/s，符合个人和社会信息化的需求。

➲ 门槛低

厂商只要在机场、车站、咖啡店、图书馆等人员较密集的地方设置"热点（hotspot）"，并通过高速线路将 Internet 接入上述场所。这样，由于"热点"所发射出的电波可以达到距接入点半径 10～100m 的地方，用户只要将支持无线 LAN 的笔记本电脑或掌上电脑拿到该区域内，即可高速接入 Internet。也就是说，厂商不用耗费资金来进行网络布线接入，从而节省了大量的成本。

Wi-Fi 最主要的优势在于不需要布线，可以不受布线条件的限制，因此非常适合移动办公用户，具有广阔的市场前景。目前，它已经从传统的医疗保健、库存控制和管理服务等特殊行业向更多行业拓展开去，甚至开始进入家庭以及教育机构等领域。

**2. 应用**

随着无线网络的发展，当初还是仅在笔记本市场独领风骚的 Wi-Fi 已经越来越普及，而且这种势头大有向外蔓延的趋势。目前 Wi-Fi 手机也普及应用了，通过它可以极大地节省电话开支、在线进行音/视频点播、设备间共享数据信息等。

➲ Wi-Fi 手机

Wi-Fi 手机的速率大约在 2Mbit/s 左右，理论最高速率可以达到 11Mbit/s（802.11b），最新的 802mm 提供 300Mbit/w 甚至高达 600Mbit/s 的速率。这一速率大大超出了普通家用型有线宽带。同时，Wi-Fi 手机可以实现 VoIP 网络电话功能，用户只要身在机场、酒店、餐厅、办公场所等任何 Wi-Fi 覆盖区域内，均可以免费或以低廉资费拨打国内或国际长途电话。

著名的 VoIP 商 Skype 公司在互联网网络电话市场已经成为不容置疑的霸主。在被 eBay 公司收购之后，该公司又开始积极向网下扩张，其中的一个方向是结合 Wi-Fi 无线网络推出可以免费拨打电话的手机。基于 Skype 网络电话服务的多款 Wi-Fi 手机具备普通手机通过移动运营商网络拨打或者接听电话的功能。此外，它们还具备了 Wi-Fi 无线网络连接功能。在开通无线互联网接入的地区，用户可以用手机上网，并用其中内置的 Skype 软件拨打网络电话，这种效果实际上相当于把笔记本电脑搬到了用户面前。

➲ 播放器

无线流媒体播放器可以在家中的任何一个房间里播放电脑中的音乐。我们可以将它们接入家中的有源音箱或通过标准线缆接入音响功放，以便通过家庭影院来播放自己喜欢的音乐。当然，也可以通过它来连接电脑，再经电脑收听互联网电台，甚至是用它在另一个房间中进行回放。除了音乐之外，一些能播放视频、浏览图片的播放器也同步跟进，这些跟录像机大小差不多的外设无需电缆就能让人们在电视机上观看电脑上的视频和图片。

总之，Wi-Fi 的应用正在向更多层次演变，给我们的生活带来更多亮点。

**3．发展前景**

近年来，无线 AP 的数量呈迅猛式的增长，无线网络的方便与高效使其能够得到迅速的普及。除了在目前的一些公共地方有 AP 之外，国外已经有先例以无线标准来建设城域网。因此，Wi-Fi 的无线地位将会日益牢固。

家庭和小型办公网络用户对移动连接的需求是无线局域网市场增长的动力。虽然到目前为止，美国、日本等发达国家仍然是 Wi-Fi 用户最多的地区，但随着电子商务和移动办公的进一步普及，廉价的 Wi-Fi 必将成为那些随时需要进行网络连接用户的首选。

不过，Wi-Fi 技术的商用目前碰到了一些困难。一方面是受制于 Wi-Fi 技术自身的限制，比如其漫游性、安全性、如何计费等都还没有得到妥善的解决；另一方面是由 Wi-Fi 赢利模式的不明确造成的。如果将 Wi-Fi 作为单一网络来经营，商业用户的不足会使网络建设的投资收益比较低，因此也影响了电信运营商的积极性。只有将各种接入手段相互补充使用才能带来经济性、可靠性和有效性。因此，Wi-Fi 技术可在特定的区域和范围内发挥对 3G 的重要补充作用，Wi-Fi 技术与 3G 技术相结合也将具有广阔的发展前景。

#### 4．WAPI（国内 Wi-Fi 标准）

WAPI（WLAN Authentication and Privacy Infrastructure）无线局域网鉴别和保密基础结构，是在中国无线局域网国家标准 GB15629.11 中提出的 WLAN 安全解决方案，是我国具有自主知识产权的无线局域网标准。该标准是目前中国在无线局域网领域中唯一获得国家批准的协议。WAPI 为无线局域网长期存在的安全问题提供了技术解决方案和规范要求。

WAPI 包含了全新的 WLAN 认证和加密基础结构安全机制。WAPI 由 WAI（WLAN Authentication Infrastructure，无线局域网鉴别基础结构）和 WPI（WLAN Privacy Infrastructure，无线局域网保密基础结构）两部分组成。WAI 和 WPI 分别实现对用户的身份鉴别和对传输数据的加密。WAI 采用基于椭圆曲线的公开密钥密码体制，无线客户端 STA 和接入点 AP 通过认证服务器 ASU 进行双向身份认证；而在对传输数据的保密方面，WPI 采用了国家商用密码管理委员会办公室提供的分组密码算法进行加密和解密，对 MAC 子层的 MAC 数据服务单元进行加密、解密处理，充分保障了数据传输的安全。

WAPI 具有以下特点。

（1）高可靠性的安全认证与保密体系，具有更可靠的数据链路层以下的安全防护系统。

（2）完整的"用户—接入点"双向认证，集中式或分布集中式认证管理，证书—密钥双认证，灵活多样的证书管理与分发体制，可控的会话协商动态密钥，高强度的加密算法，可扩张或升级的全嵌入式认证与算法模块，支持带安全的越区切换。

（3）支持 SNMP 网络管理，完全符合国家标准，通过国家商用密码管理部门安全审查，符合"国家商用密码管理条例"。

（4）使用方便。用户只要安装一张证书就可以在覆盖 WLAN 的不同地区漫游，使用方便。AP 设置好证书后，无需再对后台的 AAA 服务器进行设置安装，组网便捷，易于扩展。

（5）多系统支持。WAPI 能够支持 Windows 系列、Linux 等操作系统。

（6）满足家庭、企业、运营商等多种应用模式。

（7）可扩展或升级的全嵌入式认证算法模块。

WAPI 技术的实施不仅是无线标准的问题，更关系着国家的信息安全。由于在安全机制上的健壮性，它越来越成为业界关注的热点，在国内更是形成了产业链，并被成功地商用。当前我们应当充分发挥技术创新能力和国内市场的巨大作用，加快推进 WAPI 科学发展，为我国 WLAN 的健康发展贡献力量。

### 2.6.3 WiMAX

WiMAX（Worldwide Interoperability for Microwave Access）即微波接入全球互操作性（也可称为802.16无线城域网），是一项新兴的宽带无线接入技术，能提供面向互联网的高速连接,数据传输距离最远可达50km。WiMAX还具有QoS保障、传输速率高、业务丰富多样等优点。它的技术起点较高，采用了OFDM/OFDMA、AAS、MIMO等先进技术。随着技术标准的发展，WiMAX将逐步实现宽带业务的移动化，而第三代、第四代移动通信技术等则将实现移动业务的宽带化，两种网络的融合程度将会越来越高。WiMax网络参考模型如图2-12所示。

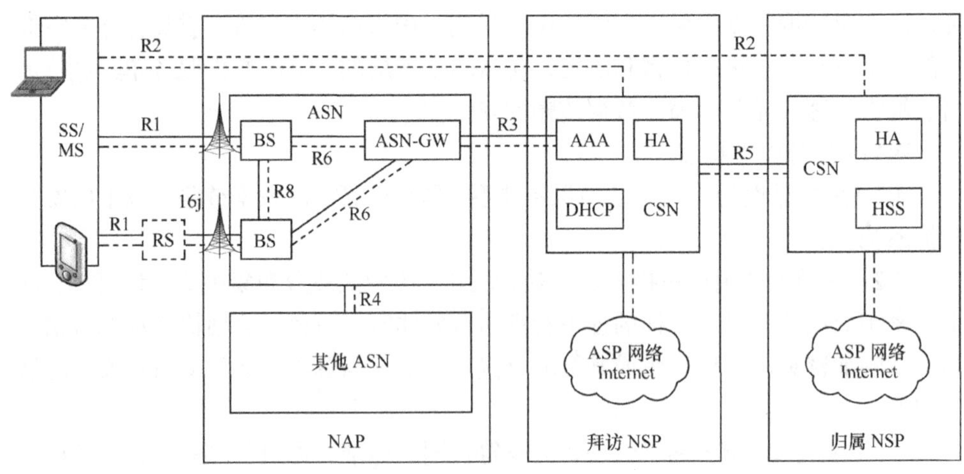

图2-12　WiMax网络参考模型

#### 1. 技术特点

这部分主要从3方面分析：链路层技术，QoS性能以及工作频段。

（1）链路层技术

TCP/IP协议的特点之一是对信道的传输质量有较高的要求。无线宽带接入技术面对日益增长的IP数据业务，必须适应TCP/IP协议对信道传输质量的要求。在WiMAX技术的应用条件下（室外远距离），无线信道的衰落现象非常显著。在质量不稳定的无线信道上运用TCP/IP协议，其效率将十分低下。WiMAX技术在链路层加入了ARQ机制，减少到达网络层的信息差错，可大大提高系统的业务吞吐量。同时WiMAX采用天线阵、天线极化方式等天线分集技术来应对无线信道的衰落，这些措施都提高了WiMAX的无线数据传输的性能。

（2）QoS 性能

WiMAX 可以向用户提供具有 QoS 性能的数据、视频、VoIP 业务。WiMAX 可以提供 3 种等级的服务：CBR（Constant Bit Rate，固定比特率）、CIR（Committed Informction Rate，承诺信息速率、BE（Best Effort，尽力而为）。CBR 的优先级最高，任何情况下网络操作者与服务提供商以高优先级、高速率及低延时为用户提供服务，保证用户订购的带宽。CIR 的优先级次之，网络操作者以约定的速率来提供，但速率超过规定的峰值时，优先级会降低，还可以根据设备带宽资源情况向用户提供更多的传输带宽。BE 则具有更低的优先级，这种服务类似于传统 IP 网络的尽力而为的服务，网络不提供优先级与速率的保证。在系统满足其他用户较高优先级业务的条件下，尽力为用户提供传输带宽。

（3）工作频段

整体来说，WiMAX 工作的频段采用的是无须授权频段，范围在 2～66GHz，而 802.16a 则是一种采用 2～11GHz 无须授权频段的宽带无线接入系统，其频道带宽可根据需求在 1.5～20MHz 范围进行调整。因此，WiMAX 所使用的频谱将比其他任何无线技术更丰富。

**2．分类**

根据是否支持移动特性，IEEE 802.16 标准可以分为固定宽带无线接入空中接口标准和移动宽带无线接入空中接口标准，其中 802.16a、802.16d 属于固定无线接入空中接口标准，而 802.16e 属于移动宽带无线接入空中接口标准。

**3．应用前景**

宽带无线接入技术是各种有线接入技术强有力的竞争对手，在高速 Internet 接入、双向数据通信、私有或公共电话系统、双向多媒体服务和广播视频等领域具有广泛的应用前景。相对于有线网络，宽带无线接入技术具有巨大的优势，如：无线网络部署快，建设成本低廉，无线网络具有高度的灵活性，升级方便；无线网络的维护和升级费用低，可以根据实际使用的需求阶段性地进行投资。

中国幅员辽阔，目前仍有很多经济欠发达地区。在这些地方的信息化建设非常落后。应用低成本的 WiMAX 技术相当于架起一座信息高速公路，对当地的经济发展会有很大的促进作用。

目前，使用 Wi-Fi 技术的校园无线网络已经十分普遍，但是 WiMAX 要比 Wi-Fi 先进很多，WiMAX 使用很少的基站即可达到整个校园的无线信号无缝连接。Wi-Fi 技术可以提供高达 54Mbit/s 的无线接入速度，但是它的传输距离十分有限，仅限于半径约为 100m 的范围。移动电话系统可以提供非常广阔的传输范围，但是它的接入速度却十分缓慢。WiMAX 的出现刚好弥补了这两个不足。

### 2.6.4 RFID

#### 1. RFID 技术特点

RFID（Radio Frequency Identification）技术，又称为无线射频识别，是一种通信技术，可通过无线电讯号识别特定目标并读写相关数据，而无需识别系统与特定目标之间建立机械或光学接触。

射频识别系统最重要的优点是非接触识别，能穿透雪、雾、冰、涂料、尘垢和条形码无法使用的恶劣环境阅读标签，并且阅读速度极快，大多数情况下不到100ms。有源式射频识别系统的速写能力也是重要的优点。可用于流程跟踪和维修跟踪等交互式业务。

制约射频识别系统发展的主要问题是不兼容的标准。射频识别系统的主要厂商提供的都是专用系统，导致不同的应用和不同的行业采用不同厂商的频率和协议标准，这种混乱和割据的状况已经制约了整个射频识别行业的增长。许多欧美组织正在着手解决这个问题，并已经取得了一些成绩。标准化必将刺激射频识别技术的大幅度发展和广泛应用。

RFID 的性能特点主要体现在以下 7 个方面。

（1）快速扫描。RFID 辨识器可同时辨识读取数个 RFID 标签。

（2）体积小型化、形状多样化。RFID 在读取上并不受尺寸大小与形状限制，不需为了读取精确度而配合纸张的固定尺寸和印刷品质。此外，RFID 标签更可往小型化与多样形态发展，以应用于不同产品。

（3）抗污染能力和耐久性。传统条形码的载体是纸张，因此容易受到污染，但 RFID 对水、油和化学药品等物质具有很强抵抗性。此外，由于条形码是附于塑料袋或外包装纸箱上，所以特别容易受到折损；RFID 卷标是将数据存在芯片中，因此可以免受污损。

（4）可重复使用。现今的条形码印刷上去之后就无法更改，RFID 标签则可以重复地新增、修改、删除 RFID 卷标内储存的数据，方便信息的更新。

（5）穿透性和无屏障阅读。在被覆盖的情况下，RFID 能够穿透纸张、木材和塑料等非金属或非透明的材质，并能够进行穿透性通信。而条形码扫描机必须在近距离而且没有物体阻挡的情况下，才可以辨读条形码。

（6）数据的记忆容量大。一维条形码的容量是 50Bytes，二维条形码最大的容量可储存 2 至 3000 字符，RFID 最大的容量则有数 MegaBytes。随着记忆载体的发展，数据容量也有不断扩大的趋势。未来物品所需携带的资料量会越来越大，对卷标所能扩充容量的需求也相应增加。

（7）安全性。由于 RFID 承载的是电子式信息，其数据内容可经由密码保护，使其内容不易被伪造及变造。

RFID 因其所具备的远距离读取、高储存量等特性而备受瞩目。它不仅可以帮助一个企业大幅提高货物、信息管理的效率，还可以让销售企业和制造企业互联，从而更加准确地接收反馈信息，控制需求信息，优化整个供应链。

**2. RFID 技术分类**

RFID 技术中所衍生的产品大概有三大类：无源 RFID 产品、有源 RFID 产品、半有源 RFID 产品。

（1）无源 RFID 产品

无源 RFID 产品发展最早，也是发展最成熟，市场应用最广的产品。比如，公交卡、食堂餐卡、银行卡、宾馆门禁卡、二代身份证等，这个在我们的日常生活中随处可见，属于近距离接触式识别类。其产品的主要工作频率有低频 125kHz、高频 13.56MHz、超高频 433MHz，超高频 915MHz。

（2）有源 RFID 产品

有源 RFID 产品，是最近几年慢慢发展起来的，其远距离自动识别的特性，决定了其巨大的应用空间和市场潜质。在远距离自动识别领域，如智能监狱，智能医院，智能停车场，智能交通，智慧城市，智慧地球及物联网等领域有重大应用。有源 RFID 在这个领域异军突起，属于远距离自动识别类。产品主要工作频率有超高频 433MHz，微波 2.45GHz 和 5.8GHz。

（3）半有源 RFID 产品

有源 RFID 产品和无源 RFID 产品，其不同的特性，决定了不同的应用领域和不同的应用模式，也有各自的优势所在。但在本系统中，我们着重介绍介于有源 RFID 和无源 RFID 之间的半有源 RFID 产品，该产品集有源 RFID 和无源 RFID 的优势于一体，在门禁进出管理，人员精确定位，区域定位管理，周界管理，电子围栏及安防报警等领域有着很大的优势。

半有源 RFID 产品结合有源 RFID 产品及无源 RFID 产品的优势，在低频 125kHz 频率的触发下，让微波 2.45G 发挥优势。半有源 RFID 技术，又称为做低频激活触发技术，利用低频近距离精确定位，微波远距离识别和上传数据，来解决单纯的有源 RFID 和无源 RFID 没有办法实现的功能。简单地说，就是近距离激活定位，远距离识别及上传数据。

**3. RFID 技术应用**

RFID 技术的应用领域主要为物流和供应管理、生产制造和装配、航空行李处理、邮件/快运包裹处理、文档追踪/图书馆管理、动物身份标识、运动计时、门禁控制/电子门票、道路自动收费、一卡通、仓储中塑料托盘、周转筐中等。下面列示了几个典型的应用案例。

（1）用于病患监测的双接口无源 RFID 系统设计。病患监测设备通常用于测量病患的生命迹象，例如，血压、心率等参数，管理这些重要数据的要求远远超出了简单的库存控制范围，需要设备能够提供设备检查、校准和自检结果，与静态的标签贴纸不同，动态的双接口 RFID EEPROM 电子标签解决方案则能够记录测量参数，以备日后读取，还能把新数据输入系统。

（2）基于 RFID 的物联网智能公交系统应用方案。基于物联网技术的公交停车场站安全监管系统，主要由车辆出入口管理系统、场站智能视频监控系统两部分组成，利用先进的“物物相联技术”，将用户端延伸和扩展到公交车辆、停产场站中的任何物品间进行数据交换和通信，全面立体地解决公交行业监管问题。

（3）基于 RFID 技术的小区安防系统设计解决方案。在小区的各个通道和人员可能经过的通道中安装若干个阅读器，并且将它们通过通信线路与地面监控中心的计算机进行数据交换。同时在每个进入小区的人员车辆上放置安置有 RFID 电子标签身份卡，当人员车辆进入小区，只要通过或接近放置在通道内的任何一个阅读器，阅读器即会感应到信号同时立即上传到监控中心的计算机上，计算机就可判断出具体信息（如：是谁，在哪个位置，具体时间），管理者也可以根据大屏幕上或电脑上的分布示意图点击小区内的任一位置，计算机即会把这一区域的人员情况统计并显示出来。同时，一旦小区内发生事故（如：火灾、抢劫等），可根据电脑中的人员定位分布信息马上查出事故地点周围的人员车辆情况，然后可再用探测器在事故处进一步确定人员准确位置，以便帮助公安部门准确快速地营救遇险人员和破案。

### 2.6.5 NFC

近距离无线通信技术（Near Field Communication），简称 NFC，由飞利浦公司和索尼公司共同开发。它可以在移动设备、消费类电子产品、PC 和智能控件工具间进行近距离无线通信。它是由非接触式射频识别技术演变而来的，对 RFID 向下兼容。

#### 1. NFC 技术特点

NFC 作为一种新的无线连接技术，其工作频率为 13.56 MHz，由 13.56 MHz 的射频识别（RFID）技术发展而来。该技术采用幅移键控（ASK）调制方式，其数据传输速率一般为 106 kbit/s、212 kbit/s 和 424 kbit/s 三种。它的通信模式可分为主动模式和被动模式。主动模式是指发起设备（Initiator）和目标设备（Target）

皆可靠自身电源供应产生射频场；被动模式则是发起设备依靠自身电源产生射频场，而目标设备则利用全波整流线路将发起设备发出的射频能量转换成供自己工作的电能。主动式工作的通信距离一般不超过 20 cm，能够与现有的非接触式智能卡国际标准相兼容。

NFC 技术最早由菲利普、索尼和诺基亚主推的开放技术规格 NFCIP- 1 发展而来，其标准草案先被提交给欧洲电脑厂商协会（ECMA），被认可为 EC-MA-340 标准；再由 ECMA 提交给 ISO/IEC，也已被批准纳入 ISO/IEC l8092 标准。2003 年，NF-CIP-1 还被欧洲电信标准协会（ETSI）批准为 TS 102190 V1.1.1 标准。为了兼容非接触式智能卡，NFC 论坛于 2004 年又推出了 NFCIP-2 规范，并被相关组织分别批准为 ECMA- 352、ISO/IEC 21481 和 ETSITS 102 312 V1.1.1 标准。

其中，NFCIP-1 标准详细规定了 NFC 设备的调制方案、编码、传输速度与射频接口的帧格式，以及主动与被动 NFC 模式初始化过程中数据冲突控制所需的初始化方案和条件。此外，NFCIP- 1 还定义了 NFC 装置工作在 13.56 MHz 射频上以感应耦合的方式与其他设备相互连接的通信模式。其中，通信模式又可以分为主动模式（Active Mode）和被动模式（Passive Mode）两种方式作感应耦合连接。两种模式都可以在 106 kbit/s、212 kbit/s 或 424 kbit/s 的传输速率下工作，但被动模式的工作范围是 10 cm，主动模式是 20 cm。根据 NFCIP- 1 标准的预先定义，未来主动模式由于调制技术的发展，其数据传输速率会有所提高。有文献报道实验室中已经实现了 6.78 Mbit/s 的传输速率。区别于一般非接触智能卡只能一对一存取资料的方式，NFCIP- 1 能够以时隙的方式进行双工工作，因此可以同时与多个 NFC 装置相互传送和接收资料。

NFCIP- 2 则指定了一种灵活的网关系统，用来对三种操作模式进行检测和选择。三种模式分别是：NFC 卡模拟模式、读写器模式和点对点通信模式。在选择既定模式以后，按照所选的模式进行后续动作。网关标准还具体规定了射频接口测试方法（在 ISO/EC 22536 和 ECMA- 356 标准中）和协议测试方法（在 ISO/IEC 23917 和 ECMA-362 标准中）。这意味着符合 NFCIP-2 规范的产品将可以用作 ISO/IEC14443 A 和 B 以及 Felica（Proximity Cards）和 ISO15693（Vicinity Cards）的读写器。

NFC 其实只是一种无线数据传输方式。它的工作原理类似于蓝牙，在接入其他设备时，具有快速识别、快速建立通讯联系等优点。

NFC 技术最大的便利性就在于它能绕过所有的步骤去连接设备，不需要像蓝牙那样的设置，也不用输入密码，而且它能够从任何物体、甚至从一个非电子设备获得信息，只要在物体上安了 NFC 贴纸便能成为 NFC 的家庭中的一员。

NFC 功耗极低、成本低、安全性好、价格便宜，其速率基本能满足设备之间信息交换的需求。其中有一个比较吸引人的优点，那就是无需电池。比如一个具备 NFC 功能的智能机可以获取对象上的信息，通过发送“能量”给对象的 NFC 贴纸，便能自动接收数据。另外由于对 RFID 的兼容，也使得对现有设备的利用率大大提高，节省了普及成本。

**2. NFC 应用情境**

NFC 的应用情境基本可以分为以下 5 类：

（1）接触-通过（Touch and Go）：包括门禁控制、交通关卡、会议入场和赛事门票等应用；用户需将储存了门票信息或存取码的设备靠近读卡器即可。

（2）接触-确认/支付（Touch and Confirm/Pay）：主要有手机钱包、移动和公交付费等应用；用户需输入密码确认交易或者接受交易即可。另外，也有基于 NFC 开发的自动点餐系统。

（3）接触-连接（Touch and Connect）：这种应用是将 2 个具备 NFC 功能的设备进行连接，可实现数据的点对点传输，例如 NFC 手机电子名片互换等。

（4）接触-浏览（Touch and Explore）：有智能看板和电影海报下载等应用；消费者可以通过 NFC 手机了解和使用系统所能提供的功能和服务，例如将具有 NFC 的手机靠近有 NFC 功能的智能海报来获取和浏览相关信息。

（5）下载-接触（Load and Touch）：这种情景的应用之一是用户可通过 GPRS 网络接收或下载相关信息，用于支付或用于门禁等功能。例如，用户可发送特定格式的短信至家政服务员的手机来控制家政服务员进出住宅的权限。

作为一种近距离无线技术，由于其具有简单便捷的使用方式和对消费者的巨大吸引力，NFC 目前正迅速成为世界各地运营商、手持设备制造商、信用卡公司和公共交通系统高度关注的技术。

### 2.6.6 UWB

超移动宽带（UMB）无线接入技术是无线通信技术的革新，可以提供行业领先的高速数据吞吐量、低延时和高服务质量（QoS），为用户带来增强的移动宽带体验。UMB 技术在物理空中接口和较上层采用自下而上的设计，支持带宽密集的移动业务和并发的 VoIP 和数据业务，具有更大的灵活性。UMB 网络设计的目标如下。

- 无缝移动；
- 为广泛的应用提供 QoS，包括延时敏感业务；
- 高效的频率再用部署；

- 通过简化网元间的接口，实现不同厂商设备的互通；
- 简化管理，减少网元数量；
- 增强网络的可扩展性和业务部署的灵活性。

1．扁平化的网络架构

基于扁平化网络架构的 UMB 解决方案与传统的分层架构明显不同，后者定义了多层的控制和互连平台。在传统的分层架构中，接入终端（AT）通过唯一的空中接口协议栈与多个基站（BS）通信。称为基站控制器（BSC）的集中控制实体保持各个 BS 之间协议状态的协调。

采用扁平架构的 UMB 网络不需要 BSC 这样的集中控制实体，如图 2-13 所示，相当于传统分层架构中基站的 UMB 演进基站（eBS）将传统 BS、BSC 的功能以及分组数据服务节点（PDSN）的某些功能融于一身，使网络部署更为简单。由于建网所需的元件数量减少，网络变得更加可靠、灵活、易于部署，而且运营成本更低廉。eBS 间的相互影响大大减少，使 eBS 接口更为简单，从而促进了多厂商的互通。

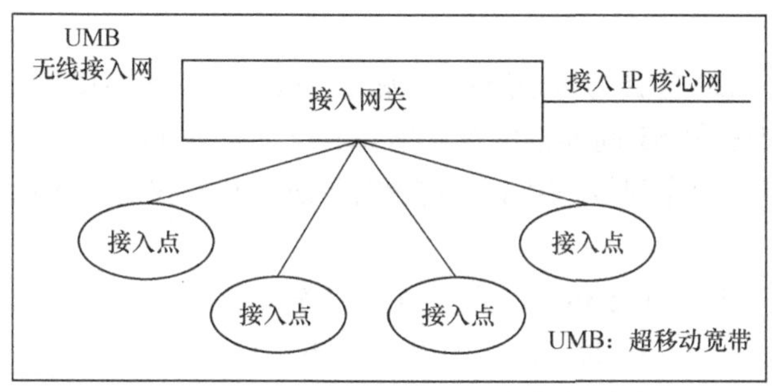


图 2-13　扁平的 UMB 网络架构图

传统分层的移动宽带无线接入网络依靠多种节点提供用户流量服务，如 BS、BSC、PDSN 和移动 IP 归属代理；而 eBS 可直接与 Internet 连接，提供服务。因而可降低延时、减少投资和维护成本，同时降低节点间的相互影响，以提供端到端的 QoS。

采用 UMB 技术，易于对网络进行扩展，服务于不同场景下的基站，满足不同覆盖率和容量的需求。UMB 网络采用分布式网络架构使负载分散到各个网元，从而简化了总体设计。利用标准 IP 元件，运营商易于进行网络扩展，减少时间和成本。UMB 网络架构的主要特性大致总结如下：

- 扁平化的网络架构不需要采用中心基站控制器（BSC）；

- 汇聚-接入网络（CAN）设计实现无缝移动；
- 多路由特性实现了基站间的快速交换，为延时敏感应用提供了必要的支持；
- 层 2 和层 3 隧道机制简化了网络接口；
- 将层 3 切换与层 1 切换去耦合，确保快速而高效的跨基站移动。

### 2. UWB 技术应用

在移动管理方面，UMB 受益于高度创新的网络设计，可实现更快速的切换、网络灵活的扩展性和真正的分布式接入设计。采用 UMB 网络架构，运营商可以实行完全移动管理，并取得最佳服务质量。UMB 的移动管理有以下一些主要概念。

（1）多路由

多路由位于 UMB 网络架构的核心。UMB AT 包含了对应于每个基站的独立的空中接口协议栈，每个协议栈都称为一条路由。AT 还包含了一个由拥有 AT 路由的所有 eBS 组成的路由集，该多路由采用不同的 eBS 来表示 AT 包含的多个路由。一个重要特性是每个 eBS 只有在加入到路由集后才可以被设置为服务 eBS。一个路由集在任意时刻可以最少包含 6 条路由。如果 AT 是空闲的，它只有一条 SRNC 路由。

而且，每个 eBS 包含与每条路由相关的连接状态。该连接状态包括参数值以及有助于保持 eBS 和 AT 间连接的算法状态，例如发射/接收缓冲器、RLP 中提供上层分组可靠传送的序列号、不同流量授权的 QoS 和授权的媒体接入控制（MAC）资源。

由于 AT 包含与每个 eBS 不同的路由，而连接状态为 eBS 的本地状态，当 AT 从 eBS 传递到另一个 eBS 时，两个 eBS 之间不传送连接状态信息。这样，eBS 之间信令的复杂性就得以大幅度降低。

（2）公共会话

尽管每个 eBS 拥有独立的路由，所有 eBS 与 AT 却共享一个公共会话，定义了 AT 和 eBS 协商和存储的协议类型和协议属性集。

（3）个体

会话由一个或多个个体组成。个体定义了通信期间 AT 和 eBS 之间采用的协议类型和属性。当 AT 和路由集中所有 eBS 之间的会话是公共会话时，每个 eBS 单独协商一个应用于其路由的个体。

一个 eBS 所协商的个体可以为另一个 eBS 所采用，而无需进行任何新的协商。这样，在路由集中增加新的 eBS 所需的时间得以大大减少。主要优点为：

- 在现网中，增加一个新的 eBS 到路由集非常迅速；
- eBS 间接口非常简单，几乎不需要对 eBS 配置进行协调。

（4）前向链路服务实体

前向链路服务实体是在前向链路提供层 1 连接的 eBS。

（5）反向链路服务实体

它在反向链路提供层 1 连接 eBS。

总之，扁平化架构的 UMB 解决方案是一种简化的网络设计，为带宽密集业务提供了卓越的移动管理支持。采用扁平化的网络架构，不需要集中 BSC 等网元，大大减少了互通所需的网络节点数量。

无论是 AT 的 eBS 间、AGW 间还是系统间转换，UMB CAN 都可实现无缝和快速的切换，同时最大限度地减少开销。因此，合理的系统设计可为包括延时敏感应用在内的各种应用提供 QoS。

网络架构的设计尽可能地保持了无线接入网和核心网间接口的简单。例如，避免了 eBS 间的连接态的协调或传送，以及避免了与另一个 eBS 连接的分组进行翻译，因此大大简化了 eBS 间接口。

这样还有助于运营商随时对 UMB 网络进行部署和扩展，并将促进多厂商的互通。

另外，UWB 信号的宽频带、低功率谱密度的特性，决定了其以下优势。①易于与现有的窄带系统，如全球定位系统（GPS）、蜂窝通信系统、地面电视等共用频段，大大提高了频谱利用率。②易于实现多用户的短距离高速数据通信。③对多径衰落具有鲁棒性。

适合 UWB 技术的实际应用方案主要包括：高速无线个域网、无线以太接口链路、智能无线局域网、户外对等网络、传感、定位和识别网络。

## 2.6.7　ZigBee

ZigBee 技术是一种近距离、低复杂度、低功耗、低速率、低成本的双向无线通讯技术。此技术主要用于距离短、功耗低且传输速率不高的各种电子设备之间进行数据传输以及典型的有周期性数据、间歇性数据和低反应时间数据传输的应用。

与 ZigBee 技术有关的规范有两个：IEEESO2.15.4 标准和 ZigBee 规范。IEEE802.15.4 标准是由 IEEE802.15.4 委员会制定，发布于 2003 年，它定义了用于低速无线局域网（LR-WRAN）的物理层和 MAC 层。ZigBee 规范是由 ZigBee 联盟制定的，于 2005 年 6 月公开。它在 IEEE802.15.4 标准的基础之上，构建了网络层、安全层和应用层。

ZigBee 技术的主要特点是近距离、低成本、低功耗、低速率，具体如下：

- 数据传输率低：最大速率只有 250kbit/s;

- 使用三个公共频段：868MHz、915MHz、2.4GHz;
- 低成本：因为协议简单和有限的计算和存储资源，每个芯片只需要大约1美元;
- 传输范围小：10～100m;
- 时延短：设备激活只需要大约15ms;
- 低功耗：这是ZigBee设备的一个最大特点，使用普通电池通常可以支撑数月甚至一两年。

# 第 3 章

# 移动互联网的支撑技术及运营管理系统

区别于传统的电信和互联网，移动互联网是一种基于用户身份认证、环境感知、终端智能、无线泛在的互联网应用业务集成，最终目标是以用户需求为中心，将互联网的各种应用通过一定的变换，在各种用户终端上进行定制化和个性化的展现，有典型的技术开放性、业务融合化等特征。

业务融合在移动互联网时代下催生，用户的需求更加多样化、个性化，而单一的网络无法满足用户的需求，技术的开放已经为业务的融合提供了可能性以及更多的渠道，融合的技术正在将多个原本分离的业务能力整合起来，使业务由以前的垂直结构向水平结构方向发展，创造出更多的新生事物。本章将对移动互联网中的业务平台及相应的运营支撑技术进行介绍。

## 3.1 移动互联网业务平台

### 3.1.1 业务平台的定义

业务平台在不同的行业中通常有着不同的定义。在电信行业，业务平台一般是指一个业务运营的基础平台。在这一平台上，电信运营商通过提供一些业务、计费等标准接口，就可以快速引入和推广各种新的业务。而其他企业可以借用运营商的平台和资源，推出新的业务。从电信的集中管理思路可以看出，电信行业业务平台还需要提供运营管理的支持，如鉴权、计费、用户管理、业务管理等。

对于服务或内容提供商来说，业务平台就是业务发布与接入的功能平台。业务平台提供了使用网络及其他功能资源的接口规范，服务或内容提供商所提供的业务模块只需要按照所指定的规范开发，就可以实现在业务平台上的部署。

从平台管理方的角度看，业务平台是指一个对业务进行管理的平台。通过引入平台管理模式，管理者可以实现对应用内容的管理、合作伙伴的管理和激励等，并提供鉴权、计费的运营支持管理功能，从而使各种业务能够良性运行。

由上面的描述可以总结出关于业务平台的定义，主要可以分为三类。一类着重从技术特征方面定义，把平台定义为业务支撑系统或接口规范。电信行业和服务或内容提供商持有这种观点。另一类是设备商和方案提供商的观点，他们把业务平台定义成一种业务开发与运营的综合环境。这种环境实现了各类技术的封装与整合，从更高的层面关注业务的灵活性与方便性。而从非技术角度考虑，可以把业务平台看作是实现各类管理的中介，这是平台管理方对业务平台的定义。他们的出发点更多在于发挥业务平台的管理功能。

综合上述各种定义，把业务平台定义为一个订货的集成、管理、提供业务资源的技术框架，它应该具有以下几个特征：

- 业务平台的主要目的是支持业务的开发、部署、执行、管理、控制和运营；
- 通过开放分布式计算架构，将网络能力、基本服务资源抽象成业务模块，并通过开放接口向上层应用开放，使得应用可以更便捷地开发，并通过分布式计算架构支持上层应用的执行；
- 负责管理业务的接入、计费、用户管理等多项运营级的支撑功能；
- 提供业务开发的支持，包括生命周期的管理、编程模型、开发环境等。

### 3.1.2 业务平台分类

按照业界比较普遍的分类方法，可以把业务平台分为垂直型的平台和水平型的平台两种。

**1. 垂直型的业务平台**

各个业务独立组网，有各自独立的管理功能，成为垂直系统架构。这种体系架构下构件的业务平台称为垂直型的业务平台或专用业务平台。

这种业务平台类型的优势：由于网络负责的业务形式单一，因此从技术上看业务平台的建设相对容易，运作和管理相对简单；从经济上看，建设成本和运营成本也相对较低。

这种业务平台类型的劣势：各个业务平台之间，由于没有统一的接口，因而会给业务平台之间的管理带来难度；对涉及多个独立平台的业务来说，网络与网络之间互相叠加，从而产生了多个平台之间的多种接口；从经济的角度考虑，为每个业务都构件独立的业务平台，将不可避免地造成业务平台的重复建设。

**2．水平型的业务平台**

水平型的系统架构将实现对 SP、用户和业务的“统一数据、统一认证、统一计费、统一安全”的管理功能，同时对接口进行规范，使得业务的开发、部署、实施流程变得简单且迅速。这种体系结构下构件的业务平台称为水平型的业务平台或综合业务平台。

水平型的业务平台的优势：与垂直型的业务平台相比，它灵活度高、业务融合集成效率高、运营成本低；实现了业务的统一接入和统一管理，提供业务的共性管理，增强了互联能力及兼容性，减少了重复投资和基础性建设，从而可以加快业务的部署。

水平型的业务平台的劣势：与垂直型的业务平台相比，其体系结构相对复杂，在初期部署有一定困难。

综上所述，水平型的业务平台相对于垂直型的业务平台优势明显，从垂直型的业务平台向水平型的业务平台演进将是业务平台的发展趋势。

### 3.1.3　业务平台的运营模式分析

当前，业务平台的运营模式有 3 种。

第一种是现在用的比较多的方式：SP/CP 与运营商合作，共同进行业务的运营。在这种模式下，运营商通过设备商、系统提供商搭建起业务平台，然后开放接口让 SP/CP 的业务模块接入，而运营商通过业务平台既可以实现业务模块的适配与整合，又可以实现对各类业务的综合管理；而 SP/CP 必须按照平台接口的规范，从事业务的开发，业务平台对他们来说就是业务提供的中介。这种模式下，其实是运营商与 SP/CP 共同对业务进行运营。

第二种是运营商既充当平台运营方，又充当业务提供方。运营商不但通过设备商、方案提供商搭建起业务平台，还基于平台自己进行业务的开发。这种模式实际上就是运营商想取代 SP/CP 的位置,对整个业务体系架构进行“一揽子全包”。虽然业界对运营商完全取代 SP/CP 的运营模式不看好，但运营商一方面出于自身利益，另一方面出于加强对服务内容控制的角度，十分希望自身能实现某些很有商业前景的业务的自主研发与部署。例如，中国移动推出自己开发的即时通信业务，希望取代腾讯在即时消息市场中的地位。

第三种是一种有系统提供商所倡导的运营模式。毫无疑问，业务平台的建设成本是巨大的，而当前业务平台的种类很多，基于各类平台到底能够提供什么样的服务，服务部署的便利性如何，所提供业务的受欢迎程度如何，平台的演进如何等，这些对运营商筹建业务平台来说都是潜在的风险。方案提供商为降低运营商平台建设的前期投入风险，现在能够为运营商提供平台的托管业务。在托管期间，业务平台的所有权归系统提供商所有，运营权可以由系统商掌握，也可以由运营商掌握。系统提供商为了能顺利卖出平台产品，必然会尽心尽力把平台运营好，充分发挥平台的性能，同时也可以根据试商用的表现及时对平台进行改进，当运营商认可这种平台的试商用，并已经明确看到所提供的业务能带来盈利后，他们再把平台买过来，实行独立运营。可以说，这是一种低投入、高灵活性的新型运营模式。

### 3.1.4 移动互联网中的新业务模式分析

3G 网络能力的提升，使得移动互联网不再是简单的“移动网+互联网”，移动通信的自身特点会为传统互联网的业务模式带来巨大改变，具体体现在以下几个方面。

1. 3G 网络能力的提升，可保证移动增值业务与互联网业务的一致体验，门户、搜索、邮件、视频、音乐、游戏、监控等领域的移动增值和互联网业务逐步融合。

2. 移动终端体积小、携带方便，为手机媒体的发展创造了有利的条件。手机媒体具备随时、随地、精准、效果可监测等优势。内容的形式有很多种，可以是手机广告、手机杂志、手机电视、移动音乐、流媒体等，这些新兴业务必将在日渐发展的移动互联网中得到广泛的应用。

3. 对移动用户个人信息、行为方式、在线状态和终端能力的掌握，使得移动互联网业务能更贴近用户的个性化需求，移动终端的精确定位能力可催生基于位置的移动互联网业务发展。

4. 无处不在的移动互联网接入能力，可增强移动互联网类增值业务的互动性，更加彻底地体现人人参与、共同建设的互联网核心宗旨，加速博客、聚合内容（RSS）、Wiki、SNS 社区网络、即时消息（IM）等移动 Web2.0 业务的发展。

## 3.2 移动互联网业务管理与运营支撑技术

本节我们将从电信运营商主导的移动互联网运营模式出发，对电信运营商针对移动互联网的业务管理与运营支撑技术规划进行分析。

由上一节中对移动互联网业务平台运营模式变化的分析，我们可以进一步得出结论，3G、4G 时代移动互联网重点发展的业务如下。

**1. 移动增值业务**

利用社区网络的布局，将运营商自有的 IM、邮箱、游戏等移动增值业务嫁接到移动互联网业务中。

**2．网络社区**

随着社区技术的高速发展和社区应用的普及成熟，互联网已跨入社区时代。从论坛电子公告板（BBS）、校友录、博客（Blog）、个人空间、交友等社区应用，到社区搜索、社区聚合、社区营销、社区创业、社区投资等，都是业界关注的热点。根据 CNNIC 报告，中国用户对论坛、BBS、讨论组、论坛社区等的应用已经超过即时通信，成为仅次于电子邮箱的互联网基本应用。运营商应顺应互联网发展潮流，以 SNS 为核心建设固定移动融合的全方位社区服务。

**3．聚合业务**

通过 Mashup 技术聚合互联网和移动网络的资源，提供更丰富多彩的无处不在的个性化业务，解决长期无法克服的内容应用缺乏的“瓶颈”问题。同时，通过结合移动网络的运营管理能力和业务支撑能力，使 Mashup 业务可运营、可管理、可计费，提升用户的业务体验，促使未来开放的移动互联网业务模式的形成。

**4．应用商店**

通过应用商店平台，吸引第三方和广大用户加入应用开发者队伍，推动良性的个性化、长尾的移动互联网市场发展，符合 Web2.0 时代用户创造内容的发展趋势。移动 Widget 技术对终端技术要求相对简单、对开发者要求较低、对底层平台的依赖性较弱、展现能力较强，这使其成为部署应用商店的较好选择。

本节后面的部分将依照不同的应用，从移动互联网业务开发、部署和运营几个方面对移动互联网中常见的支撑技术分别予以介绍。

4G 激发移动视频、云计算和物联网应用创新。4G 时代，数据业务成为移动通信业务发展的主要动力。以视频、云计算为代表的大流量业务将成为 4G 业务发展的重点突破口。相比以往的文字、图片、音乐等形式，视频业务的多媒体属性更强、用户体验更为丰富。截至 2013 年年底，全球移动视频产生的流量已达到移动数据流量总额的 53%，这反映出移动视频业务巨大的市场空间。4G 移动视频业务发展将呈现三个重要趋势。一是高清化。在 4G 最为发达的韩国市场，SKT 的移动电视服务的分辨率已高达 1920×1080P。二是视频内容的极大丰富。在全球范围内，移动视频服务提供商均受到了传统传媒巨头的压制，这反而推动了移动互联网原创视频的发展，移动视频企业自制剧市场正在以惊人的速度发展，并涌现出以《纸牌屋》为代表的高质量作品。三是平台化。视频功能在移动购物、移动教育、移动社交等领域的作用正在不断提升，这使得企业可以在未来基于视频业务建立起一种全新的综合信息服务平台。以率先发力的移动社交领域为例，Instagram、Vine 等社交产品的短视频功能，鼓励用户自己拍摄、剪辑、分享 15～30s 的短视频，市场反响非常强烈。

与此同时，创新业务对 4G 网络提出了更高要求。移动数据业务对于移动网络的传输速率、吞吐率、延迟、网络容量的要求在 4G 时代进一步提升。不仅如此，运营商还需要针对用户的应用类别、终端类型和所在场景提供有针对性的服务，以确保用户始终保持良好的上网体验。例如，视频会议业务需要对称的上下行吞吐率，就要求运营商针对这种服务提供较其他服务更高的上行链路性能。在体育场、剧场等场景下，移动网络需要提供较其他场景更高的上行速率，以帮助用户利用社交应用上传照片和短视频。根据爱立信发布的数据显示，4G 宏基站能为中心区域的用户提供的下行速率达 40Mbit/s，但在基站覆盖的边缘区域，下行速率仅为几百 kbit/s。为了不影响用户体验，运营商还需要考虑在人口密集的地区引入微基站和 Small Cell（小型基站）作为补充。

4G 网络的低延迟和高速数据处理能力延伸了业务的范围。大众消费市场在 4G 时代得以快速发展应用，如增强现实服务、在线云翻译、语音助手等，都具有出色的 O2O 属性，在这类应用的主要应用场景中，可以充分发挥可穿戴设备“解放双手”的优势。在运动健身和医疗保健等市场领域，用户已经能够通过手机应用实时获取专用终端中传感器监测到的数据信息。目前，这类可穿戴设备已经步入快速发展阶段。

**5. 智能管道**

智能管道是指在通信基础网络上构建一系列致力于网络资源优化和用户体验提升的网络服务系统，使之具备应用层优化和服务质量区分能力，建立针对用户、业务及流量进行分层管理和控制的机制，构建基于管道的增值业务，开放智能能力，与终端、业务共赢发展。智能管道的核心要素是网络智能（network intelligence），即在现有网络上引入智能策略控制层，使网络具备用户行为感知、动态资源分配和灵活分级服务等智能化特征。智能管道的核心技术包括“感知、控制和开放”3 个要素。

智能感知是指网络要实现基于业务、用户、位置多维度的感知。智能感知是实现管道智能化的基础，只有实现了多维度的感知，才能进一步实施基于业务、用户等多维度的控制和差异化的服务。目前，智能感知主要应用 DPI 技术（深度包检测技术）实现。它主要分析 IP 报文中 4-7 层数据，并通过端口检测、特征分析、关联识别和行为特征检测等多种技术手段从实时网络流量中获取信息。它能更精细地识别网络中的各种应用，并为网络运营中的业务识别、业务控制和业务统计提供服务。通过 DPI，能够获取终端信息、识别用户，感知网络状态，区分不同的业务。基于 DPI 感知基础上的统计分析系统也是智能管道的核心能力。统计分析系统可以从网关设备获取所有的镜像数据、从无线网管等设备获取网络的忙闲转态信息。

策略控制能力是智能管道的核心。3GPP 在 R7 版本中提出了 PCC 架构，用于实现 3GPP 无线分组网络业务数据传输 QoS 等策略计费和控制。基于 PCC 架构，可以实现基于用户等级、时间、区域、累计流量、使用时长、业务类型、带宽等各个维度的策略控制。由于 PCC 架构可以实现基于用户、业务、位置、时间等多维度的策略控制，因此 PCC 架构是运营商实现智能管道的核心技术。PCC 架构还可以实现和 DPI、感知分析系统的联动，实现基于业务、时间、位置的更精准的管控。

管道的能力开放是指将网络的统计分析能力、策略控制等能力与终端和应用协同服务，创造最优化的用户使用体验，形成差异化、精细化的产品和服务的能力。智能管道的能力开放是将管道能力形成产品的技术手段，目前运营商都在探索通过能力开放向 OTT 业务提供差异化服务的后向收费的业务和产品模式。

本节后面的部分将依照不同的应用，从移动互联网业务开发、部署和运营几个方面对移动互联网中常见的支撑技术分别予以介绍。

**6．移动支付**

移动互联网的发展和移动电子商务的兴起，促进了移动支付市场的快速发展。阿里巴巴、腾讯等互联网公司均拥有自己的移动支付平台，2015 年春节的“全民抢红包”大战更是各类互联网公司培养用户移动支付习惯、抢占新用户的重要举动。

同其他支付方式相比，移动支付有着任何时间、任何地点、任何方式的独特优势。它克服了电子支付在固定网络上支付的缺陷，并且随着第三代、第四代通信技术的发展以及通信设备的改进，移动支付拥有广泛的用户基础。按照欧洲银行标准化协会在 TR6O3（EuropeanCo, nmitteeforBankingstandards, “BusinessandFuntionalRequirementsforMobilepayments”）的定义，可按照支付金额的大小和地理位置的远近，对移动支付业务进行分类。按照支付距离分类可分为远程支付和近程支付。远程支付的主要实现技术有 SMS 技术和 WAP 技术。近程支付又称近距离非接触支付，利用红外线、蓝牙、RFID 等技术，使得手机和自动售货机、POS 终端、汽车停放收费表等终端设备之间的本地化通讯成为可能，真正用手机完成面对面（Faee-to-Faee）的交易。

移动支付系统有基于 SMS 的移动支付系统和基于 WAP 的移动支付系统。SMS（Short Message Service）是 GSM phase1 的一部分，一条短消息能发送 70～160 个字符，但限于欧洲各国语言、中文和阿拉伯语。该系统在欧洲、亚洲被广泛使用。SMS 系统框架和生命周期如图 3-1 所示。图中为终端用户至支付服务商/金融服务商，终端用户通过短消息形式来请求内容服务，如发送 XX 到 XX 来查询天气预报、新闻等；2 为支付服务商/金融服务商至商家，金融服务商收到请求内容后认证终端用户的合法性及账户余额，如合法用户则向商家请求内容，不合法用户则返回相应错误信息；3 为商家至支付服务商/金融服务商，商家收到支付服务商/金融服务商的内容请求后，认证服务商/金融服务商，如合法商家发送请求的内容给服务商/金融服务商，如不合法用户则返回相应错误信息；4 为支付服务商/金融服务商至商家，支付服务商/金融服务商把收到的内容转发给终端用户；5，6，7 为支付服务商/金融服务商从终端用户的账户中扣除相应内容的费用转账给商家。

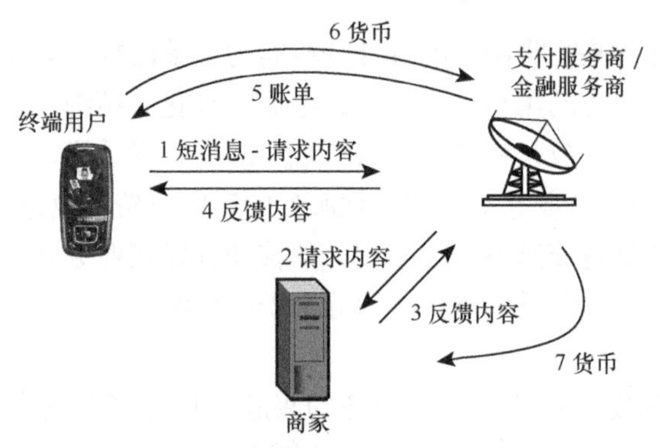


图 3-1　移动支付系统示意图

而 WAP 将移动网络和 Internet 以及企业的局域网紧密地联系起来，提供了一种与网络类型、运行商和终端设备都独立的、无地域限制的移动增值业务通过这种技术，无论用户身在何地、何时，只要通过 WAP 手机，即可享受无穷无尽的网上信息资源。WAP 移动支付的系统框架如图 3-2 所示。

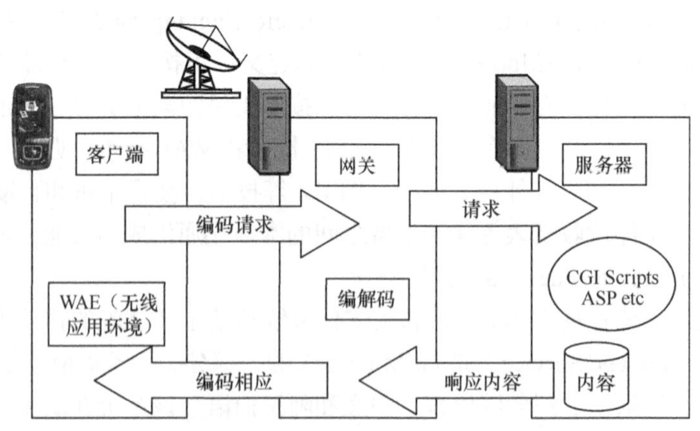


图 3-2　WAP 移动支付的系统框架图

下面，我们重点讨论近距离移动支付的技术路线，包括 SIMPASS 技术方案、

433M RFID 方案、RF-SIM 方案、NFC 技术方案、智能 SD 卡技术方案等。

目前近距离移动支付有三种主流技术方案：NFC、SIMPASS、RF-SIM，这三种方式都是通过无线射频信号实现信息传输，区别在于：第一、NFC 的射频单元集成在手机上，需要改造手机方可投入使用；而 SIMPASS、RF-SIM 是集成在 SIM 卡上，无需改造手机。第二、RF-SIM 载波频率为 2.4G，SIMPASS 和 NFC 为 13.56M。

NFC 为手机内置式，需要更换手机，SIMPASS、RF-SIM 则不用更换手机。SIMPASS 技术成熟，但存在使用不便的问题。RF-SIM 天线体积较小，信号穿透能力较强，适用于近距离手机支付。早期 NFC 标准发展最为成熟，为国际主流手机制造商广为接纳，且具有双向信息传输能力，为今后功能扩展预留了空间，目前在北美、欧洲等成熟市场进行试用；SIMPASS 和 RF-SIM 因其成本低廉，比较适合中国等新型市场。

**7．移动电视**

随着移动数据业务的普及，手机、PDA 等数据终端的性能的提高以及数字电视技术和网络的迅速发展，移动数字电视得到了更加广泛的应用。移动数字电视也称为移动电视，是指发送端采用数字流媒体技术或数字广播技术播出。

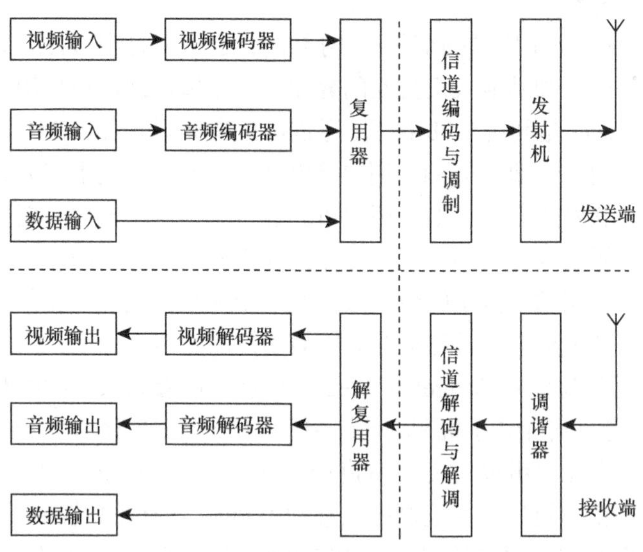


图 3-3　移动数字电视工作原理示意图

移动数字电视在硬件上的工作原理如图 3-3 所示。在移动数字电视系统中，主要的技术有：电视信号的数字化和压缩编码；信号的信道编码和调制。而数字电视系统主要由信源编解码、多路复用/解多路复用、信道编解码和调制解调等部分组成。信源编码主要包括：视频编码、音频编码和数据编码，信源编码目的是为了降低信息码率。视频信号编码的依据有：利用图像信号的时间和空间相关性；利用人类视觉系统的特性和图像的统计特性。音频信号压缩编码主要是利用人耳的听觉特性。复用设备是将信源编码器送来的视频、音频和辅助数据的数据比特流，处理复合成单路的串行比特流，送给信道编码系统，解复用端正好与此相反。信道编码是为了保证信号传输的可靠性，通过纠错编码、均衡等技术提高信号的抗干扰性能。随后送给调制设备，把调制的信号发送出去。接收端正好是发送端的逆过程。

### 3.2.1 移动互联网业务开发生成工具

移动互联网的应用需要电信运营商提供统一、简化的业务开发生成环境，能够集成电信能力和互联网能力，提供图形化的开发配置方式，能够提供工具，方便构建 Widget、Mashup 等应用，使得企业用户、个人用户可以进行快速业务生成、仿真和体验。

通过 Widget 平台驱动的移动终端，可以使用户快速开发和部署移动互联网业务，结合互联网和电信网络的优势开创新的商业模式，建立新的生态系统。

#### 1. Widget 技术

Widget 一般是一个图像的部件（小插件），也可以是图形背后的一段程序，可以嵌在手机、网页和其他人机交互的界面上，用以帮助用户享用各种应用程序和网络服务。Widget 是利用 Web 技术，通过可扩展标记语言（XML）和 JavaScript 等来实现的小应用。借助 Widget，用户能够选择自己喜欢的上网方式，享受更加个性化的移动互联网服务。例如，用户可以通过小型应用软件，把喜欢的应用放于桌面，从而不用登录某些网站就可以方便地查看天气、新闻、股票行情等。用户还可以把从某个网站上搜集的数据放入另一个网页，创建个性化的网络界面。这种个性化的服务无疑会提升移动互联网对用户的吸引力。

Widget 可以分为桌面 Widget 和 Web Widget。随着移动互联网和嵌入式设备的发展，Widget 逐步开始在手机和其他终端上应用，衍生出移动 Widget、TV Widget 等表现形式。其主要应用包括天气 Widget、新闻 Widget、股票 Widget、IP 查询 Widget 等，这些都是可以自由定制的。移动 Widget 具有小巧轻便、开发成本低、潜在开发者众多与操作系统耦合度低和功能完整的特点，主要依赖的技术有：Ajax、HTML、XML、JavaScript 等 Web2.0 技术，以及压缩、数字签名、编码等信息技术。此外，由于运行在移动终端上，移动 Widget 还有一些其他特性。第一，可以通过移动 Widget 实现个性化的用户界面，可以轻而易举地让每部手机都变得独一无二；第二，移动 Widget 可以实现很多适合移动场景的应用，如与环境相关、与位置相关的网络应用；第三，移动 Widget 特定的服务和内容使得用户更加容易获得有用信息，减少流量，避免冗余的数据传输带来的额外流量；最后，移动 Widget 也是发布手机广告的好途径。总之，移动 Widget 的易开发、易部署、个性化、交互式、消耗流量少等特性使它非常适合移动互联网，是移动互联网构建的一个非常重要的因素。

2. Mashup 技术

随着 Web2.0 概念的日益流行，用户参与的交互式互联网应用越来越受到人们的青睐，其中 Mashup 就是 Web2.0 时代一种崭新的应用模式。在进一步了解 Mashup 之前，先对 Web 2.0 技术进行简要介绍。

Web 2.0 没有一个严格的定义，它是在互联网上以个人为基础，以满足个性化需求为手段，通过鼓励建立人与人之间的关系，形成社区化的生活方式的平台，其特性是开放的参与架构。简言之，Web 2.0 技术使得互联网用户从内容的消费者变成了内容的创造者。

在 Web2.0 里，每个人都是内容的供稿者。现有对 Web2.0 的阐释大多是通过对其典型应用和主要技术的介绍来进行的。这些 Web2.0 技术主要包括：博客（Blog）、RSS、百科全书（Wiki）、网摘、社会网络（SNS）、即时信息（IM）等。

Blog（博客）是个人或群体以时间顺序所作的一种记录，且不断更新。Blog 之间的交流主要是通过反向引用（TrackBack）和留言/评论（Comment）的方式来进行的。Blog 的作者（Blogger）既是这个 Blog 的创作人，也是其档案管理人。

RSS 是一种用于共享新闻和其他 Web 内容的数据交换规范。读者可以通过 RSS 订阅一个 Blog，确知该 Blog 最近的更新。

Wiki 指的是一种超文本系统。这种超文本系统支持那些面向社群的协作式写作，同时也包括一组支持这种写作的辅助工具。同时 Wiki 系统还为协作式写作提供了必要的帮助。Wiki 站点可以有多人（甚至任何访问者）维护，每个人都可以发表自己的意见，或者对共同的主题进行扩展、探讨。最后，Wiki 的写作者自然构成了一个社群，Wiki 系统为这个社群提供了简单的交流工具。与其他超文本系统相比，Wiki 有使用简便且开放的优点，所以 Wiki 系统可以帮助我们在一个社群内共享某个领域的知识。

网摘也称为网络书签，它可以让你把喜爱的网站随时加入自己的网络书签中；你可以用多个关键词（Tag）而不是分类来标示和整理你的书签，并与其他人共享。

SNS（Social Network Software），又称为社会性网络软件，依据六度理论，以认识朋友的朋友为基础，扩展自己的人脉。

IM（即时通讯）软件可以说是目前我国上网用户使用率最高的软件。聊天一直是网民们上网的主要活动之一，网上聊天的主要工具已经从初期的聊天室、论坛变为以 MSN、QQ 为代表的即时通讯软件。大部分人只要上网就会开着自己的

MSN 或 QQ。

由以上应用可以看出，Web2.0 有下面几个方面的特性：个性化的传播方式，读与写并存的表达方式，社会化的联合方式，标准化的创作方式，便捷化的体验方式，而在如今移动通信与互联网谋求融合的环境下，基于 Web2.0 模式下的移动电子商务，移动即时通讯还有手机博客等也正逐渐发展起来，并有可能成为未来移动互联网的主要应用。与此同时，随着移动互联网技术的发展，一种新型的具有 Web 2.0 特点的应用程序——Mshaup 也逐渐进引起人们的关注。

Mashup 是 Web2.0 时代一种崭新的应用模式。Mashup 一词源于流程音乐，本意是从不同的流行歌曲抽取不同的片断混合而构成的一首新歌，给人带来新的体验。与音乐中的 Mashup 定义类似，互联网 Mashup 也是对内容的一种聚合，从多个分散的站点获取信息源，将两种以上使用公共或者私有数据库的 Web 应用，加在一起，形成一个整合应用。一般使用源应用的 API（Application Programming Interface，应用程序编程接口），或者是一些 RSS 输出（含 Atom）作为内容源，组合成新网络应用的一种应用模式，从而打破信息相互独立的现状。Mashup 未必需要很高的编程技能，只需要熟悉 API 和网络服务工作方式，都能进行开发。

从体系结构的角度看，Mashup 功能主要包括 3 个部分：应用编程接口/内容提供者、Mashup 服务器和客户端 Web 浏览器，如图 3-4 所示。

### 3. API/内容提供者

应用编程接口（API）/内容提供者提供融合内容和应用。为便于检索，提供者通常会将自己的内容通过 Web 协议对外提供（如 REST、Web 服务或 RSS/ ATOM 等）。

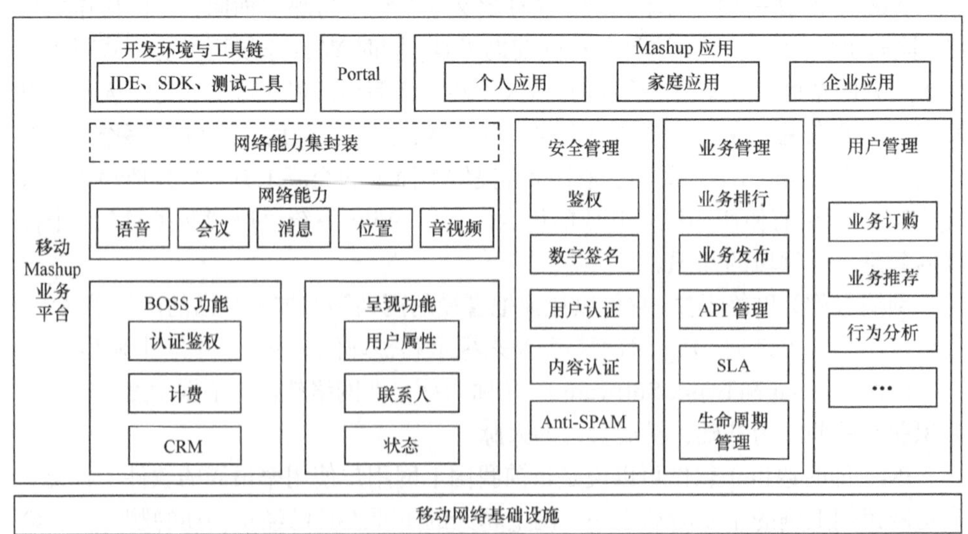


图 3-4　基于 Mashup 的移动互联网业务架构图

### 4．Mashup 服务器

Mashup 服务器端动态聚合生成内容，转发给用户。另外，聚合内容可直接在客户端浏览器中通过脚本（如 JavaScript 等）生成。

### 5．客户端的 Web 浏览器

客户端的 Web 浏览器以图形化的方式呈现应用程序，通过浏览器用户可发起移动互联网交互。

从应用的角度，在现有的互联网中，已得到广泛应用的 Mashup 主要包括以下几种类型。

- 地图 Mashup

在这个阶段的信息技术中，人们搜集大量有关事物和行为的数据，二者常常具有位置注释信息。所有这些包含位置数据的不同数据集均可利用地图通过图形化方式呈现出来。Mashup 蓬勃发展的一种主要动力就是 Google 公开了自己的 Google Map API，这让 Web 开发人员（包括爱好者、修补程序开发人员和其他一些人）可以在地图中包含所有类型的数据，从而得到多种不同的应用。

- 视频和图像 Mashup

图像主机和社交网络站点的兴起导致了很多有趣的 Mashup。由于内容者拥有与其保存的图像相关的元数据，Mashup 设计者可以将这些照片和其他与元数据相关的信息放到一起。例如，Mashup 可以对歌曲或诗词进行分析，从而将相关照片拼接在一起，或者基于相同的照片元数据显示社交网络图。

- 搜索和购物 Mashup

搜索和购物 Mashup 在 Mashup 这个术语出现之前就已经存在很长时间了。在 Web API 出现之前，有相当多的购物工具，例如 BizRate、PriceGrabber 等使用 B2B 技术或屏幕抓取的方式来累计相关的价格数据。为了促进 Mashup 和其他 Web 应用程序的发展，诸如 eBay 和 Amazon 之类的消费网站已经为通过编程访问自己的内容而发布了自己的 API。

- 新闻 Mashup

新闻源（例如纽约时报、BBC 及路透社）已从 2002 年起使用 RSS 和 Atom 之类的联合技术来发布各个主题的新闻提要。以联合技术为基础的 Mashup 可以聚集每一名用户的提要，并将其通过 Web 呈现出来，创建个性化的报纸，从而满足读者独特的兴趣。

基于移动网络的 Mashup 应用可以把运营商、设备商、互联网应用、增值应用提供商等各方联合在一起，通过共同打造移动 Mashup 应用的生态系统，为用户提供更加优质的服务，提升用户体验，提供新的商务模式，并可以解决移动网络中新应用难以丰富的问题，为用户提供更多创新的融合应用的同时，为运营商、设备提供商、内容/服务提供商（CP/SP）、互联网应用提供商在内的相关各方带来收益，因此，Mashup 在移动互联网中的应用具有良好的发展前景。

### 3.2.2 移动互联网部署和服务支撑技术

#### 1. P2P 与 P4P

简单地说，P2P 对等网络（Peer to Peer）是一种资源（计算、存储、通信与信息等）分布利用与共享的网络体系架构，与目前电信网络占据主导地位的 C/S（Client/Server）架构相对应，采用分布式数据管理能力，发挥对等节点性能，提升系统能力，是移动互联网核心业务和网络节点扁平化自组织管理的重要方式。P4P 是改良的 P2P，强调效率和可管理，可以协调网络拓扑数据，提高网络路由效率，可以应用在流媒体、内容下载、CDN 和业务调度等方面。下面主要针对 P2P 技术相关内容进行介绍。

P2P 技术是通过在系统之间直接交换来共享资源和服务的一种应用模式。在 P2P 网络结构中，依赖网络中参与者的计算能力和带宽，而不是把依赖都聚集在较少的几台服务器上。每个节点的地位都是相同的，同时具有客户端和服务器的双重功能，可以同时作为服务使用者和服务提供者。P2P 不仅是一种技术，更是一种思想，集中体现了互联网平等、开放、自由的本质和特性。

P2P 系统最大的特点就是用户之间直接共享资源，其核心技术就是分布式对象的定位机制，这也是提高网络可扩展性，解决网络带宽被吞噬的关键所在。迄今为止，P2P 网络已经历了三代不同的模型。

（1）纯 P2P 网络模型

纯 P2P 模式也被称为广播式的 P2P 模型。它取消了集中的中央服务器，每个用户随机接入网络，并与自己相邻的一组邻居节点通过端到端连接构成一个逻辑覆盖的网络。对等节点之间的内容查询和内容共享是直接通过相邻节点广播接力传递，同时每个节点还会记录搜索轨迹，以防止搜索环路的产生。

Gnutella 模型是现在应用最广泛的纯 P2P 非结构化拓扑结构。它解决了网络结构中心化的问题，扩展性和容错性较好，但是 Gnutella 网络中的搜索算法以泛洪的方式进行，控制信息的泛滥消耗了大量带宽并很快造成网络拥塞甚至网络的不稳定。同时，局部性能较差的节点可能会导致 Gnutella 网络被分片，从而导致整个网络的可用性较差，另外这类系统更容易受到垃圾信息，甚至是病毒的恶意攻击。

（2）混合式网络模型

Kazaa 模型是 P2P 混合模型的典型代表，它在纯 P2P 分布式模型基础上引入了超级节点的概念，综合了集中式 P2P 快速查找和纯 P2P 去中心化的优势。Kazaa

模型将节点按能力不同（计算能力、内存大小、连接带宽、网络滞留时间等）区分为普通节点和搜索节点两类（也有的进一步分为三类节点，其思想本质相同）。其中搜索节点与其临近的若干普通节点之间构成一个自治的簇，簇内采用基于集中目录式的 P2P 模式，而整个 P2P 网络中各个不同的簇之间再通过纯 P2P 的模式将搜索节点相连起来，甚至也可以在各个搜索节点之间再次选取性能最优的节点，或者另外引入一新的性能最优的节点作为索引节点来保存整个网络中可以利用的搜索节点信息，并且负责维护整个网络的结构。

由于普通节点的文件搜索先在本地所属的簇内进行，只有查询结果不充分的时候，再通过搜索节点之间进行有限的泛洪。这样就极为有效地消除纯 P2P 结构中使用泛洪算法带来的网络拥塞、搜索迟缓等不利影响。同时，由于每个簇中的搜索节点监控着所有普通节点的行为，也能确保一些恶意的攻击行为能在网络局部得到控制。超级节点的存在也能在一定程度上提高整个网络的负载平衡。

总的来说，基于超级节点的混合式 P2P 网络结构比以往有较大程度的改进。然而，由于超级节点本身的脆弱性也可能导致其簇内的节点处于孤立状态，因此这种局部索引的方法仍然存在一定的局限性。这导致了结构化的 P2P 网络模型的出现。

（3）结构化网络模型

结构化与非结构化模型的根本区别在于每个节点所维护的邻居是否能够按照某种全局方式组织起来，以利于快速查找。结构化 P2P 模式是一种采用纯分布式的消息传递机制和根据关键字进行查找的定位服务，目前的主流方法是采用分布式哈希表（DHT）技术，这也是目前扩展性最好的 P2P 路由方式之一。由于 DHT 各节点并不需要维护整个网络的信息，只在节点中存储其临近的后继节点信息，因此较少的路由信息就可以有效地实现到达目标节点，同时又取消了泛洪算法。该模型有效地减少了节点信息的发送数量，从而增强了 P2P 网络的扩展性。同时，出于冗余度以及时延的考虑，大部分 DHT 总是在节点的虚拟标识与关键字最接近的节点上复制备份冗余信息，这样也避免了单一节点失效的问题。

了解了 P2P 的几代网络模型，结合 P2P 技术自身的特点及其在现有互联网中的应用，并根据移动互联网业务的实际需求，P2P 技术在移动互联网中可以主要应于以下几个方面。

① 文件交换，资源共享

在传统的 Web 方式中，实现文件交换必须通过服务器，通过把文件上传到某个特定的网站，用户再到该网站搜索需要的文件，然后下载。这种方式需要 Web 服务器能够对大量用户的访问提供有效服务。而 P2P 模式下，用户可以从任何一个在线用户的终端中直接下载，从而真正实现了个人用户终端与服务器的对等。

② 在线交流，即时通讯

通过使用 P2P 客户端软件，用户之间可以进行即时交流。在移动互联网中，我们可以开发相应的适合于手机等移动终端的客户端软件，进一步将即时通信功能推广至移动互联网上，从而真正意义上实现“即时”性，即随时随地的沟通交流。用户还可以针对移动多媒体服务，如移动电视节目等进行在线交流，来实现实时互动。这样既增加了用户收看移动网络电视的积极性，又促进了媒体提供者和媒体消费者之间的互动。

③ 快捷搜索，对等连接

P2P 网络模式中节点之间动态而又对等的互联关系使得搜索可以在对等点之间直接地、实时地进行，既可以保证搜索的实时性，又超越传统目录式搜索引擎的深度、速度和幅度。

为了改善 P2P 的效率和可管理性，又出现了 P4P。P4P 全称“Proactive network Provider Participation for P2P”，是 P2P 技术的升级版，意在加强服务供应商（ISP）与客户端程序的通信，降低骨干网络传输压力和运营成本，并提高改良的 P2P 文件传输的性能。与 P2P 随机挑选节点（对等机）不同，P4P 协议可以协调网络拓扑数据，能够有效选择节点，从而提高网络路由效率。

P2P 软件的应用占据了大量的网络带宽，传统的 P2P 方式下数据节点和传输是随机的，也就是说这种传输方式可能占据任意一个网络节点或者出口的带宽。而 P4P 则是智能选取数据交换对象，更多的通过智能运算选择同一路由器或者地域性网络来进行数据交换，最大程度上解决大型节点和网络出口负载，同样通过智能选择数据交换对象也能大大提高数据传输能力。

P4P 在软件、硬件方面分别进行了深度的研究，并且进行了相关的硬件投资，原有的那种松散的 P2P 已经变成了一种有规划的部署和应用。因而 P4P 在提高用户满意度的前提下，又进一步降低了到其他运营商或者出省的 P2P 流量，这样对运营商网络的压力大大减少，因此更受到运营商的欢迎。因此，P4P 很可能在中国互联网市场蓬勃发展，为中国的互联网用户提供更加可靠、快捷的互联网服务。

### 2. 云计算技术

云计算（Cloud Computing）是分布式计算技术的一种，其最基本的概念是透过网络将庞大的计算处理程序自动分拆成无数个较小的子程序，再交由多部服务器所组成的庞大系统经搜寻、计算分析之后将处理结果回传给用户。透过这项技术，网络服务提供者可以在数秒之内，处理数以千万计甚至亿计的信息，达到和“超级计算机”同样强大效能的网络服务。云计算是一种资源交付和使用模式，通过网络获得应用所需的资源（硬件、平台、软件）。提供资源的网络被称为“云”。“云”中的资源在使用者看来是可以无限扩展的，并且可以随时获取。这种特性经常被比喻为像水电一样使用硬件资源，按需购买和使用。最简单的云计算技术在网络服务中已经随处可见，例如，搜寻引擎、网络信箱等，使用者只要输入简单指令即能得到大量信息。

在云计算中，资源池称为“云”。“云”是一些可以自我维护和管理的虚拟计算资源，通常为一些大型服务器集群，包括计算服务器、存储服务器、宽带资源等。云计算将所有的计算资源集中起来，并由软件实现自动管理，无需人参与。这使得应用提供者无需为繁琐的细节而烦恼，能够更加专注于自己的业务，有利于创新和降低成本。

云计算是并行计算（Parallel Computing）、分布式计算（Distributed Computing）和网格计算（Grid Computing）的发展，或者说是这些计算机科学概念的商业实现。

云计算的几种最主要的表现形式如下。

（1）SaaS（Software-as-a-service，软件即服务）

这种类型的云计算通过浏览器把程序传给成千上万的用户。在用户看来，这样会省去在服务器和软件授权上的开支；从供应商角度来看，这样只需要维持一个程序就够了，能够减少成本。SaaS 在人力资源管理程序和 ERP 中比较常用。由于 SaaS 在移动互联网中有着广泛的应用前景，我们后面会单独对 SaaS 进行更为详细的介绍。

（2）实用计算（Utility Computing）

实用计算的想法很早就有了，但是直到最近才在一些提供存储服务和虚拟服务器的公司中新生。这种云计算为 IT 行业创造虚拟的数据中心，使其能够把内存、I/O 设备、存储和计算能力集中起来成为一个虚拟的资源池来为整个网络提供服务。

（3）网络服务

网络服务同 SaaS 关系密切，网络服务提供者提供 API 让开发者能够开发更多基于互联网的应用，而不是提供单机程序。

（4）平台即服务（Platform as a Service）

平台即服务（Paas）是另一种 SaaS，这种形式的云计算把开发环境作为一种服务来提供。用户可以使用中间商的设备来开发自己的程序并通过互联网和其服务器传到手中。

（5）MSP（管理服务提供商）

MSP 是最古老的云计算运用之一。这种应用更多的是面向 IT 行业而不是终端用户，常用于邮件病毒扫描、程序监控等。

（6）商业服务平台

商业服务平台 SaaS 和 MSP 的混合应用，该类云计算为用户和提供商之间的互动提供了一个平台。比如用户个人开支管理系统，能够根据用户的设置来管理其开支并协调其订购的各种服务。

（7）互联网整合

互联网整合就是将互联网上提供类似服务的公司整合起来，以便用户能够更方便地比较和选择自己的服务供应商。

目前看来，云计算将会给我们的生活带来很大的改变，其主要优势如下。

首先，云计算提供了可靠、安全的数据存储中心，用户不用再担心数据丢失、病毒入侵等麻烦。很多人觉得数据只有保存在自己看得见、摸得着的电脑里才最安全。其实不然，个人电脑可能会因为自己不小心而被损坏，或者被病毒攻击，导致硬盘上的数据无法恢复，而有机会接触他人电脑的不法之徒则可能利用各种机会窃取其内部数据。反之，当文档保存在安全性有保障的网络服务上，就再不用担心数据的丢失或损坏。因为在“云”的另一端，有专业的团队来管理信息，有先进的数据中心来帮助用户保存数据。同时，严格的权限管理策略可以帮助用户放心地与其指定的人共享数据。这样，用户可以轻松地享受到最好、最安全的服务。

其次，云计算对用户端的设备要求较低，使用起来也十分方便。大家都有过维护个人电脑上种类繁多的应用软件的经历。为了使用某个最新的操作系统，或使用某个软件的最新版本，必须不断升级自己的电脑硬件。为了打开朋友发来的某种格式的文档，不得不四处寻找并下载某个应用软件。为了防止在下载时引入病毒，不得不反复安装杀毒和防火墙软件。这些不仅操作麻烦，而且对于大多数并不具备相关知识的用户来讲，很容易出现各类问题。这种情况下，云计算也许是此类用户的最好选择。只要有一个可以上网的终端和一个浏览器，即可享受云计算带来的各种便利。

用户可以在浏览器中直接编辑存储在“云”另一端的文档，可以随时与朋友分享信息，再也不用担心所用软件是否是最新版本，再也不用为软件或文档染上病毒而发愁。因为在“云”的另一端，有专业的 IT 人员在进行硬件维护，帮助用户安装和升级软件，防范病毒和各类网络攻击，完成用户需要在个人终端上所做的一切。

此外，云计算可以轻松实现不同设备间的数据与应用共享。在云计算的网络应用模式中，数据只有一份，保存在“云”的另一端，所有电子设备只需要连接互联网，就可以同时访问和使用同一份数据。

最后，云计算为我们使用网络提供了无限多的可能。云计算为存储和管理数据提供了巨量的空间，也为完成各类应用提供了强大的计算能力。云计算的应用，例如驾车出游的时候，只要用手机接入网络，就可以直接看到自己所在地区的卫星地图和实时的交通状况，快速查询到预设的行车路线，请网络上的好友推荐附近最好的景区和餐馆，快速预订目的地的宾馆，还可以把自己刚刚拍摄的照片或视频剪辑分享给远方的亲友。

离开了云计算，单单使用个人电脑或手机上的客户端应用，我们是无法享受这些便捷的服务。个人电脑或其他电子设备不可能提供无限量的存储空间和计算能力，但在“云”的另一端，由数千台、数万台甚至更多服务器组成的庞大的集群却可以轻易地做到这一点。个人和单个设备的能力是有限的，但云计算的潜力却被认为几乎是无限的，作为一种最能体现互联网精神的计算模型，云计算必将从多个方面改变我们的工作和生活。

目前发展最好的云计算应用应该就是我们之前提到的 SaaS，下面我们再重点对 SaaS 进行进一步的介绍。

SaaS 是一种基于互联网提供软件服务的应用模式。随着互联网技术的发展和应用软件的成熟，SaaS 作为一种创新的软件应用模式逐渐兴起，特别适合为移动互联网提供服务。SaaS 将软件部署转为托管服务，云计算为 SaaS 提供强力支撑，移动运营商与 SaaS 相结合，可为用户提供多种通信方式接入、统一计费、用户管理和用户业务配置在内的业务管理等。

SaaS 服务模式与传统的销售软件永久许可证的方式有很大的不同。SaaS 提供商为企业搭建信息化所需要的所有网络基础设施及软件、硬件运作平台，并负责所有前期的实施、后期的维护等一系列服务，企业无需购买软硬件、建设机房、招聘 IT 人员，即可通过互联网使用信息系统。企业根据实际需要，向 SaaS 提供商租赁软件服务。SaaS 供应商通常是按照客户所租用的软件模块来进行收费，而且还会负责系统的部署、升级和维护。

中国移动的 ADC 也是移动 SaaS 的一种，中国移动联合传统的 IT 服务提供商构建了信息化应用的产品和服务平台，中小企业的客户通过手机或者互联网的方式，以租赁和按需缴费的方式远程登录和使用 ADC 服务。ADC 服务模式如图 3-5 所示。

传统上，诸如 ERP 等企业应用软件，软件的部署和实施比软件本身的功能、性能更为重要，万一部署失败，那所有的投入几乎全部白费，这样的风险是每个企业用户都希望避免的。通常的 ERP、CRM 项目的部署周期需要一两年甚至更久的时间，而 SaaS 模式的软件项目部署最多也不会超过 90 天，而且用户无需在软件许可证和硬件方面进行投资。传统软件在使用方式上受空间和地点的限制，必须在固定的设备上使用，而 SaaS 模式的软件可以在任何可接入 Internet 的地方与时间使用，这为移动互联网的服务提供创造了良好的条件。

采用 SaaS 为互联网提供服务可以给移动互联网用户带来很多方便，概括来讲，SaaS 为客户带来的价值主要体现在以下几个方面。

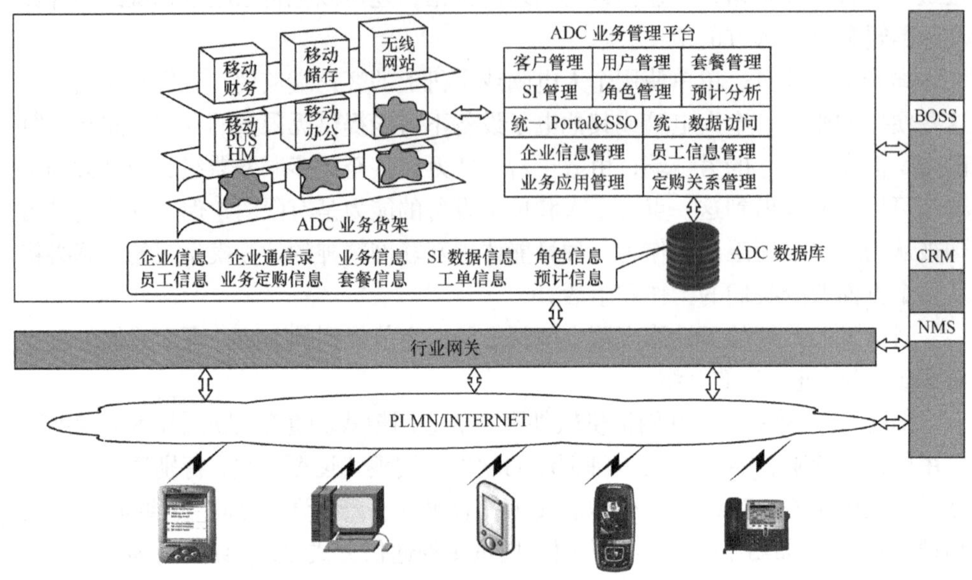


图 3-5　ADC 服务模式

① 从技术方面来看，企业无需再配备 IT 方面的专业技术人员，同时又能得到最新的技术应用，满足企业对信息管理的需求。

② 从投资方面来看，企业只以相对低廉的“月费”方式投资，不用一次性投资到位，不占用过多的营运资金，从而缓解企业资金不足的压力，不用考虑成本折旧问题，并能及时获得最新硬件平台及最佳解决方案。

③ 从维护和管理方面来看，由于企业采取租用的方式来进行业务管理，不需要专门的维护和管理人员，也不需要为维护和管理人员支付额外费用，很大程度上缓解了企业在人力、财力上的压力，使其能够集中资金对核心业务进行有效的运营。

### 3. Hadoop 技术

Hadoop 是一个优秀的云计算平台，它利用分布式集群架构实现高速的并行计算和分布式存储，将计算向存储迁移，减少了大数据量计算的网络通信任务，提高了云计算的整体性能。但是任何事物都不是完美无缺的，本文通过研究 Hadoop 基础框架，针对其一个重要的局限性，提出了一种改进的 Hadoop 基础框架，经模拟实验显示，该框架吞吐量高、可扩展性大大增强，顺应了存储与计算规模逐渐扩大的需求。

Hadoop 实现了一个分布式文件系统（Hadoop Distributed File System），简称 HDFS。HDFS 有高容错性的特点，并且设计用来部署在低廉的（low-cost）硬件上；而且它提供高吞吐量（high throughput）来访问应用程序的数据，适合那些有着超大数据集（large data set）的应用程序。HDFS 放宽了（relax）POSIX 的要求，可以以流的形式访问（streaming access）文件系统中的数据。

Hadoop 的框架最核心的设计就是：HDFS 和 MapReduce。HDFS 为海量的数据提供了存储，则 MapReduce 为海量的数据提供了计算。

### 3.2.3　移动互联网业务运营平台实现技术

SOA（Service-Oriented Architecture，面向服务的体系结构）实际是一种架构模型，它可以根据需求，通过网络对松散耦合的粗粒度应用组件进行分布式部署、组合和使用。应用在移动互联网中的 SOA 提供了一种新的设计和服务理念，强调端到端服务和用户体验，运用 SOA 技术能够整合现有的各种解决方案，为客户提供更完善、全面的价值服务。

对 SOA 的需要来源于需要使业务 IT 系统变得更加灵活，以适应业务中的改变。通过允许强定义的关系和依然灵活的特定实现，IT 系统既可以利用现有系统的功能，又可以准备在以后做一些改变来满足它们之间交互的需要。

SOA 作为一个组件模型，将应用程序的不同功能单元（服务）通过这些服务之间定义良好的接口和契约联系起来。接口采用中立的方式进行定义，应该独立于实现服务的硬件平台、操作系统和编程语言。这使得构建在这样系统中的服务可以一种统一、通用的方式进行交互。

现今，不同种类的操作系统，应用软件，系统软件和应用基础结构（Application Infrastructure）相互交织，这便是 IT 企业的现状。一些现存的应用程序被用来处理当前的业务流程（Business Processes），因此从头建立一个新的基础环境是不可能的。企业应该能对业务的变化做出快速反应，利用对现有的应用程序和应用基础结构（Application Infrastructure）的投资来解决新的业务需求，为客户、商业伙伴以及供应商提供新的互动渠道，并呈现一个可以支持有机业务（Organic Business）的构架。SOA 凭借其松耦合的特性，使得企业可以按照模块化的方式来添加新服务或更新现有服务，以解决新的业务需要，提供选择，从而可以通过不同的渠道提供服务，并可以把企业现有的或已有的应用作为服务，从而保护现有的 IT 基础建设投资。

SOA 不同于现有分布式技术之处在于大多数软件商接受它并有可以实现 SOA 的平台或应用程序。SOA 伴随着无处不在的标准，为企业的现有资产或投资带来了更好的重用性。SOA 能够在新的及现有的应用上创建应用；能够使客户或服务消费者免予服务实现的改变所带来的影响；能够升级单个服务或服务消费者而无需重写整个应用，也无需保留已经不再适用于新需求的现有系统。总而言之，SOA 以借助现有的应用来组合产生新服务的敏捷方式，给企业提供更好的灵活性来构建应用程序和业务流程。

实施 SOA 可能带来许多优势。首先，SOA 可通过互联网服务器发布，从而突破企业内网的限制，实现与供应链上下游伙伴业务的紧密结合。通过 SOA 架构，企业可以与其业务伙伴直接建立新渠道，建立新伙伴的成本得以降低。而且 SOA 与平台无关，减少了业务应用实现的限制。要将企业的业务伙伴整合到企业的“大”业务系统中，对其业务伙伴具体采用什么技术没有限制。其次，SOA 具有低耦合性特点，增加和减少业务伙伴对整个业务系统的影响较低。在企业与各业务伙伴关系不断发生变化的情况下，节省的费用会越来越多。此外，SOA 具有可按模块分阶段实施的优势，可以成功一步再做下一步，将实施对企业的冲击减到最小。SOA 的实施可能并不具有成本显著性。当企业从零开始构建业务系统时，采用 SOA 架构与不采用 SOA 架构的成本可看作是相同的。当企业业务发生缓慢变化并可预见到将来需要重构业务系统时，由于可以按模块分阶段逐步实施 SOA 以适应变化的需要，这样企业不需一下投入一大笔经费进行系统改造，而是根据企业业务发展情况和资金情况逐步投入，缓解信息投入的压力。

## 3.3 移动互联网的运营支撑系统

运营支撑系统包括 BSS（Business Support System）和 OSS（Operation Support System），它们已成为电信运营管理不可缺少的组成部分。在这一节中我们着重介绍移动互联网的运营支撑系统。与研究业务平台一样，通过研究 3G 网络下的运营支撑系统说明移动互联网的运营支撑系统所需要具备的特点。最后，我们将用案例帮助大家进一步了解移动互联网的运营支撑系统。

### 3.3.1 BSS/OSS 介绍

运营支撑系统是指借助 IT 手段实现对电信网络和电信业务的管理，以达到支撑运营和改善运营的目标。一般而言，运营支撑系统包括两部分的内容：一部分是业务支撑系统（BSS，Business Support System）；另一部分是狭义的运营支撑系统（OSS，Operation Support System），主要指电信网络、电信设备的运行维护支撑系统。业务支撑系统主要实现对电信业务、电信资费、电信营销的管理，以及对客户的管理和服务过程。业务支撑系统所包含的主要系统包括客服系统、计费系统、结算系统、经营分析系统等。OSS 系统主要实现对电信网络和电信资源的管理，主要的应用系统包括交换网管系统、传输网管系统、数据网管系统、移动网管系统、资源管理系统等。

一般来说，BSS 是面向运营商业务和服务的，而 OSS 是对 BSS 提供技术（特别是计算机技术）支撑和管理的。现在很难将 OSS/BSS 严格的界定，有些模块可以算在 BSS，也可划分在 OSS，还有些模块的一部分可以被划为在 OSS 或是 BSS，例如计费。

业务运营支撑系统从功能上讲，涵盖了对个人客户及集团客户的计费、结算、账务、营销管理、客户管理等方面，并根据业务需要与相关外部系统进行互联，如图 3-6 所示。业务运营支撑系统是一个综合的业务运营和业务管理平台，同时也是融合了传统话音业务与增值业务的综合管理平台。就目前而言，业务支撑系统在话音业务方面支持得较好，而在数据业务方面的支撑则较为薄弱，特别是在数据业务牵涉多业务平台的情况下，系统支撑的矛盾越发突出。业务支撑系统基本上还是准实时计费，对于需要在线实时计费的业务还无法支持，也不支持基于内容的计费。另外后付费和预付费两套计费体系的存在，不利于业务的快速实施、部署和管理，后付费和预付费融合计费的要求迫切。因此，业务支撑系统在迎接 3G 业务的挑战时，应当考虑如何实现对新业务的快速支持，如何满足新业务对计费账务实时性和灵活性的要求等，同时要注意平衡业务发展和系统改造之间的关系。

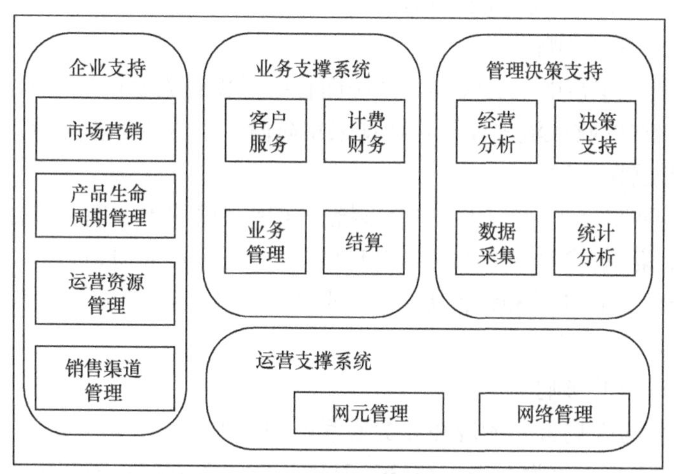

图 3-6　电信运营支撑系统功能示意图

## 3.3.2　3G 对 BSS/OSS 的影响

2G 网络已经比较成熟，主要是满足用户话音通话的需要，其业务主要是话音业务，即使有数据业务，也是简单的以字符流（例如短信）为特征。由于网络带宽的限制，在推广移动数据业务（如移动无线上网、流媒体）时，始终不能很好地满足用户对速度的要求。另外，移动数据业务内容不够丰富、形式简单和移动终端屏幕窄小也无法吸引用户长期使用。

与 2G 相比，3G 网络系统在带宽方面，特别是无线网的带宽优势明显。3G 系统为移动多媒体数据业务而设计，使得运营商或内容提供商能提供更为丰富的内容、种类更多的数据增值业务。3G 网络中区别于 2G 时代的服务主要有如下 4 种。

- 位置业务：主要是基于位置定位和定位跟踪相关的业务。
- 数据承载业务：包括基于电路交换的承载业务和基于分组交换的承载业务，为业务提供足够的带宽和 QoS 保障。
- 多媒体业务：基于流媒体方式的多媒体业务，包括在线看一些新闻、体育转播等。
- 其他业务：如非实时多媒体文件的存储和转发等。

通过对 3G 业务的分析可知，由于移动互联网的发展，3G 可承载的业务增多，面对如此丰富的业务，如何实现全方位管理至关重要。全方位的管理包括对新业务实现灵活准确的计费，对客户实施全业务的服务。同时，面对众多内容提供商，如何实现从众多数据源有效采集，如何与价值链上众多合作伙伴实现结算等都是新的运营支撑系统需要考虑的问题。

（1）对采集的影响

3G 可以提供丰富的业务种类，系统面临的采集对象变得异常丰富。据统计，运营商大约 45%的收入流失发生在数据采集阶段。引入 3G 业务后，采集的完整性和实时性更成为关键。

目前有一种观点是通过引入中介系统，实现数据的预处理、数据格式转换，以简化多种采集源、多种格式的数据对计费系统的压力。同时，可以对海量的 CDR 数据分流，分为计价相关和计价无关，分别使数据流入计费系统和经营分析系统，减轻系统压力。

（2）对计费的影响

3G 对计费的影响首先体现在计费要素增加，其次是计费模式更为复杂，最后是它对实时性的要求更为严格。在 3G 时代要求运营支撑系统实现实时计费、内容计费并引入更灵活的计费方式。

（3）对结算的影响

产业结构链的重构使运营商面临更多结算对象；复杂而多样的业务也大大增加了结算系统的复杂度。因此，需要系统具备高度的灵活性和大数据量的处理能力，同时要避免数据的流失。

此外，3G 还对 CRM、网管、QoS 产生了影响。在这里就不再一一细述，通过分析我们可以发现 3G 对 BSS/OSS 提出了许多新的挑战，涉及采集、计费、用户等多个方面。接下来，我们就一起通过案例分析来具体了解一下在 3G 网络中

BSS/OSS 如何发挥作用。

### 3.3.3 NGBSS

国际电信联盟（ITU）的电信管理网（TMN）模型具有高度抽象的特点，从以往的经验来看，TMN 模型简单，但是实现起来却很复杂。在这种背景下，电信管理论坛（TMF）提出了"新一代电信运营支撑系统（NGBSS）"。NGBSS 是研究人员从电信运营企业的核心业务流出发，通过彻底分析业务流程以及研究 BSS 系统建设的相关技术，提出的一整套能够完全支撑电信业务，并能在业务变化过程中平滑过渡的 BSS 系统建设框架。在网络技术和计算机技术的驱动下，NGBSS 将成为适应新时期移动互联网运营需求的解决方案，并且 NGBSS 在分析研究企业核心业务流和信息技术的同时，提出一套指导 BSS 建设的系统框架。

为适应运营管理的发展趋势，使运营系统满足日益发展变化的市场需要，NGBSS 应具有以下几方面特点。

（1）NGBSS 是一个有机的、完整的支撑体系。新一代运营支撑系统应涵盖企业生产经营、网络运维、企业管理等各个层面，为企业的运营提供有效且完整的技术支撑，同时，运营支撑系统应是一个有机的整体，它不是企业内各支撑系统的简单叠加，而是通过特定的规则和流程将各个层面的支撑系统组织起来的一个企业支撑体系。

（2）NGBSS 应具备智能化的特征。通信市场变化的速度要远远超过支撑系统软件升级的速度，因此要求运营企业支撑系统必须具备足够的智能功能，以保证系统能够灵活快速地升级和完善。同时，市场营销、网络管理、经营决策等工作也需要支撑系统的智能化支持。

（3）NGBSS 应充分体现"以客户为中心"的思想。面向市场、面向客户的支撑系统才能真正有效地支撑企业的运营，才能发挥系统应有的作用。服务客户的重点内容就是为客户提供个性化的服务，给客户更多的选择，满足其独特的要求，特别是针对大客户，我们可以为其定制和虚拟一套支撑系统，提供客户自主管理的手段，让客户随心所欲地管理自己的网络。只有保证客户的充分参与，才能真正体现"以客户为中心"的思想。

（4）与电子商务技术相结合。互联网的迅速发展与应用，使得电子商务向支撑系统逐渐渗透，它将使电信运营企业的生产经营和运维管理的方式发生变革。网上营业厅、无现金支付等将成为电信服务的主流方式。

新一代电信运营支撑系统是一个庞大的系统，包括对电信网络运行的支撑，对电信业务经营的支撑以及对整个企业运营管理的支撑。目前，国内的电信运营商集网络运行和业务经营于一身，随着网络技术的不断发展，网络运行质量不断提高，对电信业务的支撑成为各电信运营商竞争的焦点。NGBSS 在运营支撑系统中的定位如图 3-7 所示。

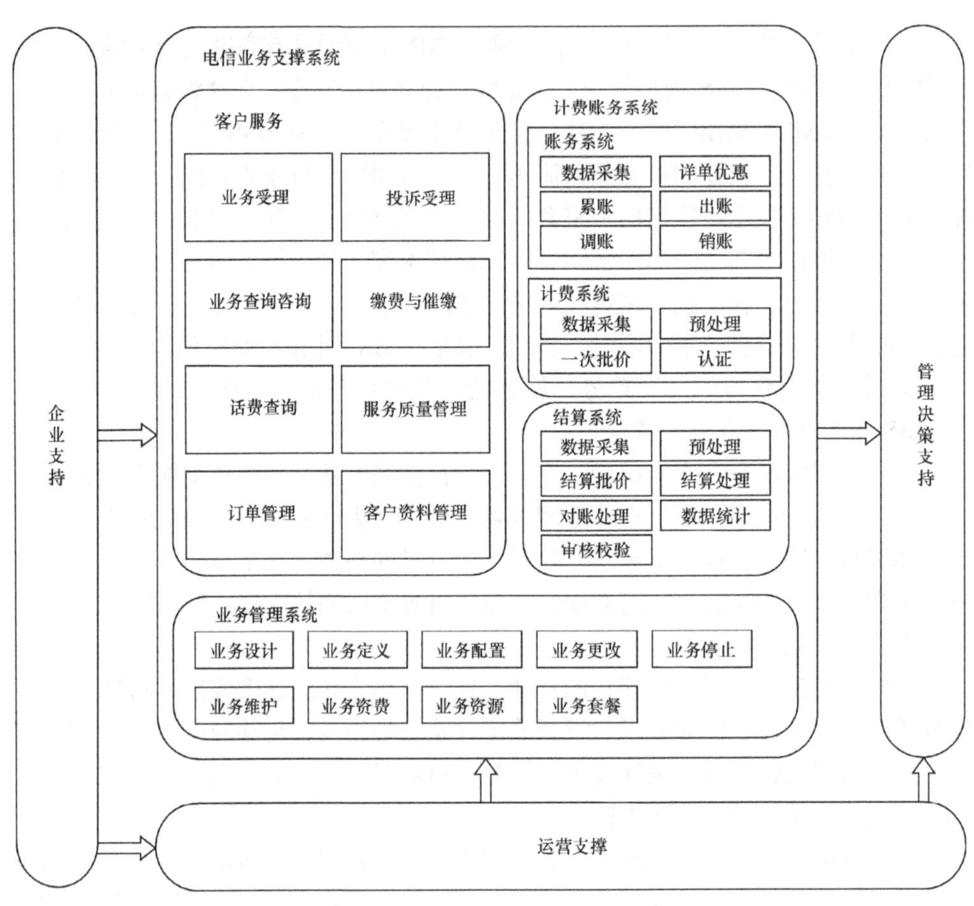


图 3-7 NGBSS

在 NGBSS 中，客户服务支持端到端的业务流程，为用户提供各种服务，包括业务受理、业务查询与咨询、话费查询、订单管理、投诉受理、缴费与催缴、服务质量管理和客户资料管理等。计费账务包括计费和账务两个功能，其中计费负责完成各项业务的计费功能，包括身份认证、数据采集、预处理及一次批价的功能；账务主要完成客户的账务处理过程，支持个性化的处理，包括与客户关联的营销策略的执行（如家庭亲友优惠等）、生成个性化账单等，包括数据采集、详单优惠、累账、出账、调账和销账等功能。结算负责完成企业内部不同业务部门间的结算、与其他电信运营商以及与第三方合作伙伴之间的结算，主要包括数据采集、预处理、结算批价、结算处理、对账处理、数据统计、审核校验等功能。

业务管理对各类业务的规范与流程及业务定义进行统一、规范的管理，包括对业务设计、业务定义、业务配置、业务更改、业务终止、业务资费、业务维护、业务资源、业务套餐等的管理以及对新业务和新产品开发的支持。

综上所述，NGBSS 是基于 OSS、支持以客户为中心、面向电信业务经营流程的管理系统。NGBSS 的目标是支撑电信业务的运营流程，满足运营需求，包括面向客户的业务经营支撑，如业务定购、业务使用的计费、业务收费；面向业务运行的支撑，如客户的业务开通、新业务的开发和部署等。

对于运营商来说，运营支撑能力是其竞争优势的核心内部变量，而移动互联网的出现，使得其竞争范围和竞争环境都发生了质的变化。认识到在移动互联网时代的市场需求已经碎片化和长尾化，并能够依靠在用户关系和行为管理、业务和服务创新支撑平台、终端管理、价值评估和行业监管支撑方面的运营支撑结构的优化与调整，运营商才能在移动互联网时代保持竞争力。

## 3.4　移动互联网的网络管理系统

近年来，以移动电话为主要代表的移动互联网在全球得到迅速的发展。移动网络规模的不断扩大，技术复杂性逐渐增加，对移动互联网业务范围和服务质量的要求也越来越高，这对网络管理提出了新挑战。无论是在现有通信网络还是 3G 以及未来新一代移动互联网通信中，网络管理都占据了很重要的位置。所谓网络管理指的是用先进的手段和工具对网络进行管理的一种行为，通过对通信网络的合理规划、协调和控制，使网络的资源得到充分而有效的利用，保证网络的安全、可靠和高效，为用户提供满意的通信业务服务。

**1．移动互联网网络管理的特点**

移动互联网是移动通信网络和互联网的大融合。“移动宽带化，宽带移动化”，移动与宽带的结合是新一代网络发展的主要趋势。移动互联网网络管理具有如下特性。

（1）多网络管理协议

由于移动互联网网络将会采取基于全 IP 网的有关技术，移动互联网的网络管理环境中有较多的系统互联的需求，这就使得新一代无线宽带移动通信系统的网络管理协议在已有的 CMIP/GDMO 的基础上，需要增加 IETF 中的 SNMP，CORBA 中的 IIOP/IDL 等网络管理协议。因此，移动互联网的网络管理协议环境是一个多协议网络管理环境。

（2）持续变化的网络管理环境

新一代无线宽带移动通信的有关技术是不断演进的。在 3G 中，如 WCDMA 就依次采用了 R99、R4、R5 等多个不同版本；移动互联网要采用的全 IP 网技术也是不断演进的。因此，新一代无线宽带移动通信的网络管理面对的是一个持续变化的网络管理环境。

（3）具有可扩充性和可适应性

网络的不断扩大和业务能力的提升，使得移动通信网络管理变得越来越复杂，对网络级网络管理和业务级网络管理的要求越来越迫切。因此，要求网络管理系统在运行时支持在线升级和系统的扩容，结构化的软件设计以及组件、插件的使用是实施可扩充性的有效手段和方法。

（4）兼容现有移动通信系统

目前的移动通信运营商通常采用第二代移动通信系统（2G）和第三代移动通信系统（3G）。这些移动通信系统在向新一代移动通信系统过渡的过程中，必将出现 2G、3G 和新一代移动通信系统共存的局面，为了使它们能够协调运转，新一代移动互联网网管系统应该能够与 2G、3G 网管系统实现互联互通。

**2．网络管理模型**

（1）基于设备的网络管理模型

在基于设备的网络管理模型中，网络管理操作包括对硬件、软件和人力的使用、综合与协调，以便对网络资源进行监视、测试、配置、分析、评价和控制，这样就能以合理的价格满足网络的使用需求，如实时运行性能服务质量等。

网络是一个非常复杂的分布式系统，网络的状态总是不断地变化着。需要使用一种协议来获得网络中各个节点上的状态信息，有时还需要将一些新的配置信息写入到这些节点上。

在网络管理模型中，管理站是整个网络管理系统的核心，由网络管理员直接操作和控制。所有向被管理设备发送的命令请求都是从管理站发出的，管理站中的关键构件是管理程序。管理站或管理程序都可称为管理者（Manager）。大型网络往往实行多级管理，因而有多个管理者，而一个管理者一般只管理本地网络的设备。

在网络中有很多的被管理设备，可以是主机、路由器、打印机、网桥等。在每一个被管理设备中可能有很多被管理对象（Managed Object）。被管理对象可以是被管理设备中的某个硬件，也可以是某些硬件或软件的配置参数的集合。被管理设备有时可称为网络元素或网元。在每一个被管理设备中都要运行一个程序以便和管理站中的管理程序进行通信，该程序称为网络管理代理程序，简称为代理（Agent）。

在管理站上的管理程序与被管理设备上的代理程序之间，需要制定一种通信的规则，这种规则称为网络管理协议。网络管理协议规定了管理程序与代理程序之间交互的消息种类以及具体的报文格式。目前广泛用于计算机网络的网络管理协议为简单网络管理协议（SNMP，Simple Network Management Protocol）。

被管理对象必须负责维持可供管理程序读写的若干状态和控制信息。这些信息总称为管理信息库（MIB，Management Information Base），而管理程序就通过读取或者设置 MIB 中这些信息的值，来对网络进行管理。

（2）基于策略的网络管理模型

基于策略的管理使网络管理人员由传统的以网络和设备为中心的管理模式转化为以业务为中心的管理模式，具有良好的可扩展性，可根据网络设备变化，灵活地调整框架规模的大小，因此基于策略的网络管理既适用于大型的多用户的企业网，也适用于拥有较少用户的局域网，为网管部门提供了经济、有效的管理手段。

基于策略的网络管理通过策略（Policy）机制将网络中的管理（Management）和执行（Enforcement）分开，管理员负责定义好策略存放到策略仓库中，网络实体可以根据这些策略自动地执行预先设置好的任务。

基于策略的网络管理系统包含 4 种基本功能模块：策略管理工具、策略仓库、策略决策点、策略执行点，这些模块的组合就是一个策略管理域。和传统的网络管理相比，基于策略的网络管理具有以下优势：管理员不必为每一个网络应用或网络的每一次变化制定一套管理方案，而是根据所有的情况进行统一制定；管理员可以从网络的整体出发，用抽象的策略的语言对网络功能进行描述，不必拘泥于具体的网络设备和技术细节；网管系统能较好地适应网络的动态变化，当网络结构发生变化时，管理员不需要进行复杂的配置，只需对相应的策略进行增、删、改，即可在保证网络继续运行的情况下实现网络功能的重构。

到目前为止，基于策略的网络管理技术在国内外都还处于研发阶段，统一的标准尚未最终形成。许多研究机构、设备生产商的标准或产品都还存在一定的局限性，更有待于大规模商业应用的检验。目前的标准和产品主要集中在 QoS 管理和安全管理领域。

**3．移动互联网网络管理实现方案**

传统的移动通信网络管理，由于业务比较单一，结构也比较固定，因此大部分采用集中管理和分级管理。随着通信信息业务的不断发展，网络的规模不断扩大，特别是在新一代宽带无线移动通信系统中，集中管理和分级管理已经不能满足实际的发展需求了。新的网络管理技术——分布式网络管理得到了发展和重视。

所谓分布式网络管理就是设立多个域管理进程，域管理进程负责本域的管理对象，同时进程间进行协调和交互，以完成对全域网的管理。分布式网络管理与层次化结构管理方式的不同在于每一个子网域的网管系统都有一个 MIB。这些

MIB 与中心网络服务器的 MIB 在网络初始条件下可以设置为相同，但在网络运行后，每个子网域的 MIB 收集本网内的管理信息和数据，子网 MIB 可以把全部数据汇总到中心服务器的 MIB 中，中心网络服务器也可以有选择地接收子网 MIB 的数据，或者在需要的时候再到子网 MIB 中索取相应的信息。分布式网络管理体系结构如图 3-8 所示。

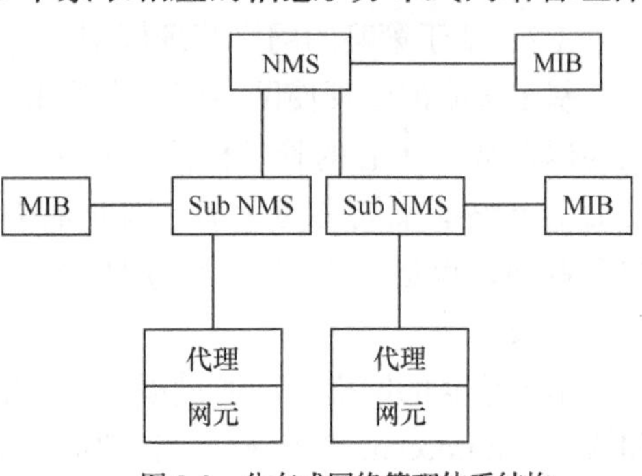

图 3-8　分布式网络管理体系结构

当前，在分布式网络管理方面的研究工作主要集中在以下几个方面。

（1）基于智能和移动代理的分布式网络管理

智能代理是分布式人工智能的概念。智能代理有推理和学习的能力，具有主动性、协同性、响应性和预动性；能够随时感知周围环境并采取相应的行动，影响周围的环境；能够处理网络的不确定信息，适应不断变化的网络状态，根据已知信息和知识做出推理和决策，对网络进行控制，并能预知网络状态的变化，使网络管理工作更有效，更智能。移动代理是能够在网络中自主迁移的软件实体，移动代理对被管资源的访问一般不同于统一系统中进程之间的通信。移动代理使得信息的处理更靠近数据，从而减少网络的信息传输。移动代理使功能流动更灵活，代理的主动性得到了增强。用于网络管理的移动代理是指在执行管理任务时，系统自动创建网络管理移动代理，代理根据需求迁移到相应的被管系统，访问被管资源。

（2）基于 Web 和移动代理的分布式网络管理

Web/Java 技术的成熟以及在互联网上的广泛应用，给新一代宽带无线移动通信的网络管理技术和模式带来了又一次技术革命。传统的大型网络管理存在着很多不足，可扩展性差，网络应用程序开发复杂。基于 Web 的分布式网络管理以其特有的灵活性和易操作性显示了其强大的生命力，通过 Web 技术来集成网络管理系统，可获得适合于各种平台的简单的管理工具。Web 技术特别适合于要求低成本、易于理解、平台独立和远程访问的网络环境。

（3）基于 CORBA 的分布式网络管理

CORBA 是对象管理组织提出的面向对象的体系结构。它为分布式异构环境下各类应用系统的集成提供了良好的技术规范和标准，CORBA 是一种采用通用对象请求代理 ORB 间互联协议/基于 Internet 的 ORB 间互联协议（GIOP/IIOP）进行客户和服务器之间的交互，采用接口定义语言（IDL）进行对象建模的对象参考模型。目前，讨论 CORBA 在分布式网络管理中的应用时，主要考虑在客户方如何使用 CORBA 来实现管理的应用程序，以及如何让它访问被管资源。

移动互联网的网络管理问题是一个崭新而复杂的课题，国际上也都处于起步阶段，还有大量的工作要去做。总的来说，未来新一代移动互联网的网络管理系统是分布式、面向对象的，强调网络和用户的自我管理，网络元素具有备份和自动切换的功能，具有人工智能、自我规划的功能。

# 中篇

## 端

# 第 4 章

# 移动终端执行环境与操作系统

近年来，移动终端的内涵变得越来越宽泛，各类终端的定义边界越来越模糊，所谓“融合”的趋势愈加明显。一方面，随着网络技术朝着越来越宽带化的方向发展，移动通信产业将走向真正的移动信息时代；另一方面，随着集成电路技术的飞速发展，移动终端已经拥有了强大的处理能力，移动终端正在从简单的通话工具变为一个综合信息处理平台，给移动终端增添了更加宽广的发展空间。

移动终端作为简单通信设备伴随移动通信发展已有几十年的历史。自2007年开始，智能化引发了移动终端基因突变，从根本上改变了终端作为移动网络末梢的传统定位。移动智能终端几乎在一瞬之间转变为互联网业务的关键入口和主要创新平台，新型媒体、电子商务和信息服务平台，互联网资源、移动网络资源与环境交互资源的最重要枢纽，其操作系统和处理器芯片甚至成为当今整个 ICT 产业的战略制高点。移动智能终端引发的颠覆性变革揭开了移动互联网产业发展的序幕，开启了一个新的技术产业周期。随着移动智能终端的持续发展，其影响力将比肩收音机、电视和互联网（PC），成为人类历史上第 4 个渗透广泛、普及迅速、影响巨大、深入至人类社会生活方方面面的终端产品。

移动智能终端是移动互联网技术与用户体验连接最为紧密的环节，因此是移动互联网技术成功实现的重中之重。本章将介绍各种特点的移动智能终端，着力讲解其技术架构和操作系统。

# 4.1　移动终端

移动智能终端拥有接入互联网能力，通常搭载各种操作系统，可根据用户需求定制化各种功能。移动智能终端包括智能手机、平板电脑、车载智能终端、可穿戴设备等。移动智能终端的移动性主要体现在移动通信和便携体积上，而智能性则全面体现在如下 4 个方面。

（1）开放的操作系统平台。移动智能终端可以安装和卸载来自第三方的各种应用程序和数字内容，使终端的功能可以得到无限的扩充。

（2）自由的高速接入能力。随着移动通信技术的提升，从 3G 到 LTE，Wi- Fi 作为有效补充，网络能力逐步解放，终端可通过移动通信网络方便地接入到互联网业务中。

（3）PC 级的处理能力。移动智能终端硬件已具有类似 PC 的快速处理速度，可实现复杂处理能力，极大地减少其上软件运行限制，随芯片技术持续提升还将进一步发展。

（4）智能的人机交互技术。目前移动智能终端的智能主要体现在处理能力与架构上，随着 3D 等未来显示技术和语音识别、图像识别等多模态交互技术的发展，智能将逐步外延开来，更智能的以人为核心的交互体系将逐步完善。

## 4.1.1　智能手机

智能手机是一种在手机内安装了相应开放式操作系统的手机。“智能手机（Smart Phone）”这个说法主要是针对“功能手机（Feature phone）”而来的，本身并不意味着这个手机有多“智能”。从另一个角度来讲，所谓“智能手机”就是一台可以像电脑一样、随意安装和卸载应用软件的手机，而“功能手机”是不能随意安装卸载软件的，Java 的出现使后来的“功能手机”具备了安装 Java 应用程序的功能，但是 Java 程序在操作友好性、运行效率及对系统资源的操作都比“智能手机”差很多。同时，智能手机也有别于普通带触摸屏的手机。一般普通带触摸屏的手机使用的是生产厂商自行开发的封闭式操作系统，所能实现的功能非常有限。

### 1．智能手机的功能和特点

从广义上说，智能手机除了具备手机的通话功能外，还具备了 PDA 的大部分功能，特别是个人信息管理以及基于无线数据通信的浏览器，GPS 和电子邮件功能。智能手机为用户提供了足够的屏幕尺寸和带宽，既方便随身携带，又为软件运行和内容服务提供了广阔的舞台，很多增值业务可以就此展开，例如，股票、新闻、天气、交通、商品、应用程序下载、音乐图片下载等。结合3G和4G通信网络的支持，智能手机的发展趋势，势必将成为一个功能强大，集通话、短信、网络接入、影视娱乐为一体的综合性个人手持终端设备。

智能手机具有6大特点。

（1）具备无线接入互联网的能力：即需要支持GSM网络下的GPRS、CDMA网络的CDMA1X、3G（WCDMA、CDMA-2000、TD-CDMA）网络、4G（HSPA+、FDD-LTE、TDD-LTE）网络。

（2）具有PDA的功能：包括PIM（个人信息管理）、日程记事、任务安排、多媒体应用、浏览网页。

（3）具有开放性的操作系统：拥有独立的核心处理器（CPU）和内存，可以安装更多的应用程序，使智能手机的功能可以得到无限扩展。

（4）人性化：可以根据个人需要扩展机器功能。根据个人需要，实时扩展机器内置功能，以及软件升级，智能识别软件兼容性，实现了软件市场同步的人性化功能。

（5）功能强大：扩展性能强，第三方软件支持多。

（6）运行速度快：随着半导体业的发展，核心处理器（CPU）发展迅速，使智能手机在运行方面越来越快。

**2. 智能手机的操作系统**

既然说只有具备操作系统的手机才配叫智能手机，那操作系统种类又有哪些呢？目前应用在手机上的操作系统主要有Android（安卓）、iOS（苹果）、Windows phone（微软）、Symbian（塞班）、BlackBerry OS（黑莓）等。目前，Android（安卓）和iOS（苹果）占据主导地位。

**3. 智能手机的发展现状**

根据最新权威预测数据，2015年底全球智能手机用户将达到19.1亿，到2016年，全球智能手机用户数量将超过20亿，达到21.6亿。可见，当前全球智能手机市场正在以惊人的速度发展。而中国无疑已经成为了最大的智能手机市场。与此同时，中国企业也开始在国际舞台“大展身手”。但是有市场就会有竞争，中国智能手机市场正在经历“你死我活”的激烈竞争，格局已经悄然改变，大牌纷纷推陈出新抢占市场，跨界企业摇摇欲试准备进军智能手机市场，智能手机市场迎来一个黄金发展期。智能手机的发展现状主要表现在以下几个方面。

（1）多核战争升级

处理器核数是智能手机的核心指标之一，手机CPU内核不断升级。目前，四核手机开始抢占市场。在智能手机市场上，采用四核处理器的机型成为最受用户关注的产品类型，已经超过双核机型。

（2）新兴功能不断涌现

智能手机新兴功能也不断涌现，诸如：裸眼3D、NFC、重力感应器、无线充电、云存储功能，等等。其中以NFC功能（Near Field Communication 近场无线通信技术）最为热门。

（3）智能手机市场加速优胜劣汰

放眼智能手机市场，无论是终端厂商间的竞争，还是操作系统厂商间的争夺，抑或是各种终端的更新迭代，本质上都是市场优胜劣汰的必然结果。摩托罗拉、诺基亚、黑莓、HTC的逐渐落寞，让人们逐渐意识到，拥抱新技术的浪潮，勇于创新和求变，才能在激烈的智能手机竞争中利于不败之地。

**4．智能手机的前景和趋势**

随着技术的发展，智能手机在未来的发展将会给我们带来更多新的期待。尤其在人机互动方面，在更加关注用户体验理念的推动下，智能手机甚至有可能变为人体不可或缺的一个“器官”，从而为人们提供更加人性舒适的互动应用，以此来极大地丰富和改变人们的生活。

（1）4G技术的普及

随着4G时代的到来，4G智能手机将迎来普及大潮，让国内外众多智能手机厂商激动和担忧，激动因为未来智能手机市场需求依然巨大而担忧，则是随着4G时代到来，各手机厂商之间的竞争将愈发激烈，未来或将重新洗牌也未可知。

（2）语音识别技术的应用

语音识别以谷歌GoogleNow和苹果Siri为代表，将智能手机的功能带入到人机互动时代，通过语音识别功能，手机用户从一定程度上解放了双手，也让人们看到了未来人工智能领域广阔的应用前景。也许在未来的某个时间节点，人们与智能手机的交互形式将主要通过语音识别进行，就像人们面对面的交谈一样。触摸只限于玩游戏或者浏览网页，只要语音识别技术能做的事情，统统交给语音识别软件或者芯片来执行。也有人会说通过意识控制手机，这种想象力值得肯定，但是从目前来看，这样的技术相比语音识别技术有更大的难度。而语音识别技术目前和未来很长一段时间内，都将是人机交互的主流形式。

（3）智能手机或将成为云计算终端之一

随着云计算和大数据的重要性越来越突出，未来的智能手机，或许会成为云计算终端中最重要的终端形式之一。说智能手机是未来最重要的云计算终端，不仅是因为它的便携性，更是基于事实的推测和畅想。未来智能手机数据处理和计算能力将与PC不相上下，或取代PC，成为新的更重要、更便捷的桌面处理中心。联系可穿戴设备、智能电视、无人驾驶汽车逐步兴起，成为人们关注的焦点。我们可以想象，未来智能手机将成为各种智能终端设备的数据处理和控制中心。

（4）传感器让智能手机更安全和智能

苹果手机采用指纹识别解锁技术，一方面是因为指纹识别技术相较于其他更加先进的理念和技术来说，商用成本低而且技术已经非常成熟；另一方面，也是因为基于人的指纹的唯一性，未来指纹识别或将应用在个人支付领域。这不仅能保证 iPhone 的安全，也能通过 iPhone 和指纹识别进行安全支付。

不局限于指纹识别技术，其实包括语音识别技术、手机重力感应功能、手机屏幕自动旋转，乃至谷歌 GoogleNow 中感知用户的地理位置进而推送天气、餐饮、交通等消息的功能，无一不是通过传感器技术来完成。未来的智能手机，将真正的成为我们的得力助手，甚至有人推测，随着智能手机越来越智能，说不定人工智能通过手机的语音技术、大数据处理能力、云计算和传感器的集成使用而真正的实现。

### 4.1.2 平板电脑

平板电脑又称为平板计算机（Tablet Personal Computer，简称 Tablet PC、Flat Pc、Tablet、Slates），是一种小型、方便携带的个人电脑，以触摸屏作为基本的输入设备。它拥有的触摸屏（也称为数位板技术）允许用户通过触控笔或数字笔来进行作业而不是传统的键盘或鼠标。用户可以通过内建的手写识别、屏幕上的软键盘、语音识别或者一个真正的键盘（如果该机型配备的话）实现输入。从微软提出的平板电脑概念产品上看，平板电脑就是一款无须翻盖、没有键盘、小到放入女士手袋，但却功能完整的 PC。平板电脑集移动商务、移动通信和移动娱乐为一体，具有手写识别和无线网络通信功能，被称为上网本的终结者。

平板电脑的概念在 2002 年就由微软提出。当时的平板电脑概念设计除了具有笔记本的基本功能外还要有语音识别及手写识别的功能。操作系统也多基于 Windows XP 系统。输入方式不同于今天的触摸屏式设计而是更多地以触控笔作为主要的输入设备。当时平板电脑上所运行的软件也都是为此类电脑量身定做，很难通用于其他 PC 类设备上。因此由于技术、成本价格等各方面原因平板电脑在当时很难实现普及，而其应用领域也多集中于一些传统的行业，如医疗、货运进出口等。平板电脑市场当时的生产厂商也为数不多，主要有：宏基、惠普等。

平板电脑的革命性一年出现在 2010 年，当时美国苹果公司对平板电脑的设计理念和目标市场进行了重新的思考：以轻薄、便于携带的外观设计、触摸式屏幕输入方式，超强的娱乐和游戏功能与有很强竞争力的价格，彻底颠覆了传统的平板电脑设计。

平板电脑按结构设计大致可分为两种类型，即集成键盘的“可变式平板电脑”

和可外接键盘的“纯平板电脑”。平板式电脑本身内建了一些新的应用软件，用户只要在屏幕上书写，即可将文字或手绘图形输入计算机。平板电脑按其触摸屏的不同，一般可分为电阻式触摸屏和电容式触摸屏。

**1．平板电脑的功能和特点**

平板电脑与普通的笔记本电脑相比优势非常明显。它不但体积小，方便携带，可在移动中完成所有功能运行，而且应用范围更加广泛。户外作业、旅行、娱乐等都便于携带平板电脑。接入互联网速度快等优势领先于普通电脑。另外，支持移动通话的平板电脑更是比普通的智能手机在数据处理速度、功能种类以及操作便捷方面胜出一筹。

**2．平板电脑的操作系统**

按照标准，平板电脑必须能够安装 X86 版本的 Windows 系统、Linux 系统或 Mac OS 系统才称得上平板电脑，但实际上像 iOS、Android 操作系统更适合平板电脑，虽然在乔布斯声称 iPad 不是平板电脑，但在现在消费者看来，操作系统并不能决定平板电脑的定义，实用才是最重要的。现在详细介绍几种常见的平板电脑操作系统。

（1）Windows 系统

Windows 系统家喻户晓，然而 Windows 并没有和平板电脑结下良缘。Windows 系统在平板领域不受青睐，原因总结有以下几点：Windows 系统并不适合手指触控；在安全性上 Windows 系统还是不如苹果的 iOS 和谷歌的安卓系统；用在平板电脑中，Windows 系统显得过于臃肿，功能的强大也是致命的缺点，平板电脑的操作系统必须具备低能耗和电池超长续航的特点，显然 Windows 不具备；没有像应用商店那样的应用支持。但是，Windows 平板电脑在企业领域应用相当广泛。

（2）iOS 系统

iOS 是由苹果公司为 iPhone 开发的操作系统，主要是给 iPhone、iPod touch 以及 iPad 使用。其系统架构分为四个层次：核心操作系统层（the Core OS layer），核心服务层（the Core Services layer），媒体层（the Media layer），可轻触层（the Cocoa Touch layer）。基于此操作系统的 iPad 系列平板电脑早已家喻户晓。

（3）Android 系统

安卓是 Google 于 2007 年 11 月 5 日宣布的基于 Linux 平台的开源手机操作系统。现在在平板电脑领域安卓也占据着领先地位。虽然，在软件数量和质量上安卓还赶不上苹果，但其易操作性强，未来前景很好。

（4）BlackBerry Tablet OS 系统

黑莓产品在欧美的受欢迎程度很高，而 BlackBerry Tablet OS 系统可以支持与黑莓手机的无缝连接，这很方便黑莓手机的使用平移到黑莓平板上。黑莓平板电脑硬件配置可以说达到了目前平板电脑最高峰，比 iPad 更具价格优势。

（5）Linux 系统、Web OS 系统

在平板电脑里，一般单独安装这类系统的很少，一般都是以其他系统为主。

**3．平板电脑的发展现状**

自从苹果公司引爆了平板电脑市场。大量从事 IT 产品的厂商开始跟进，市场上充斥了不计其数的平板电脑产品。从价格与功能上看，平板电脑市场已经形成了三大市场定位：娱乐 iPad、商务 iPad、专业领域 iPad。

目前，娱乐型的平板电脑占据着主流。而商务型平板电脑还不是很多。出现这样的格局，与平板电脑的应用有着紧密联系。即时性的应用是目前平板电脑的主要应用，包括社交、影音、资讯和游戏体验占去了很大应用空间。与此同时，由于在移动办公功能方面的不足，也直接导致了商务；iPad 的发展要滞后于娱乐 iPad。至于专业领域 iPad，则还处在刚刚起步阶段。

**4．平板电脑的前景和趋势**

平板电脑产品在市场竞争中逐步呈现多元化的发展趋势，在产品形态、操作系统、功能定位及应用场景上出现了多种细分平板电脑类型。在产品形态方面，平板电脑将出现屏幕尺寸范围平滑过渡的完整产品线以满足各类人群对便携性与可视面积的要求；在操作系统方面，Apple iOS、Google Android 和 Microsoft Windows 这三种操作系统将促使市场细分，并占据重要市场份额；在功能定位方面，将会有厂商推出在电子书阅读以及具有通话功能等单个或多个领域具有独特优势的跨界细分产品；在应用场景方面，平板电脑将配置数目更多、功能更强的传感器，结合创新软件，实现平板电脑应用场景的扩展，从而切入商用市场。

### 4.1.3 车载智能终端

车载智能终端，具备 GPS 定位、车辆导航、采集和诊断故障信息等功能，在新一代汽车行业中得到了大量应用，能对车辆进行现代化管理，车载智能终端将在智能交通中发挥更大的作用。

汽车从诞生至今 100 多年来，已经逐渐从人们的代步工具演化为生活和娱乐空间的延续。随着汽车逐渐成为大多数人生活中的必需品，更安全、更舒适、更便捷的现代化智能汽车在众多电子设备的辅助下呼之欲出。随着移动互联网和车联网的发展，车载终端越发智能化，各类终端不断涌现，功能不断完善，车载智能终端成为汽车发展的新趋势。

**1．车载智能终端的功能**

除了已经熟知的 GPS 用于定位外，Wi-Fi、蓝牙和 3G 等无线网络也被广泛内置在系统中，使得汽车和手机以及其他有联网功能的终端设备随时互联，和专用

的客户服务网络随时连接，甚至和互联网随时随地接入。导航是客户能享受的基本功能，通过 GPS 与智能网络行车系统辅助驾驶，依托蜂窝网络实现信息检索、实时路况导航及其他任何一种 Internet 互联应用。一方面越来越多的新车已经可以通过整合全球定位系统导航技术、车对车交流技术、无线通信及远程感应技术，实现手动驾驶和自动驾驶的兼容。另一方面，依靠先进的传感技术，可以即时判断车辆行驶前方路况的实时情况，结合最新的网络路况数据，不仅可以帮助车主选择最合适的路线，还可以应对紧急突发情况对行驶安全的不利局面，从而促使车辆行驶更安全、更准时。

车内娱乐方面也发生变化，从最初的仅有音乐和广播，到如今数字电视、数字广播已经越来越普及。由于随时在线，网上下载歌曲或电影，或者在线收听或者观看已经和在 PC 上的体验没有区别。全格式、高清解码能力也更使得汽车也变成了移动的电影院。从用户交互界面来看，触摸屏和三维图形的应用给客户带来强烈的动画式的 3D 视觉感受。语音识别和语音综合技术的应用让驾驶员在驾车时仍能自如操控系统，切换内容及实现语音和短消息通信。由于联网的存在，除了收听网络电台，收看网络电视的即时新闻，跟踪股市的即时行情也已经成为基本功能。客户还能够通过语音指令媒体播放、找歌、接电话、拨号、回短消息等。客户也能够一键接入客户呼叫中心，要求设置导航目的地、查找服务热点、远程鼓掌诊断、紧急维修服务等。通过汽车仪表盘触摸屏，查询并预定中意的餐馆，并在爱车带领下到达餐馆所在地，越变越机灵的汽车正在给车主与众不同的开车体验。

### 2. 车载智能操作系统

当前，在车载操作系统领域主要的平台包括 WINCE 和 Linux 系统，但是，这两款操作系统由于联网性能弱，无法实现复杂的 App 应用，对于车联网时代对汽车网络化的要求，显然略有不足。黑莓专用于车载系统的平台 QNXCar，以及谷歌的 Andriod 平台，正逐步被汽车品牌厂商接受。比如 QNX 嵌入式系统已经进入了奥迪、宝马等品牌汽车内，而 Andriod 平台则在特斯拉、雷诺、上汽等品牌汽车中获得了应用。作为一个封闭的生态系统，苹果的 iOS 则可能更多的作为一个通道，实现智能手机应用与车载终端的无缝对接。

### 3. 车载智能终端的发展现状

目前，常见的智能车载终端设备多为前装式，由汽车厂商与移动软件开发商共同完成，优势在于与车辆中行车电脑的无障碍连接和数据采集，除去强大的技术开发能力，通信壁垒也能降到最低。

例如，2013 年，9 大汽车制造商（本田、奔驰、日产、法拉利、雪佛兰、起亚、现代、沃尔沃以及捷豹）宣布将加入苹果的“iOS in the Car”计划，并推出 iMove 概念车。2014 年初，谷歌宣布成立“开放汽车联盟”（Open Automotive Alliance），包括通用、本田、奥迪、现代汽车公司以及芯片制造商英伟达，旨在对安卓移动操作系统进行改造，应用到汽车中。TESLA 的 Model S 热销，将车载电脑的概念演变成了下一代汽车的发展方向，配置有 17 英寸的触摸屏，能以流媒体的形式播放广播。

目前，中高级车都配备了车载智能技术。而市场中鲜有后装式智能终端设备的成熟产品。美国 CloudCar 公司研制出了一种小型电脑设备，该设备可插入汽车中，从而让汽车拥有最先进的娱乐信息系统，其设计思想是：汽车制造商可随时升级这个小型电脑设备，增添新的功能。

**4．车载智能终端的前景和趋势**

在车载终端功能上，将朝实现综合导航定位、娱乐影音等功能于一体的方向发展。随着汽车智能化、联网化的发展，汽车将成为未来另一个非常重要的“移动终端”。而谷歌、苹果等 IT 企业介入到汽车领域，将带动海量的基于汽车的应用程序资源的开发和应用，使得车载导航终端不仅局限在导航定位这一单一的功能上。

在车载终端产品上，将实现智能手机、车载终端等多智能终端的多屏互联。从消费者的角度来看，汽车的驾驶属性使得对安全性要求极高，而智能手机屏幕大小的限制，又使驾驶员不可能完全依托手机实现导航、娱乐等功能。因此，通过语音控制的方式，实现手机屏、车载屏的无缝连接，使手机应用映射到车载系统，使汽车信息链接到互联网，才能使消费者在安全驾驶中体验移动互联的乐趣。

在车联网新趋势下，会有更多的技术出现，不断完善目前在车载智能终端应用中的难题。车联网的趋势将会更加智能化与快捷化，通过车联网的应用，可以实现安全性的提高、生活的便利与信息的传达。

### 4.1.4 可穿戴设备

可穿戴设备，即直接穿在身上或是整合到用户的衣服或配件的一种便携式设备。可穿戴设备不仅是一种硬件设备，更是通过软件支持以及数据交互、云端交互来实现强大的功能。可穿戴设备可理解为基于人体自然能力之上的，借助电脑科技实现对应业务功能的设备。人体自然能力是指人类本体与生俱来的能力，如动手能力、行走能力、语言能力、眼睛转动能力、心脏脉搏跳动能力、大脑神经思维能力等；这里的电脑科技是基于人体能力或环境能力通过内置传感器、集成芯片功能实现对应的信息智能交互功能。

可穿戴设备将会对我们的生活、感知带来很大的转变。2012 年因谷歌眼镜的亮相，被称作“智能可穿戴设备元年”。在智能手机的创新空间逐步收窄和市场增量接近饱和的情况下，智能可穿戴设备作为智能终端产业下一个热点已被市场广泛认同。

**1．可穿戴设备的功能**

从功能来看，目前常见的可穿戴设备可谓五花八门、包罗万象。但是，穿戴设备所能实现的功能相对单一不够丰富，市面上所能购买到的可穿戴设备，大部分还只能局限在拍照、导航、查看天气、辅助社交、协助监测健康信息及辅助运动方面，如 Google Glass、三星 Gear、Jawbone Up、Nike+ 等产品。这也是消费者持观望态度的重要原因。另外，可穿戴设备一般都需靠其他智能设备才能实现其产品功能，并不能够真正独立作为一款设备使用，随着外来技术以及 4G 网络的发展，该情况或许能够改观。

**2. 可穿戴设备的操作系统**

可穿戴设备应用功能取决于设备能力和操作系统功能，从最早的单片机操作系统到目前的智能操作系统。iOS，Android 等移动互联网领域占据领先地位的智能操作系统也有向可穿戴领域延展的趋势。2014 年 3 月 19 日，谷歌宣布转为智能手表打造的操作系统 Android Wear 平台发布，在用户体验、数据分析和后台支持等方面都有不同于 Android 的地方。可穿戴设备的屏幕一般较小，有别于 Android 的体验，Android Wear 在用户体验上最大的不同表现是背景卡片（The ContextStream）和提示卡（The Cue Card）。

谷歌计划把其 Android 在智能终端中的成功模式复制在可穿戴领域，和硬件厂商的合作方式跟 Android 类似，采用免费开源的方法提供给硬件厂商使用，目前已有 LG、三星、华硕等厂家合作。可穿戴设备的屏幕导致目前 Google Wear 的操作体验并不友好，可穿戴设备上的触屏操作是否会像微软桌面电脑上的启动菜单一样成为鸡肋，相信在不远的未来会有答案，我们也相信未来将有更多转为可穿戴设备量身打造的智能系统，可穿戴设备的应用体验也将更为友好。

**3. 可穿戴设备的发展现状**

目前，市场上常见的可穿戴健康设备包括手表、眼镜、智能手环及帽子等多种形式，还有一些设计得比较像耳环之类的饰品。但可穿戴产品在火热的体验现场背后却伴随着惨淡的销售量，这就是可穿戴市场需要培育期。可穿戴设备行业仍是个探索中的行业，“体验和猎奇者居多”，但实际购买欲望不大。可穿戴设备的应用还远远没有达到预期，也并未对健康及医药、瘦身、教育等领域产生较大影响。从未来发展来看，每个领域相应的可穿戴设备或将逐步进入人们的生活，但还要走有很长的一段路。

**4. 可穿戴设备的前景进和趋势**

未来可穿戴设备将表现出三方面发展趋势。在技术方面，人机交互技术发展将持续提升用户体验，智能传感技术发展将实现更多核心功能，柔性电子技术发展将提升穿戴舒适度，数据处理技术发展将以分析挖掘改变用户习惯。在产品形态方面，产品的可穿戴特征更加显著，兼顾时尚型与功能型并进发展，持续的形态创新满足多元化需求，定制化产品不断涌现。在应用服务方面，功能、社交沟通、信息管理成为应用服务三大重点，专用操作系统的推出与演进将加速驱动应用服务发展，云计算、大数据等新兴技术将为可穿戴应用提供支撑，硬件产品与应用服务将相互促进、实现螺旋式发展。

**5. 可穿戴设备的典型产品介绍**

（1）谷歌眼镜

谷歌眼镜（Google Project Glass）是由谷歌公司于 2012 年 4 月发布的一款“拓展现实”眼镜。它具有和智能手机一样的功能，可以通过声音控制拍照、视频通话和辨明方向，以及上网冲浪、处理文字信息和电子邮件等。作为技术巨头倾力打造的眼部计算设备，谷歌眼镜已经在消费级市场上引发了热烈的反响与争论，人们在对配套应用程序的便捷特性兴奋不已的同时、也对其给隐私带来的潜在威胁感到担忧。

智能穿戴和人机交互领域，有个负面指标叫做“逆人性”——人的本性决定了对生活类产品的期待是便捷、省力和安全可靠，若逆势而为，即使技术再“高大上”，也往往很难被市场接受。以谷歌眼镜为例，录视频、导航、打电话、上网，每一项都能够让人觉得生活会因其变得更酷，但在实际体验中，有些却并非如此。如眨眼操控拍照是功能上的一大亮点，但是许多人在实际测试使用时，却发现需要不断把视线挪到右上方，对焦取景时还需把脖子作为三角架来不断调整。

个体对隐私和版权的关注，也令谷歌眼镜碰壁。在美国的一次民意调查中，大约 72%的受访者拒绝购买和佩戴谷歌眼镜，其中最主要的原因是担心个人隐私和安全问题。一些影院已经禁止使用谷歌眼镜。由这些引发的惨淡市场表现，最终令谷歌公司在 2015 年 1 月 19 日宣布停止出售谷歌眼镜。

但是，在智能穿戴设备应用市场，生活娱乐功能仅是个人用户的一小部分，而在维修、医疗、执法等细分市场中，新技术有着更为广阔的天地。在这些领域里，曾令谷歌眼镜一筹莫展的隐私安全、知识产权等问题构成的“无形之墙”不复存在。

（2）智能手表

智能手表是将手表内置智能化系统、搭载智能手机系统连接于网络而实现多功能，能同步手机中的电话、短信、邮件、照片、音乐等。

目前，市面上的智能手表可大致分为两种：

- 不带通话功能的：依托连接智能手机而实现多功能，能同步操作手机中的电话、短信、邮件、照片、音乐等；
- 带通话功能的：支持插入 SIM 卡，本质上是手表形态的智能手机。

从产品应用的角度来看，智能腕表多数以支持生活健康类功能为产品特色，具有记录身体各项健康指标（运动、睡眠、心率等）的应用软件。但就产品受众的而言，智能腕表仍以年轻群体为主，极具消费能力的中老年市场仍处于盲区有待开发。

智能手表的主流产品包括：Apple Watch、Gear S、Moto360。目前，市场上的智能手表主要使用 Android（安卓），iOS 和 Windows 操作系统。其中，Android（安卓）处于主导地位。

从市场表现来看，中国智能手表市场仍处于初期发展阶段，市场规模虽然呈上升趋势，但格局并不稳定。因此，未来几年中国智能手表市场将会是全球科技巨头争相角逐的新市场。

（3）智能手环

智能手环是一种穿戴式智能设备。通过这款手环，用户可以记录日常生活中的锻炼、睡眠、部分饮食等实时数据，并将这些数据与手机、平板、iPod touch 同步，起到通过数据指导健康生活的作用。智能手环产品由于价格低廉，技术单一，体验相对较好，成为了市场上最为热门的可穿戴产品。手环的功能大体上以运动健康为主，结合手机端的 App，为用户提供每日运动、休息数据，部分手环还兼顾手表等其他辅助功能，其实功能越多，其续航能力也会相应降低。大多数手环产品可以续航数月至一年的时间，不用频繁的充电是其最大的优点。在未来，手环的功能并不会有本质的变化，运动健康依然是主流，改进的重点将会放在手环的外观设计与做工上，智能手环也将变得更加精美、时尚。

（4）虚拟现实与增强现实

虚拟现实与增强现实是近年来兴起的高新技术。虚拟现实是利用电脑模拟产生一个三维空间的虚拟世界，提供使用者关于视觉、听觉、触觉等感官的模拟，让使用者如同身临其境一般，可以及时、没有限制地观察三度空间内的事物。增强现实是在虚拟现实基础上发展起来的，通过计算机系统提供的信息增加用户对现实世界感知的技术，并将计算机生成的虚拟物体、场景或系统提示信息叠加到真实场景中，从而实现对现实的“增强”。相比于虚拟现实，增强现实产品的技术含量更高。目前，增强现实多数为概念产品，但其实际意义更大，未来应用广泛，发展潜力巨大。

## 4.2　移动终端技术架构

随着移动智能终端概念范畴的不断扩展，高速的无线网络接入能力逐步成为可选项，移动智能终端基础技术架构不断向其他消费电子领域渗透，已逐步演化成为涵盖智能手机、平板电脑、电子阅读器、车载导航仪、智能手表、智能眼镜、智能电视甚至照相机、智能家具等横跨 ICT 泛终端领域的通用基础设施。本书将从软件技术架构、硬件技术架构和软硬件匹配技术架构三个方面对移动智能终端技术架构进行介绍，并将基于此探讨我国在移动智能终端技术产业领域的发展情况。

### 4.2.1 软件技术架构

如图 4-1 所示，移动智能终端软件技术架构由内核、中间件（系统库、基础功能库）、应用平台（运行平台、应用框架及应用引擎及接口）、应用软件四大部分组成。

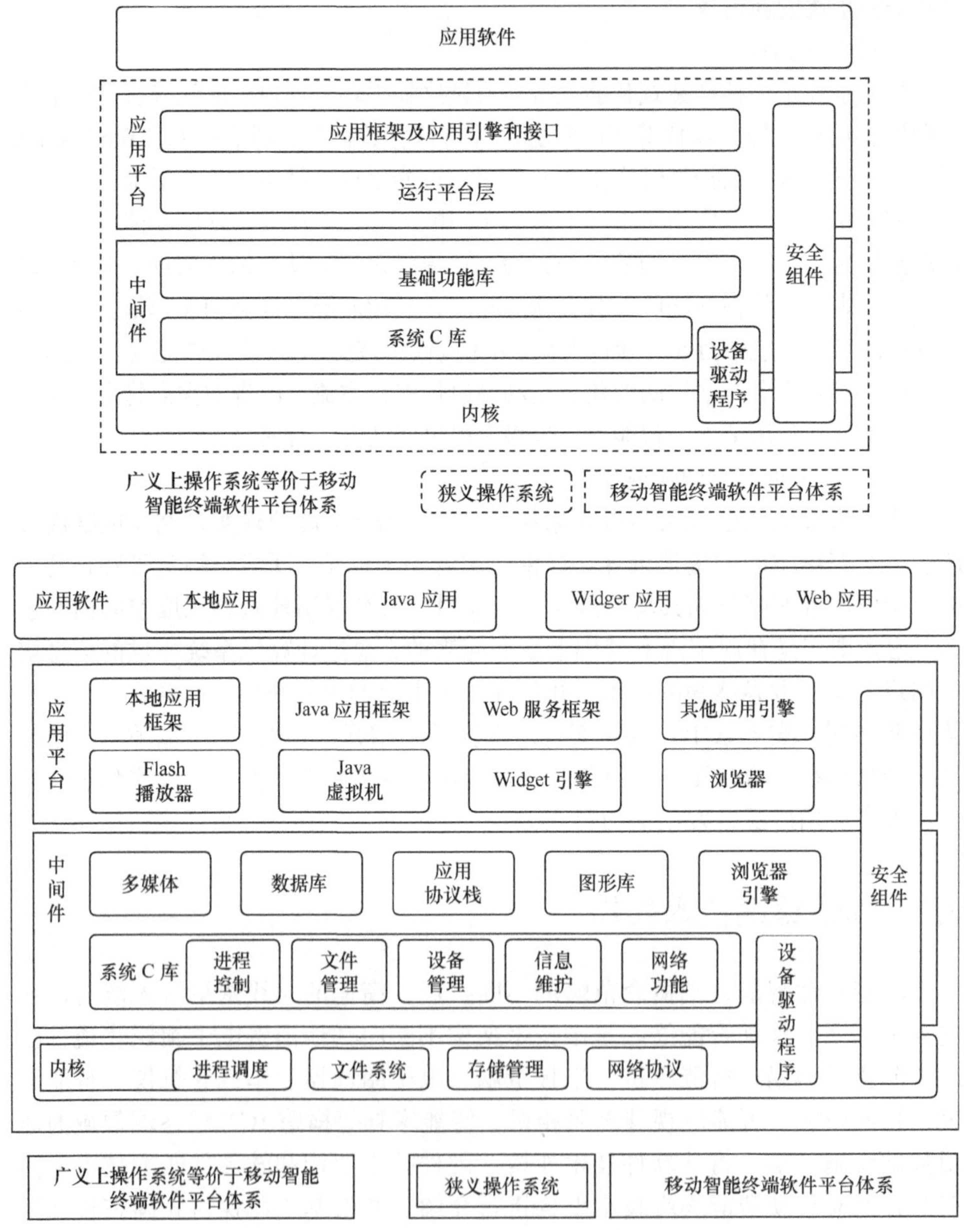


图 4-1 移动智能终端软件技术架构模型

### 1．内核

传统狭义的移动智能终端操作系统主要指内核层。这种操作系统只具有最初级的服务能力，面向上层应用软件提供最简单的支撑服务，大量重要的基础功能须由应用开发者自行完成，开发难度高工作量巨大。随着 Unix 操作系统（特别是基于其衍生的开源 Linux 操作系统）技术的快速发展，狭义操作系统（内核）技术基本成熟，主要实现进程调度、内存管理、文件系统、网络接口、硬件驱动五大功能，除 Symbian、WP7、黑莓外的移动智能终端操作系统内核大多系出同源，技术方案均为在 Unix/Linux 基础上进行二次开发，如 Android、Meego、Bada 等都是基于 Linux 内核的不同版本进行研发。Android 基于 Linux 2.6.32，中国联通的 WoPhone 基于 Linux 2.6.34，Meego1.1 基于 Linux 2.6.35，苹果 iOS 则发端于类 Unix 的 Darwin。

由于狭义操作系统无法适应互联网时代灵活、快速、自由、创新的需求，移动智能终端操作系统自身的概念范畴开始演变、技术外延开始拓展，操作系统从最初聚焦于对硬件资源的管理调度扩展到面向应用服务的延伸与整合，架构在内核系统上的中间件、应用平台等也成为操作系统的有机组成部分，从而形成并等价于面向应用的操作系统平台体系。在此背景下，操作系统与应用服务之间的关系越发紧密，地图/导航、邮件、搜索、应用商店、即时消息、浏览、甚至支付等重要应用被作为操作系统提供的必备功能而广泛内置，移动智能终端操作系统的概念边界正在被进一步扩展。

### 2．中间件

中间件可划分为系统 C 库及基础功能库两层。系统 C 库对内核能力进行一定封装，并向上提供系统调用内核能力的入口，供基础功能库及其它上层功能组件使用，系统 C 库已基本标准化。基础功能库包括多媒体、数据库、应用协议栈、图形库和浏览器引擎等组件，向应用平台及应用软件提供支撑。目前，在基础功能库领域，业界已存在大量能力强大足可匹敌专用系统的开源、免费软件，其应用也正逐步趋同。

### 3．应用平台

应用平台包括运行平台层、应用框架及应用引擎及接口层两部分，其面向开发者与用户，定义了操作系统的“个性”，决定了操作系统的应用生态。各操作系统应用平台层实现差异巨大。

运行平台层目前主流包括三大类。

- Java 平台：JAVA 开发效率高，但运行效率低，鉴于当前主流智能机主频已超过 1 GHz，谷歌 Android 自行研发的 Dalvik 平台已成为市场主流，而传统的 J2ME 已基本死亡。

- Flash 平台：在移动领域 Flash 性能问题成为致命缺陷，同时其在线应用的模式对苹果应用商店形成一定冲击，在苹果 iOS 形成的市场压力面前已被 Adobe 放弃。
- Web（Widget）平台：Web 当前性能较差，但由于具有技术开放、标准统一、应用开发门槛低等优点，被看作未来应用平台发展趋势。2014 年后随着云计算、多核高频技术、HTML5 和 LTE 的发展，Web 应用的主要短板被弥补，除特别强调客户端执行效率、离线使用场景外 Web 应用具备规模性替代原生应用的能力。

应用框架及应用引擎及接口层主要由各大厂商结合各自平台定位与技术特性自行研发，如 Symbian、WP7、Android、iPhone iOS 等智能手机操作系统都内置有本地应用框架以支持本地应用的运行。

**4．应用软件**

图 4-2 描绘了现阶段主流应用开发在功能、性能、易开发和可移植性方面的表现。随着 HTML5 技术的发展，HTML5 协议簇将极大地提升 Web 在 UI、硬件调用、性能、富媒体、互动等方面的性能与能力，同时 Web 开发门槛更低，随着网络、硬件的进一步提升，Web 应用成为当前重要发展方向。然而，尽管目前 Web 应用与原生应用相比虽具有较低的开发、升级、维护成本，但其本身能力不占优势，较适用于“瘦客户端”型应用，且对网络依赖度高，要求使用环境具备良好的网络条件，所以，结合 Web 应用与原生应用优势构建混合应用成为当前条件下业界的一种有益探索。

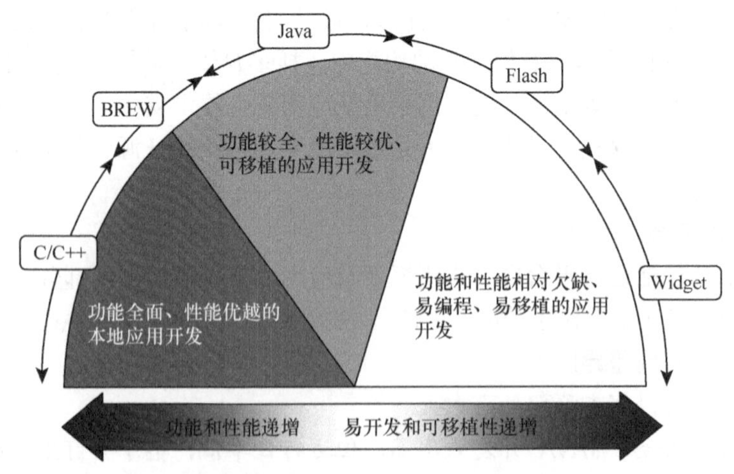


图 4-2　各应用开发在功能、性能等方面的表现

## 4.2.2　硬件技术架构

图 4-3 描述了移动智能终端硬件技术架构模型，其中芯片、屏幕和内存是移动智能终端硬件平台的三大关键组件，它们构成终端硬件 50%以上的成本。

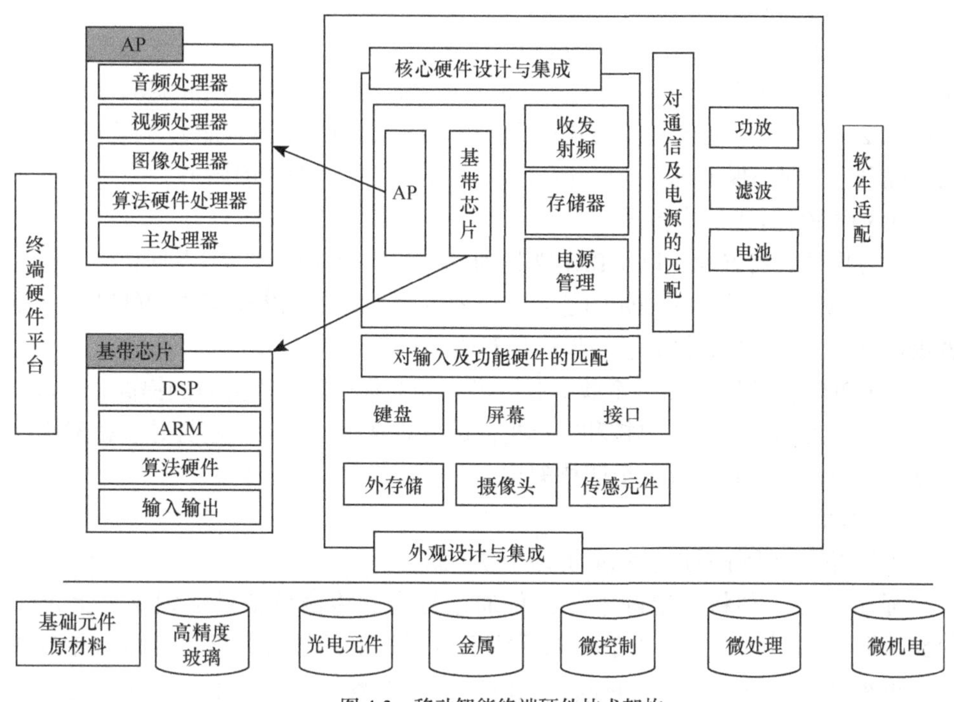


图 4-3　移动智能终端硬件技术架构

### 1. 芯片

移动智能终端内含包括基带、射频、应用处理器、GPS、蓝牙、音视频处理、传感器等在内多种芯片。其中，基带芯片是通信的中枢，控制射频芯片共同实现通信功能，技术核心在于对通信协议算法及信号的处理；应用处理芯片类似于 CPU，主要处理计算功能，承载操作系统、处理人机交互和丰富的移动互联应用，二者共同保证了移动智能终端核心功能的实现，成为移动芯片发展创新的关键。

随着智能手机的快速发展，芯片行业频繁整合，如 Intel 收购英飞凌、Nvidia 收购 Icera 等。由此给芯片技术的发展带来了很大的契机。芯片主要表现在集成化、高工艺、更高的处理速度、更快的传输速率等几个方面。

（1）集成度越来越高

在芯片架构方面，近 10 年经历了单芯片组、双芯片组到目前的多芯片组的架构；但未来终端芯片的总体发展趋势还是将高性能的通信处理器、应用处理器、图形处理器及多媒体处理器整合在一颗芯片里面。从目前趋势来看．甚至 Wi-Fi、蓝牙等无线连接技术整合到单颗芯片里面也已经成为可能。集成更多的设备在一块芯片上会导致功耗、散热和尺寸的增加，芯片制程和工艺水平的提升是解决这一矛盾的钥匙。

（2）工艺越来越高

在芯片工艺方面，经历了 90nm 以上、90nm、65nm、45nm 等工艺阶段。目前主流芯片技术还多采用 65nm 以及 45nm 工艺。在 2012 年初，领先的芯片供应商率先引入 28nm 工艺。这给移动芯片在通信处理能力和 CPU 运算能力方面带来了极大的提升，同时还保证芯片的尺寸和成本控制在一个合理的范围内。

（3）CPU 处理能力更强

在应用处理器方面，以 ARM 架构为基础的应用处理器仍然占据智能手机的绝对市场地位。当前市场领先的芯片供应商都直接提供 ARM 架构的处理器。或者提供基于 ARM 指令集的进一步优化架构。

从 CPU 的发展来看，一个趋势是以高主频为标志的运算能力的提高，比如市面上已经出现的 1.4GHz 单核和继续提高的处理速度；另一个趋势是多核架构的出现，由单核发展到双核甚至四核架构。

**2．屏幕**

手机屏幕分为显示屏和触摸屏两个单元。

显示屏是一种将一定的电子文件通过特定的传输设备显示到屏幕上再反射到人眼的显示工具。材质是影响手机显示屏性能的核心要素，可影响屏幕亮度、可视度、还原度、响应时间、耗电等关键参数，当前全球在该领域展开激烈竞争。其中 OLED 材质更薄、更清晰、更坚固、更省钱，是当前显示屏发展的最主要趋势。从近年来的发展情况看，韩国在屏幕方面的优势仍然领先，并且短期内难以撼动，OLED 显屏供货由韩国厂商把控，三星公司将延续其 LCD 时代的领导地位。

移动智能终端显示屏持续升级，由 2D 显示效果向 3D 显示效果发展，裸眼 3D 初步商用，并向大尺寸、高清化、低功耗、更多的显示技术和更优越的材质方向发展。

（1）大尺寸

随着智能手机的出现，手机屏幕的尺寸越来越大，从 2 英寸到 3.5 英寸，甚至最新出现的 4.3 英寸。由于手机本身的特点和耗电量的限制，手机屏幕的尺寸不会无限制地增加。未来手机屏幕的尺寸还取决于用户的认可和新技术的出现。

（2）高清化

随着手机功能的日益增多：手机摄影、手机 MP4（视频显示）、手机网游、手机电视、手机浏览器，这些都将对手机屏幕提出越来越高的要求。传统的 QVGA 甚至 HVGA 已经逐渐被淘汰。未来将是 WVGA、QHD 甚至更高分辨率的天下。

（3）低功耗

随着手机屏幕的尺寸、颜色、功能的丰富和增强，手机屏幕的耗电量已经开始制约手机的使用时间。未来手机屏幕将采用更多先进的技术降低其功耗。

（4）更多的显示技术

越来越多的终端厂商在手机屏幕硬件上开发更多的显示技术，以增强手机屏幕的性能。有些技术是为了增强屏幕的显示效果，比如苹果公司的 Retina。就是为了增强屏幕的像素从而获得更高的清晰度：有些技术是为了增加屏幕的功能，比如日韩公司主推的裸 IE3D 显示技术。

（5）更优越的材质

手机屏幕材质经历了 STN 至 ITFT、LCD 和 LED 的演进过程。未来还将出现更多的新兴材料，如使用了 E—INK 技术的可折叠 PaperPhone、Plastic LCD 等。

触摸屏是一种可接收触头等输入信号的感应式液晶显示装置。目前触摸屏技术主要分为 4 大类：

- 矢量压力传感技术触摸屏：目前已被淘汰；
- 电阻技术触摸屏：需要使用触摸笔；
- 电容技术触摸屏：可以使用手指触摸，带来更好的用户体验，它已取代电阻屏成为发展主流；
- 红外线触摸屏和表面声波触摸屏：当前还存在较大缺陷，未来可能崛起成为新的主导。

关于触摸屏的发展，材质方面，传统的电阻屏逐渐淘汰。电容屏已成为触摸屏的主流。3G 终端、4G 终端以及未来的 5G 终端将是具有丰富移动互联网应用的智能终端，电容屏以其感应灵敏、支持多点触控、良好的可视效果等特性，更加适合终端上的娱乐、游戏等应用，更符合未来移动互联网终端的需求。

在触控技术方面，由单点触控向多点触控、多点全屏触控发展。多点触控可以同时接受来自屏幕上多个点的输入信息，也就是说能同时在同一显示界面上完成多点或多用户的交互操作，更加符合游戏等娱乐用户的需求。

**3．存储器**

在存储器方面，移动互联网的发展促使内存容量迅速扩大，而不同类型的数据采用不同的存储空间提高存储及运行效率。

在服务于数据处理的 DRAM 方面，三星优势明显，而中国的 DRAM 产业在各环节上均有涉及，但没有形成完整的产业链。

在用于存储数据的闪存方面，2014 年全球 NAND Flash 芯片产值超过 DRAM，成为最大宗的存储器产业，全球格局也亦为韩国独大，而我国在 Nor Flash 领域已取得实质性突破。

**4．其他硬件设备**

（1）键盘

随着智能手机、触摸屏的出现，一方面键盘将逐渐从标准键盘向全键盘化、从硬件键盘向虚拟键盘转变；另一方面，更多的新型键盘在不断地改变用户的输入方式，如概念投影键盘等。

（2）感应器

终端感应器的种类将越来越多，应用将越来越广泛，更加丰富用户的体验。重力感应可以自动横竖屏，光线感应可以自动调节屏幕亮度，加速度感应实现了页面的自动缩放和翻页。未来，陀螺仪、化学感应、距离感应等新型感应也将被普遍应用。

（3）电池

目前的终端产品将主要以锂电子电池为主。另外，聚台物锂离子电池应用比例逐渐上升，优势在于能量更大、容量更大、污染更小。而空气动力电池未来也可能取代锂电池，使电子设备续航时间大大增加。

（4）摄像头

未来终端摄像头将呈现更高像素、支持可变光圈、支持红外摄像等特性，并且会额外附加一些图像处理软件，使照片的显示效果更加美化。

### 4.2.3 软硬件匹配技术体系

移动智能终端软硬件匹配所囊括的核心技术范围如图 4-4 所示，主要是操作系统内核与核心芯片及部件之间的匹配。相对于 PC 而言，移动智能终端软硬件匹配问题更为凸显。软硬件匹配涉及两个方面：一是保证 CPU、GPU、硬盘、屏幕等在内的各类核心硬件及摄像头、传感器等外设模块在功能上可用；二是软件能够更好地配合硬件的差异化能力，最终反映在应用服务上，为用户提供最优的使用体验。存在匹配问题的根本原因在于移动智能终端硬件平台封闭发展，并且彼此之间存在本质区别。从宏观上来说，移动智能终端市场 ARM 一统天下，它垄断了 95%的智能手机和 80%的平板电脑。但从微观上来讲，同样基于 ARM 架构，移动智能终端芯片仍然形成了封闭的发展态势，ARM 所采取的 IP 授权模式使得芯片设计厂商可以自主灵活的进行芯片的涉及，导致基于同款 ARM 内核的移动智能终端的芯片架构也存在加大的差异。

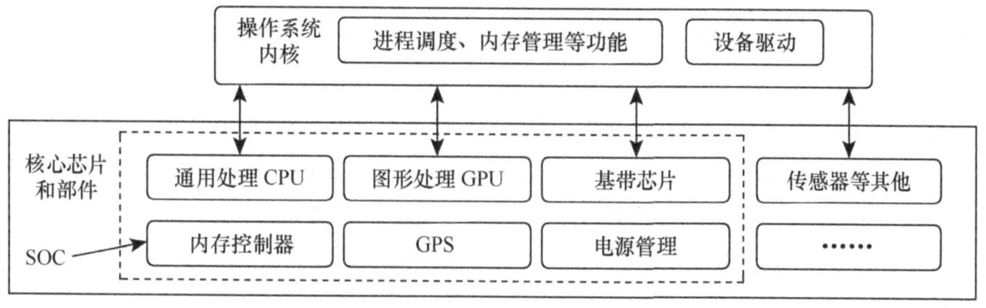


图 4-4　移动智能终端软硬件匹配所囊括的核心技术范围

软硬件匹配的问题目前主要通过两种方式解决。

- 移动操作系统针对多种不同的硬件平台进行专门适配，终端 OS 的有效匹配能够保证硬件发挥其性能最佳优势。如 Win8 系统，针对应用层，根据是否在该层内置 IE、MSN、MP 等，分为 E、N、KN 等多个版本；针对存在于操作系统的不同核心平台，可能有不同的 Windows 版本适配，一个版本可能针对特定 ARM 核心，另一个版本可能针对 ARM 授权公司推出的 SoC 核心应用。
- Android 扩展内核引入硬件抽象层。硬件抽象层的实现对于软硬件适配具有重大意义。一是实现了对所有硬件平台的统一调度，Android 在软硬件适配方面掌握了主动权；二是能够保护厂商的知识产权，进而展现最优的硬件效能。若某一硬件针对 Android 实现了相应的硬件适配层，那么 Android 系统将会调用优化的硬件适配层来为系统加速。三是 Android 的上层能够实现 kernel independent 的理念，保证 Android framework 的开发能在不考量驱动程序实现的前提下进行发展。

针对软硬件匹配问题，当前产业界趋向软硬件一体化实现最佳性能。在软硬件一体化的方案中，软件充分展现硬件特色，综合提高整体的性能和表现能力，而硬件为软件（应用需求）所定制，针对不同的应用请求提出最佳的响应方式。如苹果 iPad 凭借其软硬制造一体化以最小的存储、最薄的电源，实现了远超同类产品的指标表现。全球主要移动智能终端企业也积极布局，通过一定程度上的整合匹配打造最佳的用户体验。

## 4.3　操作系统

由于移动互联网的发展及操作系统的引入，移动终端的功能日益强大，并使得日趋丰富的应用软件有了表演舞台。随着智能手机、个人数字助理等移动终端市场的升温，移动终端操作系统之间的竞争也日趋白热化。目前，市场上的移动终端操作系统主要有 iOS、Android、Windows Mobile，Symbian OS、Bada、Black Berry OS、Firefox OS 和 Ubuntu Touch 等。

IDC（Internet Data Center）的统计数据显示，2014 年 Android 系统设备的总出货量为 11 亿，比 2013 年的 8.022 亿增长了 32%，也说明谷歌在全球移动操作系统的市场份额比例攀升到了 81.5%，高于去年的 78.7%。苹果的 iOS 系统智能手机在 2014 年出货量为 1.927 亿部，比 2013 年的 1.534 亿部增长了 25.6%。而 iOS 系统的市场份额为 14.8%，略低于 2013 年的 15.1%。

另外，根据 IDC 在 2012 年的统计数据，当年全球智能手机的出货量为 7.224 亿台，其中 Android 和 iOS 两大系统的智能手机市场占有率则达到了 87.6%。Android 智能手机的出货量位居第一，达到了 4.971 亿台，市场占有率为 68.8%；苹果 iPhone 出货量居于第二，为 1.359 亿台，市场占有率则为 18.8%；BlackBerry 黑莓智能手机的出货量为 3250 万台，位居第三；诺基亚塞班智能手机的出货量为 2390 万台，市场占有率仅为 3.3%，居于第四。如表 4-1 所示。

以上数据的比较可以看出，智能手机市场并非我们想象的那样竞争激烈，只是 Android 和 iOS 的较量。事实上，这两大平台各有优势且不分上下。安卓拥有更多的市场份额，而 iOS 却拥有更高的利润率，这也是谷歌与苹果各自不同的战略目标的体现。

**表 4-1　智能手机操作系统市场占有率**

| 操作系统 | 2012 出货量 | 2012 市场占有率 | 2011 出货量 | 2011 市场占有率 | 去年同期变化 |
|---|---|---|---|---|---|
| Android | 497.1 | 68.8% | 243.5 | 49.2% | 104.1% |
| iOS | 135.9 | 18.8% | 93.1 | 18.8% | 46.0% |
| BlackBerry | 32.5 | 4.5% | 51.1 | 10.3% | −36.4% |
| Symbian | 23.9 | 3.3% | 81.5 | 16.5% | −70.7% |
| Windows Phone/ Windows Mobile | 17.9 | 2.5% | 9.0 | 1.8% | 98.9% |
| Others | 15.1 | 2.1% | 16.3 | 3.3% | −7.4% |
| Total | 722.4 | 100.0% | 494.5 | 100.0% | 46.1% |

### 4.3.1　iOS

iOS 操作系统是由美国苹果公司开发的手持设备操作系统，原名叫 iPhone OS。苹果公司于 2007 年 1 月 9 日的 Macworld 大会上公布该操作系统，直到 2010 年 6 月 7 日 WWWDC（Worldwide Developers Conference 苹果电脑全球研发者大会）大会上改名为 iOS。该操作系统设计精美、操作简单，帮助苹果公司设计的 iPhone 手机迅速的占领市场。随后苹果公司的其他产品，诸如：Ipod Touch、iPad 以及 Apple TV 等产品都采用该操作系统。iOS 操作系统以 Darwin 为基础，这与苹果台式机的 Mac OSX 操作系统一样，因此也属于类 Unix 的商业操作系统。

1．技术架构

iOS 架构和 Mac OS 的基础架构相似。站在高级层次来看，iOS 扮演底层硬件和应用程序（显示在屏幕上的应用程序）的中介，如图 4-5 所示。您创建的应用程序不能直接访问硬件，而需要和系统接口进行交互。系统接口转而又去和适当的驱动打交道。这样的抽象可以防止您的应用程序改变底层硬件。

iOS 的系统架构分为 4 个层次：核心操作系统层（the Core OS layer），核心服务层（the Core Services layer），媒体层（the Media layer），可轻触层（the Cocoa Touch layer），如图 4-6 所示。最新版的 iOS 系统（iOS8.1.3）中，从 iPhone4S 到 iPhone6 Plus 的系统固件大小从 1.45GB 至 2.05GB 不等，16GB 内存的手机实际可用容量只有 12.2GB 至 12.7GB 左右。

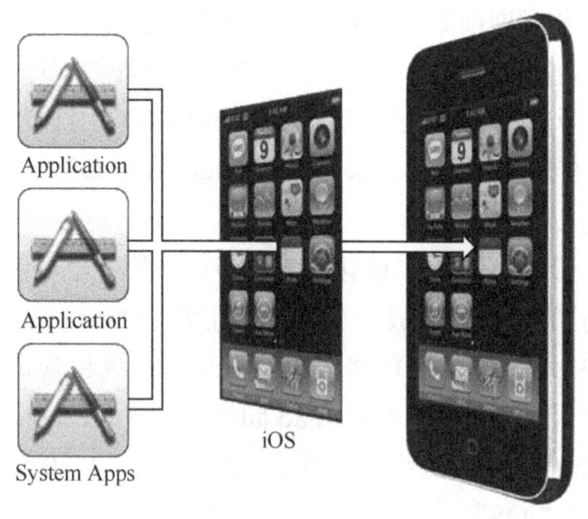


图 4-5　iOS 架构

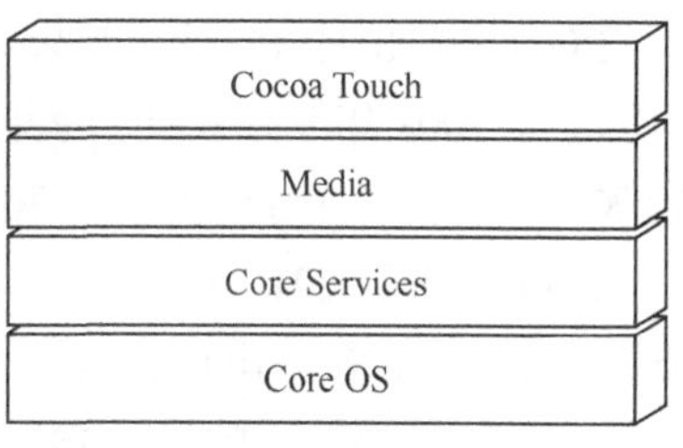


图 4-6　iOS 的层

- Core OS 是位于 iOS 系统架构最下面的一层是核心操作系统层。它包括内存管理、文件系统、电源管理以及一些其他的操作系统任务，可以直接和硬件设备进行交互。作为 App 开发者不需要与这一层打交道。
- Core Services 是核心服务层，可以通过它来访问 iOS 的一些服务。
- Media 是媒体层，通过它我们可以在应用程序中使用各种媒体文件，进行音频与视频的录制，图形的绘制，以及制作基础的动画效果。
- Cocoa Touch 是可触摸层，这一层为我们的应用程序开发提供了各种有用的框架，并且大部分与用户界面有关，本质上来说它负责用户在 iOS 设备上的触摸交互操作。

2．特征

iOS 是由苹果公司为 iPhone 开发的操作系统，就像其基于的 Mac OS X 操作系统一样，它也是以 Darwin 为基础的。目前主要适用于 iPod Touch、iPhone 以及 iPad 这 3 种主要的机型。iOS 无疑是当前最成功的便携智能设备操作平台，其成功的应用程序都拥有以下特性，并融合很好的人机交互体验。

（1）屏幕显示关乎一切；

（2）不用学习的基本操作手势；

（3）应用程序多任务执行；

（4）极少化屏幕上的帮助功能；

（5）强大的应用商店 iTunes 支持以及 Web 应用程序的支持。

**3. 市场发展状况及未来发展趋势**

iOS 最早于 2007 年 1 月 9 日的苹果 Macworld 展览会上公布，随后于同年的 6 月发布的第一版 iOS 操作系统，当初的名称为“iPhone runs OS X”。最初，由于没有人了解“iPhone runs OS X”的潜在价值和发展前景，导致没有一家软件公司和开发者给“iPhone runs OS X”开发软件或者提供软件支持。于是，苹果公司时任 CEO 斯蒂夫·乔布斯说服各大软件公司以及开发者可以先搭建低成本的网络应用程序（Web App）来使得它们能像 iPhone 的本地化程序一样来测试“iPhone runs OS X”平台。

2007 年 10 月 17 日，苹果公司发布了第一个本地化 iPhone 应用程序开发包（SDK）。2008 年 3 月 6 日，苹果发布了第一个测试版开发包，并且将“iPhone runs OS X”改名为“iPhone OS”。2008 年 9 月，苹果公司将 iPod touch 的系统也换成了“iPhone OS”。2010 年 2 月 27 日，苹果公司发布 iPad，iPad 同样搭载了“iPhone OS”。随后，苹果公司重新设计了“iPhone OS”的系统结构和自带程序。2010 年 6 月，苹果公司将“iPhone OS”改名为“iOS”。

2011 年 6 月 7 日，苹果公司在 2011 年度的 WWDC 大会上宣布 iOS 设备至今已经销售了 2 亿台，占全球移动操作系统 44%份额。此外，苹果正式宣布 iOS5 系统的发布。iOS5 最重要的一点更加专注于云计算服务（即苹果所说的 iCloud），包括像音乐储存和寻找家人和朋友的位置服务等。除此之外，苹果还可能会在 iOS5 系统中引入采取类似 Android 系统的 9 点自定义触控解锁方式，这种自定义的滑动解锁对触屏设备来说是一种较为理想的加密方式。在本次升级的 iOS5 系统中，有 12 项重点升级，并且提供了 200 多项提升。

目前 iOS 系统成功应用在 iPhone、iPod Touch、iPad 和 AppleTV 等系列产品上。

**4. 版本升级**

（1）iPhone OS

在 2008 年 3 月 6 日，iPhone OS 在苹果大会堂会议正式发布。第一个 Beta 版本是 iPhone OS 1.2，在发布后立即能够使用。

（2）iOS 4

苹果乔布斯在美国当地时间 2010 年 6 月 7 日召开的 WWDC2010 上宣布，将原来 iPhone OS 系统重新定名为“iOS”，并发布新一代操作系统“iOS 4”，即将发布的 iOS 4 操作系统将为 6 月发布的 iPhone 3GS 手机提供包括多任务在内的 100 项最新功能，除了可以一次性运行多款应用外，该系统还允许用户通过文件夹来整理日益增多的应用。

（3）iOS 5

2011 年 6 月 7 日凌晨，苹果 2011 年度的 WWDC 大会就在旧金山的 Moscone West 会议中心举行。本次发布会上，Scott Forstall 正式公布了 iOS 设备至今已经销售了 2 亿台，占全球移动操作系统 44%份额。iPad 自发布以来，14 个月间售出 2500 万台。更重要的是，iOS 5 移动操作系统来了，全新的 iOS5 系统拥有 200 个新功能特性。北京时间 2011 年 10 月 13 日凌晨，苹果移动操作系统 iOS 5 正式在全球范围内推出。iOS 5 中还推出了重要的 OTA 系统更新方式。

（4）iOS 6

北京时间 2012 年 6 月 12 日，苹果在 WWDC 大会上公布了全新的 iOS6 操作系统。iOS6 拥有 200 多项新功能，全新地图应用是其中较为引人注目的内容之一。它采用苹果自己设计的制图法，首次为用户免费提供在车辆需要拐弯时进行语音提醒的导航服务。iOS6 新功能 Siri 新增 15 个国家和地区的语言，亚洲地区包括韩语、中文（包含粤语）。2012 年 9 月 19 日，苹果 iOS 开放下载，中国大陆用户 20 日凌晨 1 点钟即可更新。

（5）iOS 7

iOS 7 是由美国苹果公司开发的手机和平板电脑操作系统。作为 iOS 6 的继任者，该系统于 2013 年 6 月 10 日在苹果公司 2013 年 WWDC 上发布。

iOS 7 在上一代 iOS 操作系统的基础上有了很大的改进。它不仅采用了全新的应用图标，还重新设计了内置应用、锁屏界面以及通知中心等。iOS 7 还采用了 AirDrop 作为分享的方式之一并改进了多任务能力。iOS 7 将支持 iPhone 4 以上设备，iPad 2 以上设备，iPad mini 以及 iPod Touch 5 以上的设备。

苹果在 2013 年 11 月 15 日向 iPhone、iPad 和 iPod touch 推送了最新的 iOS 7.0.4 系统。苹果在更新日志中说，这次更新主要用于修复部分用户出现的 FaceTime 通话无效的 Bug，同时还包含一些其它 Bug 的修复和细节提升。iCloud 钥匙链的功能改善就是其中之一。另一项被改进的功能是 Spotlight 搜索，苹果加入了对 Google 和维基百科的支持。苹果还同时更新了老版 iOS 6 系统，这项更新主要面向第四代 iPod touch 用户。和 iOS 7.0.4 一样，版本号为 iOS 6.1.5 的系统更新同样用于修复 FaceTime 通话 Bug。

（6）iOS 8

北京时间 2014 年 6 月 3 日凌晨，苹果年度全球开发者大会 WWDC2014 在美国加利福尼亚州旧金山莫斯考尼西中心（MosconeCenter）拉开帷幕，本次大会上苹果正式公布了最新版 iOS 系统版本 iOS8。iOS8 延续了 iOS7 的风格，只是在原有风格的基础上做了一些局部和细节上的优化、改进和完善，更加令人愉悦。首先 iOS8 通知中心进过了全新设计，取消了"未读通知"视图，接入更多更丰富的数据来源，并可在通知中心可以直接回复短信息，在锁屏界面也可以直接回复或删除信息和 iMessage 音频内容。双击 Home 的多任务列表现在可以看到最近的联系人，在卡片的上方，点击直接可以回短信和打电话。

Safari 和 Spotlight 的更新都与 Mac 的 Yosemite 系统基本保持一致，其中 Spotlight 支持搜索一切信息，包括应用、音乐、邮件、新闻、饭馆、影片等。Mail 邮件的删除方式改变，左滑动就可以删除，而右滑是加标签，并可以加入日程。iOS8 也和 Mac 一样提供了 iCloud Drive 网盘，并且 iCloud Drive 支持在任何应用程序中直接使用，基本上都提供了相关的功能按钮和选项。

iOS 的键盘进行了改进，加入了称为 Quicktype 预测提示功能，这是传统的键盘变成触摸键盘后的最好改进，可以提前提示你将要输入的内容，比如当短信息发来询问用户选择去吃饭还是看电影时，信息会自动出现吃饭和电影两个选项自己选择。当然，自动联想输入和自我学习也更成熟了。

iMessage 新的更新加入了 TaptoTalk 语音短信功能，类似于微信，可以通过 iMessage 直接发送语音消息或者录音，也可以发送短视频信息。全新的 iMessage 支持群组功能，支持设置群组免打扰。另外，在 iMessage 群组里还提供相册分享和地理位置功能。

iOS8 新增了 FamilySharing 家庭分享功能，通过该功能用户可以和家人分享位置、照片、日历、应用程序、音乐和视频等。家长可以通过 FamilySharing 寻找孩子的位置，主账户的信用卡也可以选择是否授权给其他家庭成员。FamilySharing 功能限制一个 AppleID 最多支持 6 人，应用无需再次购买。

Healkit 是 iOS8 全新的主打功能之一，正如传闻 Healkit 相当于一个一种可以收集用户健康数据的系统。在 Healkit 里用户可以随时查看各种健康和健身相关的信息，比如血液、心率、血压、营养、血糖、睡眠、呼吸频率、血氧饱和度和体重等。这些信息来自 iOS 设备内置的传感器以及第三方健康外设。Healkit 可作为每位用户健康数据的储存中心，苹果为 HealthKit 提供第三方应用接入，用户需要时可以提供给医疗机构。

iOS8 的照片应用进行了很大的改进，尤其是照片管理和全新的 SmartEditing 编辑功能，用户在相册里可以直接对照片进行更多的编辑美化选项，比如修改颜色、亮度、曝光、对比度、色温和等，得益于 iCloud 同步，多款 iOS 设备都可以直接显示同一账户的照片，并且获得最新编辑后的效果。至于 iCloud 同步空间苹果表示 5G 原生免费，增加到 20G 只要 1 美元每月，200G 则需要 4 美元每月。

全新 iOS8 中的 Siri 提供了更智能化和人性化的服务，而不只是停留在最基础的功能点上。用户可以直接说 Hey，Siri！而不用按任何的按键就可以呼出 Siri，集成更多第三方提供的服务，比如 Shazam 的音乐识别，支持点对点的导航，全新的天气信息与假日信息等。

此外，iOS8 开放了多达 4000 个 API 接口，Touch ID 和相机的 API 正式向开发者开放，一直不开放的键盘输入法这一次也终于开放了，开发者完全可以为 iOS8 直接开发第三方输入法。

（7）iOS 9

北京时间 2015 年 6 月 9 日凌晨，苹果如期在美国旧金山召开 WWDC2015 开发者大会，并发布了 iOS9 系统。与以往的版本相比，新的 iOS9 系统主要有如下亮点。

① Siri 语音助手智能化

Siri 语音助手的智能性能主要表现在强大的内容检索和管理方面，支持快速自动整理历史文档、根据使用场景的不同为用户提供内容和服务、来电联系人匹配、相关内容推荐甚至是第三方应用的内容检索。在使用场景方面，Siri 可以自动整理历史照片、联系人历史邮件往来、健身应用下接入电源开启 iTunes 音乐应用以及深度检索第三方应用中的内容，如查找菜谱。根据苹果公布的最新数据，Siri 语音助手每周的请求次数高达 10 亿，因而在给用户提供强大的 Siri 请求支持服务的同时，新版 iOS9 内置的 Siri 提升速度也在现有的基础上提升了 40%。

② ApplePay 支持购物 Wallet 取代 Passbook

除了 Siri 语音助手智能化提升外，ApplePay 也得到了大量第三方应用和商户甚至是公交系统的支持，并且支持在线消费和购物。最新数据显示，苹果已经就 ApplePay 与全球 2500 家银行达成合作。在系统功能方面，2012 年开发者大会上提出的 Passbook 将退出 iOS 舞台，取而代之的则是全新的“Wallet”钱包应用。另外，新版 Notes 便签应用开始支持图片和涂鸦。

③ 新增 News 新闻聚合应用

iOS9 系统中推出了全新的系统级新闻聚合应用——News，融合全球很多主流的媒体和资讯，用户可以根据自己的需求定制资讯内容。和一些类似的应用不同的是，News 支持主动学习功能，用户通过内容的搜索，News 会记录相应的选项，之后会为用户主动推荐相同主题的内容。

④ 低功耗模式亮相

WWDC15 开场苹果就强调 iOS9 续航的优化，应用层面的体现则是引入“低功耗模式”。在低功耗模式下，iOS9 的续航能力在 iOS8 的基础上得到了大幅度提升，平均续航时间可延长 3 小时。另外，iOS9 是否支持快速充电并未提及。

除了上述 iOS9 主要细节的改动、优化和提升以及 Transit 和 News 等部分系统级应用的引入之外，Homekit 智能家居和 CarPlay 应用也得到优化。新系统中还引入 Transit 通勤路线功能、引入双屏模式并支持 QuickType 键盘。同样，作为苹果智能家居的核心环节，iOS9 中 Homekit 首次引入 iCloud 连接功能，未来将允许用户通过 iCloud 实现对 Homekit 相关智能家居设备进行远程控制。而在 CarPlay 方面，iOS9 此次最突出的进步则是将现有的有线连接更换为无线连接，至于支持车型和时间表暂不明确。

**5．典型产品和应用**

2007 年 1 月，第一代 iPhone 推出：电话、音乐播放器、互联网接入。虚拟键盘，屏幕旋转，多点触控，双指缩放，当时很不错的摄像头；

2008 年 iPhone 3G 支持 3G 网络，后壳变塑料，推出 App Store；

2009 年 iPhone 3GS 速度提高，摄像头、电子罗盘、复制粘贴等功能；

2010 年 iPhone 4，Retina 视网膜惊艳作品，Facetime、前后摄像头；

2011 年 iPhone 4S，更好的摄像头，Siri 语音助理，iOS 5 与 iCloud；

2012 年 iPhone 5，加长了屏幕变大，更薄更轻更结实，Lightning 接口，新地图等；2013 年 9 月 20 日，苹果公司正式推出两款新 iPhone 型号：iPhone5C 及 iPhone5S；2014 年 9 月 10 日，苹果宣布发布其新一代产品 iPhone6。2014 年 9 月 12 日开启预定，2014 年 9 月 19 日上市。

### 4.3.2 Android

Android 是基于 Linux 内核的软件平台和操作系统，早期由 Google、后由开放手机联盟开发，由 Google 在 2007 年 11 月 5 日公布的手机系统平台。它采用了软件堆层（Software Stack，又名软件叠层）的架构，主要分为三部分，底层以 Linux 内核工作为基础，只提供基本功能，其他的应用软件则由各公司自行开发，以 Java 作为编写程序的一部分。另外，为了推广此技术，Google 和其他几十个手机公司建立了开放手机联盟（Open Handset Alliance）。2008 年 10 月第一部 Android 手机问世，随后迅速的扩展到平板电脑、电视及数码相机等领域。

**1．技术架构**

应用程序：以 Java 为编程语言，使 Android 从界面到功能，都有层出不同的变化。

中间件：操作系统与应用程序的沟通桥梁。并分为两层：函数层（Library）和虚拟机（Virtual Machine）。

操作系统：控制包括安全（Security）、内存管理（Memory Managemeat）、进

程管理（Process Management）、网络堆栈（Network Stack）和驱动程序模型（Driver Model）等，如图 4-7 所示。

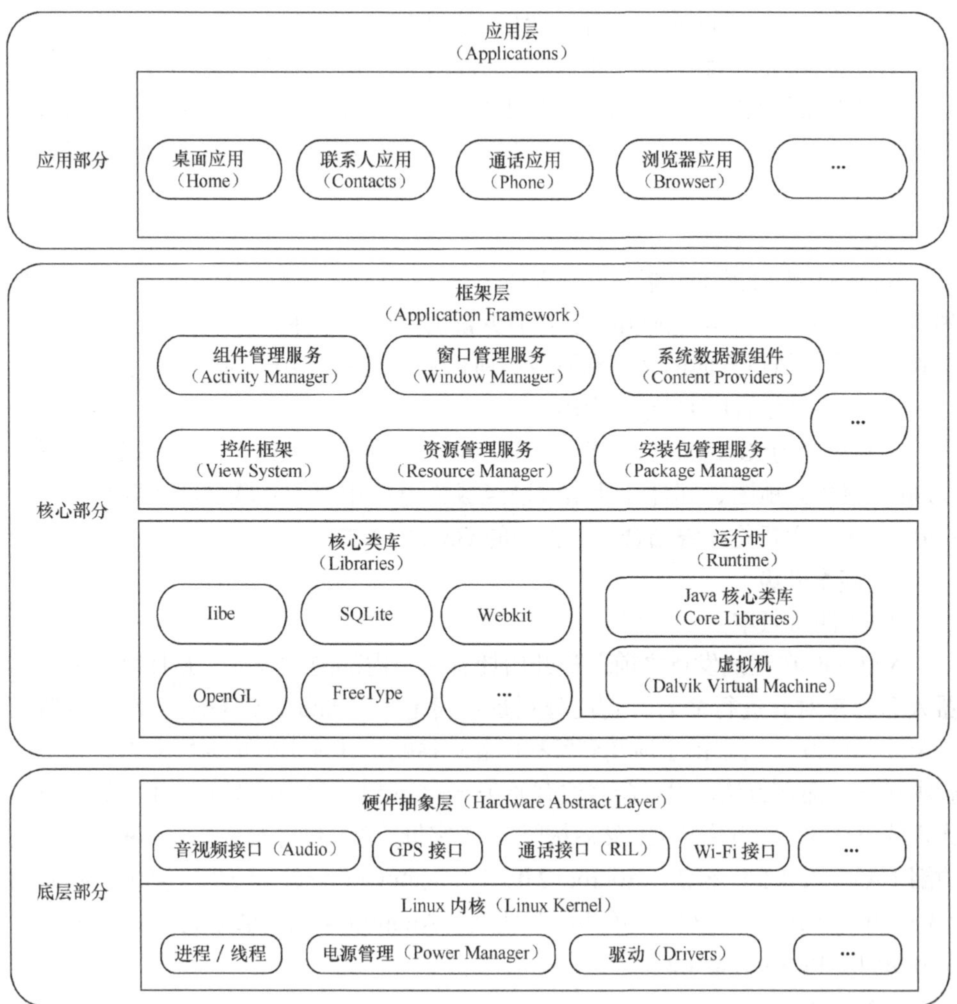


图 4-7　Android 的技术体制

### 2．平台优势

（1）开放性

在优势方面，Android 平台首先是其开放性，开放的平台允许任何移动终端厂商加入到 Android 联盟中来。显著的开放性可以使其拥有更多的开发者，随着用户和应用的日益丰富，一个崭新的平台也将很快走向成熟。

开放性对于 Android 的发展而言，有利于积累人气，这里的人气包括消费者和厂商，而对于消费者来讲，最大的受益正是丰富的软件资源。开放的平台也会带来更大竞争，如此一来，消费者将可以用更低的价位购得心仪的手机。

（2）丰富的硬件选择

这一点与 Android 平台的开放性相关，由于 Android 的开放性，众多的厂商会推出具备各种功能特色的多种产品。功能上的差异和特色，却不会影响到数据同步、甚至软件的兼容，如同从诺基亚 Symbian 风格手机一下改用苹果 iPhone，同时还可将 Symbian 中优秀的软件带到 iPhone 上使用、联系人等资料更是可以方便地转移。

（3）不受任何限制的开发商

Android 平台提供给第三方开发商一个十分宽泛、自由的环境，不会受到各种条条框框的阻挠，可想而知，会有多少新颖别致的软件诞生。但也有其两面性，血腥、暴力、情色方面的程序和游戏如何控制正是留给 Android 难题之一。

（4）无缝结合的 Google 应用

在互联网的 Google 已经走过十年历史，从搜索巨人到全面的互联网渗透，Google 服务如地图、邮件、搜索等已经成为连接用户和互联网的重要纽带，而 Android 平台手机将无缝结合这些优秀的 Google 服务。

**3．版本升级**

（1）测试版本

Android 在正式发行之前，最开始拥有两个内部测试版本，并且以著名的机器人名称来对其进行命名，它们分别是：阿童木（Android Beta）、发条机器人（Android 1.0）。后来由于涉及到版权问题，谷歌将其规则变更为用甜点作为系统版本代号的命名方法。甜点命名法开始于 Android 1.5 发布的时候。作为每个版本代表的甜点的尺寸越变越大，然后按照 26 个字母数序：纸杯蛋糕（Android 1.5），甜甜圈（Android 1.6），松饼（Android 2.0/2.1），冻酸奶（Android 2.2），姜饼（Android 2.3），蜂巢（Android 3.0），冰激凌三明治（Android 4.0），果冻豆（Jelly Bean，Android4.1 和 Android 4.2）。

（2）1.1

2008 年 9 月发布的 Android 第一版。

（3）1.5

Cupcake（纸杯蛋糕）于 2009 年 4 月 30 日发布。主要的更新如下：

拍摄/播放影片，并支持上传到 Youtube；支持立体声蓝牙耳机，同时改善自动配对性能；最新的采用 WebKit 技术的浏览器，支持复制/贴上和页面中搜索；GPS 性能大大提高；提供屏幕虚拟键盘；主屏幕增加音乐播放器和相框 Widgets；应用程序自动随着手机旋转；短信、Gmail、日历，浏览器的用户接口大幅改进，如 Gmail 可以批量删除邮件；相机启动速度加快，拍摄图片可以直接上传到 Picasa；来电照片显示。

（4）1.6

Donut（甜甜圈）于 2009 年 9 月 15 日发布。主要的更新如下：

重新设计的 Android Market 手势；支持 CDMA 网络；文字转语音系统（Text-to-Speech）；快速搜索框；全新的拍照接口；查看应用程序耗电；支持虚拟私人网络（VPN）；支持更多的屏幕分辨率；支持 OpenCore2 媒体引擎；新增面向视觉或听觉困难人群的易用性插件。

（5）2.0

Android 2.0 于 2009 年 10 月 26 日发布。主要的更新如下：

优化硬件速度；“Car Home”程序；支持更多的屏幕分辨率；改良的用户界面；新的浏览器的用户接口和支持 HTML5；新的联系人名单；更好的白色/黑色背景比率；改进 Google Maps3.1.2；支持 Microsoft Exchange；支持内置相机闪光灯；支持数码变焦；改进的虚拟键盘；支持蓝牙；支持动态桌面的设计。

Andriod 2.2/2.2.1 Froyo（冻酸奶）于 2010 年 5 月 20 日发布。主要的更新如下：

整体性能大幅度的提升；3G 网络共享功能；Flash 的支持；App2sd 功能；全新的软件商店；更多的 Web 应用 API 接口的开发。

（6）2.3.x

Gingerbread（姜饼）于 2010 年 12 月 7 日发布。主要的更新如下：

增加了新的垃圾回收和优化处理事件；原生代码可直接存取输入和感应器事件、EGL/OpenGLES、OpenSL ES；新的管理窗口和生命周期的框架；支持 VP8 和 WebM 视频格式，提供 AAC 和 AMR 宽频编码，提供了新的音频效果器；支持前置摄像头、SIP/VOIP 和 NFC（近场通讯）；简化界面、速度提升；更快更直观的文字输入；一键文字选择和复制/粘帖；改进的电源管理系统；新的应用管理方式。

（7）3.0

Honeycomb（蜂巢）于 2011 年 2 月 2 日发布。主要的更新如下：

优化针对平板；全新设计的 UI 增强网页浏览功能；in-App purchases 功能。

（8）3.1

Honeycomb（蜂巢）于 2011 年 5 月 11 日布发布。主要的更新如下：

经过优化的 Gmail 电子邮箱；全面支持 Google Maps；将 Android 手机系统跟平板系统再次合并从而方便开发者；任务管理器可滚动，支持 USB 输入设备（键盘、鼠标等）；支持 Google TV 可以支持 XBOX 360 无线手柄；Widget 支持的变化，能更加容易的定制屏幕 Widget 插件。

（9）3.2

Honeycomb（蜂巢）于 2011 年 7 月 13 日发布。版本更新如下：

支持 7 英寸设备；引入了应用显示缩放功能。

（10）4.0

Ice Cream Sandwich（冰激凌三明治）于 2011 年 10 月 19 日在中国香港发布。版本主要更新如下：

全新的 UI；全新的 Chrome Lite 浏览器，有离线阅读，16 标签页，隐身浏览模式等；截图功能；更强大的图片编辑功能；自带照片应用堪比 Instagram，可以加滤镜、加相框，进行 360° 全景拍摄，照片还能根据地点来排序；Gmail 加入手势、离线搜索功能，UI 更强大；新功能 People（以联系人照片为核心，界面偏重滑动而非点击，集成了 Twitter、Linkedin、Google+等通讯工具）；有望支持用户自定义添加第三方服务；新增流量管理工具，可具体查看每个应用产生的流量，限制使用流量，到达设置标准后自动断开网络。

（11）4.1

Android 4.1Jelly Bean（果冻豆）于 2012 年 6 月 28 日。新特性如下：

更快、更流畅、更灵敏；特效动画的帧速提高至 60fps，增加了三倍缓冲；增强通知栏；全新搜索；搜索将会带来全新的 UI、智能语音搜索和 Google Now 三项新功能；桌面插件自动调整大小；加强无障碍操作；语言和输入法扩展；新的输入类型和功能；新的连接类型。

（12）4.2

Android 4.2Jelly Bean（果冻豆）于 2012 年 10 月 30 日。

Android 4.2 沿用“果冻豆”这一名称，以反映这种最新操作系统与 Android 4.1 的相似性，但 Android 4.2 推出了一些重大的新特性，具体如下：

Photo Sphere 全景拍照功能；键盘手势输入功能；改进锁屏功能，包括锁屏状态下支持桌面挂件和直接打开照相功能等；可扩展通知，允许用户直接打开应用；Gmail 邮件可缩放显示；Daydream 屏幕保护程序；用户连点三次可放大整个显示频，还可用两根手指进行旋转和缩放显示，以及专为盲人用户设计的语音输出和手势模式导航功能等；支持 Miracast 无线显示共享功能；Google Now 现可允许用户使用 Gamail 作为新的数据来源，如改进后的航班追踪功能、酒店和餐厅预订功能以及音乐和电影推荐功能等。

（13）4.4

2013 年 9 月 4 日凌晨，谷歌对外公布了 Android 新版本 Android 4.4KitKat（奇巧巧克力），并且于 2013 年 11 月 01 日正式发布，新的 4.4 系统更加整合了自家服务，力求防止安卓系统继续碎片化、分散化。

（14）Android L（4.0）

2014 年 6 月 26 日，谷歌在 I/O 2014 开发者大会上正式推出了 Android L，可以说是 Android 系统自 2008 年问世以来变化最大的升级。除了新的用户界面、性能升级和跨平台支持，全面的电池寿命增强及更深入的应用程序集成也令人印象深刻。

（15）5.0

Google 于 2014 年 10 月 15 日（美国太平洋时间）发布的全新 Android 操作系统 Android5.0。Android 5.0 系统使用一种新的 Material Design 设计风格。从图片上看，这套设计图对 Android 系统的桌面图标及部件的透明度进行稍稍地调整，并且各种桌面小部件也可以重叠摆放。虽然调整桌面部件透明度对 Android 系统来说并不算什么新鲜的功能，但是对透明度做了改进。界面加入了五彩缤纷的颜色、流畅的动画效果，呈现出一种清新的风格。采用这种设计的目的在于统一 Android 设备的外观和使用体验，不论是手机、平板还是多媒体播放器。

### 4.3.3 Symbian

以 Symbian 操作系统为基础的智能手机的用户界面有许多种，包括开放平台像 UIQ、诺基亚的 S60、S80、S90 系列和封闭式平台，像 NTT DoCoMo 的 FOMA。这样的适应性使用 Symbian 操作系统的智能手机形成多变的形态（例如折叠式、直板式、键盘输入或是触摸笔输入等）。

Symbian 操作系统的前身是 EPOC，EPOC 是从 Electronic Piece of Cheese 取第一个字母而来的，原意为“使用电子产品可以像吃乳酪一样简单”。这也是 EPOC 在设计时就倡导并一直坚持的理念。而 Symbian 的架构于许多桌上型操作系统相似，它包含先占式多工、多执行绪和内存保护。

#### 1. 技术架构

（1）Symbian 的架构介绍

最低阶的 Symbian 的基本组成包含核心（EKA1 或 EKA2），允许使用者的应用程序沿着使用者数据库去要求核心内的东西。Symbian 有个微核心架构，这定义了核心内部所必需的最少功能。微核心架构包含排程系统和内存管理，但不包含网络和档案系统支援。这些用来提供给使用者端服务器（User-Side Server）。基本层则包含档案服务器，它在装置内提供类似 DOS 的显示模式。Symbian 支持数种不同的档案系统，包含 FAT 以及 Symbian 专有的档案系统，而档案系统一般是不会在手机上显示出来。

在基本组件之上的是可供选择的系统数据库，而这提供了该装置的市场定位，数据库的内容包含如字符转换表、数据库管理系统和档案资源管理。

此外，在此有一个很庞大的网络及通信子系统，这含有三个主要的服务，分别是 ETEL（EPOC telephony）、ESOCK（EPOC 协定）及 C32（序列通信回应）。

每个服务都有模组化方案。例如，ESOCK 允许不同的‘.PRT’通信协定模组，实现了不同方式的网络通信协定方案，如蓝牙、红外线及 USB 等。

这也有一个庞大的使用者接口码。即使使用他人制造的使用者接口，除了某些相关服务（例如 View Server 提供手机间的使用者接口转换）以外，基本的类别和子结构（UIKON）的所有使用者接口都会出现在 Symbian 操作系统。而这里也有很多相关的绘图码，就像是视窗服务和字型与位图服务。应用程序架构提供标准的应用程序种类、连接和档案资料辨识。它也有可选择的应用程序引擎给予智能手机的基本程序，像行事历、电话簿等。通常典型的 Symbian 操作系统的应用程序是分散到各个 DLL 引擎和图型化程序，程序就像是包装纸，把 DLL 引擎包装在一起。Symbian 也提供了一些 DLL 引擎使程序运作。

当然，有很多东西并没有一起放入装置内，如 SyncML，Java ME 提供另一组应用程序接口给操作系统及多媒体应用。要注意的是这些都只是 Framework，程序开发者要能够获得从协力厂商提供 Framework 的插件支援（例如 RealPlayer 使用多媒体解码器）。这提供了应用程序接口在不同型号的手机可以正常使用的优势，而软件开发人员得到更多弹性，但是手机制造商就需要很多的综合成品来制造使用 Symbian 操作系统的手机。

（2）Symbian 的开发

在 Symbian 的架构上有多种不同的平台，它们提供不同的软件开发套件（SDK）给程序开发人员，最主要的分别是 UIQ 和 S60 平台。个别的手机制造商或是同家族系列，通常也在网络上提供可下载的 SDK 和软件开发延伸套件（Symbian Developer Network）。SDK 内含说明文件、表头档案、数据库和在 Windows 运作的模拟器（WINS），到了 Symbian v8，SDK 加入了该版本的 GCC 编译器（跨平台编译器），才能够正常在装置内使用。

由于 Symbian v9 使用新的 ABI，所以需要一个新的编译器。在 SDK 方面来说，UIQ 提供简化的 Framework 使得单一的 UIQ SDK 提供所有使用 UIQ3 的装置的开发基础，使用 UIQ3 的装置像 Sony Ericsson P990、M600 和 P1i。

Symbian C++程序设计在市售的整合式开发环境（IDE）之下完成。之前较常见的是 Visual Studio，但是现在的 Symbian 版本，比较偏爱于 Symbian 版的 CodeWarrior。不过在 2006 年 Nokia 的 Carbide.c++将会取代 CodeWarrior。预期 Carbide.c++会释出不同版本，其中一个免费版（Carbide.c++ Express）允许使用者在模拟器上去设计软件原型。

还有为 Symbian 设计的 Borland IDE。Symbian 操作系统也可借由社群的技术开发而在 Linux 和 Mac OS X 的环境下开发，有些部分 Symbian 允许公开 Key Tool 源代码。有一个插件允许在 Apple 的 Xcode IDE for Mac OS X 的环境下开发

Symbian 应用程序。

开发完成后，Symbian 的应用程序需要找一个管道传输到消费者的移动电话。它们通常包装成 SIS 档案，透过电脑连线、蓝牙或是存储卡。一个替代方案是去找手机制造商来合作使手机内建该程序。但是在 Symbian OS 9 的 SIS 档案会稍稍不易推广，原因是每个程序都至少要拥有 Symbian 的签署才能安装在该操作系统的手机。

Java ME for Symbian 的应用程序是使用正式的技术开发工具像是 J2ME 无线套件。它们包装成 JAR 或 JAD 档案。其他像是名为 SuperWaba 的工具，是提供建立 Symbian OS 7.0 或 7.0s 的 Java 应用程序。

Qt 是一个跨平台的 C++应用程序开发框架。它在广泛运用于开发 GUI 程序时被称为部件工具箱，它也可以用于开发非 GU 程序，比如控制台工具和服务器。Qt 使用标准的 C++。通过语言绑定，其他的编程语言也可以使用 Qt。Qt 是自由且开放源代码的软件，在 GNU 较宽松公共许可证条款下发布。所有版本都支持广泛的编译器，包括 GCC 的 C++编译器和 Visual Studio。2009 年 5 月 11 日，诺基亚 Qt Software 宣布 Qt 源代码管理系统面向公众开放，Qt 开发人员可通过 Qt 以及与 Qt 相关的项目贡献代码、翻译、示例以及其他内容，协助引导和塑造 Qt 未来的发展。为了便于这些内容的管理，Qt Software 启用了基于 Git 和 Gitorious 开源项目的 Web 源代码管理系统。在推出开放式 Qt 代码库的同时，Qt Software 在其网站发布了其产品规划（Roadmap）。其中概述了研发项目中的最新功能，展现了现阶段对 Qt 未来发展方向的观点，以期鼓励社区提供反馈和贡献代码，共同引导和塑造 Qt 的未来。

**2．特征及优势**

Symbian 是第一个支持实时操作系统核心的操作系统，它具有以下特性：

- 一套丰富的应用业务，其中包括连接、高度、消息、浏览以及系统控制等业务；
- 支持 Java；
- 实时性；
- 支持不同种类硬件，包括不同的 CPU、外围设备以及内存等；
- 支持各种消息业务，包括 MMS、EMS（增强型短消息业务）、SMS、POP3、IMAP4、SMTP 以及 MHTML；
- 支持多媒体，包括图像、音频、视频流；
- 支持图形加速应用接口；
- 支持现有的绝大多数运营商网络以及第三代网络运营商提供的移动话音业务；
- 支持国际化；

- 数据同步;
- 设备管理/空中接口（OTA）;
- 安全性;
- 支持无线连接，包括蓝牙和 IEEE 802.11b 协议。

Symbian 的最大优势在于它是为便携式装置而设计，而在有限的资源下，可以执行数月甚至数年，而这要归功于节省内存、使用 Symbian 风格的编程理念和清除堆栈。将这些功能与其他技术搭配使用，会使内存使用量降低且内存泄漏量极少。类似技术也应用于节省磁盘（尽管在 Symbian 设备中，硬盘通常指闪存）和记忆卡使用空间。而且，Symbian 的编程是使用事件驱动，当应用程序没有处理事件时，CPU 会被关闭。这是通过一种叫主动式对象的编程理念实现的。正确地使用这些技术将能够延长电池使用时间。这些技术让 Symbian 的 C++变得非常专业，并有着过陡的学习曲线。然而，许多 Symbian 的设备也可以利用 OPL、Python、Visual Basic、Simkin 以及 Perl 来搭配 J2ME 和自行开发的 Java 来使用。

Symbian 操作系统是一种静态优先级的抢先式多任务操作系统，时间片轮转多任务构成其内核核心机制。由于它具有系统功耗低、内存占用少等特点，非常适合手机等移动设备使用。Symbian 操作系统将内核与图形用户界面技术分开，以使它能适应不同的输入方式平台，这就是我们见到不同界面 Symbian 的原因，这一点明显与微软产品不同。

Symbian 系统手机可以采用多种应用形式：一类在设计上很类似当前最常见的手机，即主要通过键盘进行输入的手机；另一类是使用手写笔进行操作；还有一类是既有键盘又有触摸屏的手机，它具有较大的屏幕和较小的键盘。Nokia9210 结合完整的键盘和超大的彩色屏幕，为那些需要在办公室以外编辑信息和查看业务数据的用户提供了先进的功能。

Symbian 操作系统在智能移动终端上丰富的应用程序以及较强的通信能力要归功于它的模块设计、面向对象的设计（C++和 Java），以及对标准通信传输协议的支持。在硬件设计上，它可以提供许多不同风格的外形，像使用真实或虚拟的键盘；在软件设计上，它可以容纳许多功能，包括浏览网页、传输、发送和接收电子邮件、传真以及个人日程管理等。Symbian 操作系统是十分弹性化的，在扩展性方面为制造商预留了多种接口。具体地，Symiban 操作系统还可以细分成 3 种类型（即 Pearl、Quartz 和 Crystal），分别对应普通手机、智能手机和手持手机。

**3．版本升级**

现在市场上所使用的诺基亚手机除功能性手机之外，按操作系统分类大致可分为 S40 手机、S60 手机及部分 Symbian 3 手机。下面进行简单介绍。

S40 其实并非 Symbian 系统，其原称是 Series 40 平台及相关技术。S40 的作用是为主流移动应用和内容开发技术兼容各种终端（如功能手机、智能手机、企业级终端和多媒体终端）提供一致的技术实现。S40 面向的是市场规模庞大的 JAVA™ 移动终端。其向开发伙伴提供了一些 JAVA™MIDP APIs 和 Adobe Flash Lite 的运行环境来创建各种应用。其版本升级如下。

- S40 第一版：支持 J2ME™Platform 的 Mobile Information Device Profile1.0（JSR-37）和 CLDC1.0；The Nokia API。
- S40 第二版：添加支持 MIDP2.0 和 CLDC1.1；Java™ APIs for Bluetooth（JSR-82），不支持 OBEX；Wireless Messaging API（JSR-120）；Mobile Media API（JSR-135），支持播放 MIDI 和铃音音效文件。
- S40 第三版：添加了对 MIDI、铃音和音频的采样文件的支持，支持视频和图像的渲染；PDA Optional Packages for the J2ME™Platforms，包括 PIM 和 FC；3DGraphics API for J2ME™（JSR-184）。
- S40 第三版功能包 1：添加了 J2ME™Web Service Specification（JSR-172），实现了 XML 解析包；Wireless Messaging API 2.0（JSR-205）；Scalable 2D Vactor Graphics API for J2ME™（JSR-257）。
- S40 第三版功能包 2：添加了 Mobile Meida APIs（JSR-135），提供支持播放 RTSP 流，可渐进播放的音乐文件；Security and Trust Services API for J2ME™（JSR-177），实现了 SATSA-ADPU 包。
- S40 第五版：添加了 Mobile Service Architecture 子集（JSR-248）；Bluetooth 增加了对 OBEX 的支持；J2ME™ Web Service Specification（JSR-172），现在支持 JAX-RPC 子集，允许应用使用 SOAP 协议访问各种公开的和私有的 Web 服务；Security and Trust Services API for J2ME™（JSR-177），包括 SATSA-CRYPTO 可选包，让应用提供加密功能；Scalable 2D Vactor Graphics API for J2ME™（JSR-226）。
- S40 第五版功能包 1：添加了 PDA Optional Packages for the J2ME™Platform（JSR-75），它支持 Video_URL Contact 字段；BluetoothV1.1 维护版（JSR-82），支持标准蓝牙协议 RFCOMM、服务发现（Service Discovery），也支持 OBEX 协议；Mobile Media API（JSR-135），支持视频的渐进回放和音频渐进上传及音频混合；J2ME™Web 服务规范（JSR-172）；Content Handle API（JSR-211）；Advanced Multimedia Supplements（JSR-234），支持音频和三维音频的混合。
- S40 第六版：添加了 Scalable 2D Vactor Graphics API for J2ME™（JSR-226），实现对可缩放 2D 矢量图像的渲染，包括可缩放矢量图形（SVG）格式

的外部文件，这个 API 主要用于可视化地图、可缩放图标和要求缩放和丰富动画的图形应用；Java$^{TM}$ Technology for the Wireless Industry（JTWI）（JSR-185）继续得到支持，虽然它已被 Mobile Service Architechture（JSR-248）所替代。

S60 是针对智能手机的按目标构建的操作系统。它支持大型彩色显示屏和直观的用户界面，并集成了各种既安全又能快速响应的前沿性的通信技术和终端设备技术。其版本升级如下。

（1）S60 1$^{st}$Edition

它基于 Symbian OSv6.1，提供范围广泛的下列技术：

- 诸如日历、名片夹、相册、待办事宜等 PIM 应用程序及文件管理器；
- PC 连接软件；
- 收藏夹；
- RealPlayer;
- XHTML Mobile Profile（XHTML MP）。

（2）S60 2$^{nd}$Edition

它基于 Symbian OSv7.0s，对其的增强包括：

- 多重连线（Multihoming）；
- Java MIDP 2.0;
- 双重 IP 协议栈，既支持 IPv4 也支持 IPv6 格式；
- ECOM 插件框架；
- EDGE 电话模块接口；
- 轻量级多线程媒体框架；
- 支持宽带 WCDMA;
- WAP2.0。

它包含在主要软件中的一些最受欢迎的增强是：

- 多媒体应用程序——照相机、图像阅览器、RealOnePlayer、多媒体资料和录音机；
- 钱包——该应用程序用于存储受保护的个人信息，诸如信用卡这样的虚拟卡可被存储起来通过互联网进行交易支付；
- 主题——可以用一些用户界面来加强个性化，这些用户界面包括主题化的壁纸、图标以及一些位图等，可以用这些东西来使某种终端显得既一致又独特。

S60 2$^{nd}$Edition 有 3 个功能包版本，它们都提供了附加的主要软件，表 4-2 列出了它们的一些主要特性。

表 4-2　　S60 2ndEdition 的 3 个功能包版本特性

| Feature Pack | 特性 | 代表终端 |
| --- | --- | --- |
| Feature Pack 1（Symbian OS v7.0s） | 百万像素照相机，4 倍速变焦，视频短片的摄录和回放 | 诺基亚 7610 和诺基亚 6670 成像手机 |
| Feature Pack 2（Symbian OS v8.0a） | 130 万像素照相机，6 倍速变焦，WCDMA/EDGE，IPv6 | 诺基亚 6630 智能手机 |
| Feature Pack 3（Symbian OS v8.1a） | 可缩放用户界面支持（可变屏幕大小） | 诺基亚 N90 终端 |

（3）S60 3rdEdition

随着移动市场的扩展及消费用户对终端设备具有更佳性能表现的期望，稳定可靠、具有较短相应时间和适当数据安全级别的大屏幕手机将明显占据市场主导地位。S60 在每个版本中都引入了覆盖所有领域的重大增强，S60 3rdEdition 也不例外。一个实时内核，结合对诸如可缩放用户界面和定位服务等的支持，真正提升了性能和灵活性，也提供了重要的终端差异化的机会，因而更有利于市场细分。S60 3rdEdition 引入了对 S60 平台的一些重大改进：一个新内核、一个新的二进制架构以及增强的安全性。

- 新内核——S60 3rd Edition 基于 Symbian OS v9.x，后者具有一个全新的实时内核，名为 EPOC Kernel Architecture 2 EKA2（EKA2）；EPOC 是 Symbian OS 的原名。这个新内核让终端制造商生产单芯片架构的终端，可降低材料消耗，从而能向中级市场提供各种 S60 终端。
- 新二进制架构——Symbian OS v9.x 基于一种新的二进制架构：针对 ARM® 架构的应用程序二进制接口（ABI，Application Binary Interface）。这种二进制架构极大地提高了运行于 S60 终端上的应用程序性能。这种变化导致了相对以前所有版本的 Symbian OS 和 S60 平台的二进制中断。结果是，针对较早版本的 S60 平台的应用程序至少需要重新编译后才能在 S60 3rd Edition 上运行。
- 增强的安全性——S60 3rd Edition 引入了 Symbian OS 平台安全性，提 datacaging（针对某个应用程序数据的安全性文件夹）和 capabilities，后者定义了应用程序需要得到认证才能使用的一些 APIs。这些特性保护应用程序免受恶意软件的攻击。它还提供了一系列开放移动联盟（OMA，Open Mobile Alliance）数字版权管理（DRM）2.0 版本中的功能。

两个功能包已经发布。一些特性被加入到了 S60 3rdEdition 中，表 4-3 列出了其主要特性。

表 4-3 功能包特性

| Feature pack | 特性 | 代表终端 |
|---|---|---|
| Feature Pack 1（Symbian OS v9.2） | 完全集成了 Web Browser for S60、Flash Lite 2.0（可选），及增强的用户界面和应用程序 | 诺基亚 N95 多媒体电脑手机 |
| Feature Pack 2（Symbian OS v9.x） | 名片夹的多重数据储存、中间功能键、统一消息编辑器、Flash Lite 3（可选）、用于无缝链接交易的 APIs、对 Open C 的本地支持，以及实现 Web Widgets 的 WRT | 诺基亚 E5-00 等 |

（4）S60 5$^{th}$Edition

S60 5$^{th}$Edition 是基于 Symbian OS v9.4 版本的，这次底层 OS 的升级给分页需求带来了改进，能够提供更快的设备启动和应用程序启动时间，并降低了内存不足的可能性。这个版本的 UI 将升级到可支持 640 像素 × 360 像素的第九代 1080P 的显示屏；新的传感器框架允许包括加速度计、磁强计等传感器，而这些传感器使得终端设备对运动和方向的感应的创造变成现实，并且这个框架仍有扩展的空间；对于 UI 的加强也给开发者们带来了很多机会，触摸屏给应用程序开发者们带来了扩展程序可用性的可能；而用户也可以从该平台新增内建程序中得到许多好处，这些好处包括新功能，摄录一体机中的应用，如场景模式、自拍等。

Symbian 平台概念由塞班基金会推动开发，这是一个开放源代码的操作系统及系统平台，包括塞班 OS 的核心、S60、UIQ 及 MOAP 用户界面。它将 S60 v5 版本所对应的系统称为 Symbian^1，使用这部分操作系统的手机由诺基亚、索爱和三星生产，如诺基亚 5230、诺基亚 5800、诺基亚 C5-03 等；而另外一些由富士通和夏普生产的手机所采用的系统则被称为 Symbian 2，代表手机有 DoCoMo F-06B；还有剩下部分手机则采用 Symbian^3 系统，此系列代表手机有诺基亚 C7-00、诺基亚 E7-00 等。目前 Symbian^3 系统的升级版 Anna 已经发布，并可用于部分 Symbian 3 机型的升级。

**4．典型产品和应用**

Ericsson R380（2000 年）是第一款在市场销售的 Symbian 智能手机。然而将这款手机称为智能手机的说法可能是有疑问的，因为它无法安装软件的特性显示它是完全封闭的装置。

2001 年的 Nokia 9210 Communicator 智能手机（32 位 66MHz ARM9 的 RISC CPU)，2004 年的 9300 Communicator，2004 年的 9500 Communicator 则使用 80 系列界面。

首先来看看 Symbian 操作系统的竞争对手。

近几年来，市场上最为火爆的智能手机系统莫过于 iOS 和 Android 了。iOS 是苹果公司预装在其移动终端产品上的智能操作系统，而 Android 则是谷歌公司在收购该系统原开发拥有者之后，结合自身及合作公司的力量所共同开发的。巧合的是，这两款系统首次进入市场都是在 2007 年的下半年。而这一年，恰恰就是 Symbian 手机市场表现开始下滑的起点。在此之后，由于 iOS 和 Android 市场表现一路走高，原诺基亚研发 Symbian 的合作伙伴包括摩托罗拉、爱立信、松下、西门子不是投奔 Android，就是放弃该领域的业务，只剩下诺基亚公司还在支撑。而在 2008 年，诺基亚收回了 Symbian 的全部资本，独自扛起了 Symbian 的大旗。不过诺基亚虽有救市的想法，无奈力不从心。在智能手机快速取代非智能手机的情况下，Symbian 不仅在智能手机市场难有进展，甚至在整个手机市场的占有率也是一路下滑。根据数据，2006～2009 年，Symbian 手机的全球市场占有率从 73%几乎直线下降到 46.9%。在 2010 年上半年，诺基亚虽仍保持着全球超过 40%的市场份额，但年底便降到了 31%左右，这还是包括了低端智能机型份额的基础上的数据。2011 年第二季度的数据也显示，诺基亚在全球包括智能手机和功能手机的整体份额由 40%左右下降到 24%左右，而智能手机的市场份额已经被苹果和三星超过。在此情况下，诺基亚推出了塞班平台的概念，最新的平台系统版本是 Symbian 3，还有其升级版 Anna，看来 Symbian 还会继续延续一段时间。

虽然同被称为智能操作系统，但是 Symbian 在概念、功能性和便捷性上面与 iOS 和 Android 相差很多，究其原因，有两个方面：一方面，作为 2008 年之前手机市场上的绝对霸主，诺基亚公司没有动力去对最为成功的操作系统作出彻底改变；另一方面，则是因为诺基亚本来也没打算只将 Symbian 作为未来唯一发展的智能操作系统。在 2007 年，诺基亚与英特尔公司开展了一项合作，共同开发名为 Meego 的智能操作系统，该系统借鉴了诺基亚的 Maemo 和英特尔的 Moblin。有这么一个“兄弟”的存在，那么对于 Symbian 支持的减少，也就在情理之中了。不过在经过漫长的研发期后，Meego 看起来还没经过市场的考验，就被诺基亚放弃了，在推出 N9 唯一一款 Meego 机型上市之后，诺基亚宣布了与微软在智能操作系统的合作，即采用 Windows Phone 7 作为高端智能手机的操作系统。

不可否认，Symbian 多年来占据着手机操作系统市场绝对霸主的地位，显示了强大的生命力，足以在手机乃至 IT 历史上留下深刻的痕迹。但是事物永远是发展变化的，各种原因结合在一起便促成了 Symbian 今日的式微，我们更应该做的，是从 Symbian 的案例中吸取经验，来指导未来发展的实践。

### 4.3.4　Windows Phone

Windows Phone 的前身是 Windows Mobile，Windows Mobile 是 Microsoft 针对移动产品而开发的精简操作系统，捆绑了一系列针对移动设备而开发的应用软件，并且这些应用软件都建立在 Microsoft Win32 API 的基础上。可以运行 Windows

Mobile 的设备包括 Pocket PC、Smartphone 和 Portable Media Center。该操作系统的设计初衷是尽量接近于桌面版本的 Windows。此后，Windows Mobile 改名为 Windows Phone 7 Series，后来又去掉了"Series"，变回 Windows Phone 7。

### 1．技术架构

Windows CE 操作系统包括硬件抽象层、内核、图像显示接口、文件系统和数据库，大约占 1.5MB。内核、用户和图像显示接口只占 700KB。Windows CE 支持约 500 个基于 Win32 的应用程序接口。

Windows CE 是一个 32 位多任务、多线程的操作系统，其开放式的设计结构适用于各种各样的设备。即使在小内存条件下，Windows CE 也能提供较高的性能；同时，Windows CE 为嵌入式、移动或多媒体产品提供支持。Windows CE 电源管理系统能延长移动终端的电池使用寿命。Windows CE 拥有标准的通信支持系统，可以非常方便地访问 Internet、发送和接收电子邮件、浏览 WWW。对于熟悉 Windows 人机界面的用户来说，用户用起来十分方便。

Windows CE.NET 是由目前流行的 Windows 操作系统专门为嵌入式设备设计的一个新版本。WindowsCE.NET 是 Windows Mobile 的一个组成部分，它包括了内置的 PIM（Personal Information Managerment，个人信息管理）。电子邮件和浏览功能。

### 2．特征及优势

操作系统具有以下特征：

- 支持低资源占用优化；
- 稳定的实时的内核；
- 鲁棒的内存管理；
- 高级电源管理；
- 开放的通信平台，例如 TCP/IP、IPV6 和 OBEX（Object Exchange，对象交换）协议；
- 易于远程管理和系统管理（SNMP v2 客户端和设备管理客户端）；
- 支持一些标准功能（如 UPnP、蓝牙、XML、SOAP 和 USB）；
- 扩展存储以及文件系统；
- Purpose-built 服务器业务包括核心服务器支持、文件传输协议（FTP）服务器、远程访问/点对点隧道协议服务器，文件及打印服务器支持；
- 安全性。

微软在智能手机市场的主要竞争优势包括以下几点：

- 整合了用户熟悉的常用软件（如 Mobile Outlook 和 Windows Media Player 等），可以方便地透过有线或无线与 PC 进行数据交换；

- 在用户中拥有广泛的品牌认知度;
- 强大的生态系统支持，目前全球已有 50 家厂商和 30 家终端开发商采用其方案，以及为数众多的第三方软件开发商支持;
- 自身拥有强大的技术开发能力，例如微软的 Speech 技术、Mappoint 位置信息服务平台、电源管理模块等已经在一些智能手机产品中采用;
- 微软还提供具有良好接口的开发工具。

### 3．版本升级

Windows Mobile 的原型为 Windows CE，后来开发出适用于手机及其他掌上设备操作系统，之后又将其整合于一起。在 Windows Mobile 2003 版本之前操作系统名称为 Pocket PC、Smart Phone 等,其后的版本变更包括 Windows Mobile 2003 SE、Windows Mobile 5、Windows Mobile 6、Windows Mobile 6.1、Windows Mobile 6.5、Windows Mobile 6.4.3、Windows Mobile 6.4.5。其继任者是 Windows Phone 7，目前已推出 Windows Phone7.5。

### 4．典型产品和应用

微软在移动终端操作系统上有 3 个系列，分别为 Pocket PC、Pocket PC Phone Edition 和智能手机（Smartphone），统称为 Windows Mobile。下面我们将对这 3 个系列中的功能进行简单的介绍。

Pocket PC & Pocket PC Phone 系列

- Today（用来显示个人信息管理系统资料）;
- Internet Explorer（和 PC 版 Internet Explorer 相似）;
- Inbox（信息中心，整合 E-mail 与短信功能）;
- Windows Media Player（和 PC 版 Windows Media Player 相似）;
- File Explorer（和 PC 版 Windows Explorer 相似）;
- MSN Messenger / Windows Live（和 PC 版 Msn Messenger 相似）;
- Office Mobile（和 PC 版 Microsoft Office 相似，有 Word，Powerpoint 和 Excel，由厂方选配）;
- ActiveSync（与 PC 连接并用于交换资料）。

Smart Phone 系列

- 开始菜单：开始菜单是 Smartphone 使用者运行各种程序的快捷方法。类似于桌面版本的 Windows，Windows Mobile for Smartphone 的开始菜单主要也由程序快捷方式的图标组成，并且为图标分配了数字序号，便于快速运行。
- 标题栏：标题栏是 Smartphone 显示各种信息的地方，包括当前运行程序的标题以及各种托盘图标，如电池电量图标、手机信号图标、输入法图标以及应用程序放置的特殊图标。在 Smartphone 中标题栏的作用类似于桌面 Windows 中的标题栏加上系统托盘。

- 电话功能：Smartphone 系统的应用对象均为智能手机，故电话功能是 Smartphone 的重要功能。电话功能很大程度上与 Outlook 集成，可以提供拨号、联系人、拨号历史等功能。
- Outlook：Windows Mobile 均内置了 Outlook Mobile，包括任务、日历、联系人和收件箱。Outlook Mobile 可以同桌面 Windows 系统的 Outlook 同步以及同 Exchange Server 同步（此功能需要 Internet 连接）Microsoft Outlook 的桌面版本往往由 Windows Mobile 产品设备附赠。
- Windows Media Player：WMP 是 Windows Mobile 的捆绑软件。其起始版本为 9，但大多数新的设备均为 10 版本。针对现有的设备，用户可以由网上下载升级到 WMP10。WMP 支持 WMA、WMV、MP3 以及 AVI 文件的播放。目前 MPEG 文件不被支持，但可经由第三方插件可以获得支持。某些版本的 WMP 同时兼容 M4A 音频。

### 4.3.5 BlackBerry

BlackBerry OS 是 Research in Motion 专用的操作系统。BlackBerry 是北美市场的霸主，它是一款定位于商业市场的手机操作系统，拥有更加清晰的用户群体。黑莓手机相对直观易用，而且拥有独一无二的邮件推送服务，并且当“智能”在黑莓手机上运行时其稳定性非常不错。

#### 1. 技术体制

第三方软件开发商可以利用 API 以及专有的 BlackBerry API 写软件，但对于任何应用程序而言，如果需要限制其使用某些功能，必须附有数码签署（Digitally Signed），以便使用户能够联系到 RIM 公司的开发者账户。这次签署的程序能保障作者的申请，但并不能保证它的质量或安全代码。

从技术上来说，BlackBerry 是一种采用双向寻呼模式的移动邮件系统，兼容现有的无线数据链路。它出现于 1998 年，RIM（黑莓手机制造商）的品牌战略顾问认为，无线电子邮件接收器挤在一个小小的标准英文黑色键盘上，看起来像是草莓表面的一粒粒种子，就起了这么一个有趣的名字。应该说，Blackberry 与桌面 PC 同步堪称完美，它可以自动把 Outlook 邮件转寄到 Blackberry 中，不过在用 Blackberry 发邮件时，它会自动在邮件结尾加上“此邮件由 Blackberry 发出”字样。

#### 2. 特征

Blackberry 手机创造性地利用了手机+邮件的模式，满足人们可用手机来随时随地收发邮件的需要，加上类似电脑键盘的 QWERTY 键盘，可进行 Excel 文档、PowerPoint、PDF 文件的阅读，以及 XHTML 页面浏览等功能，1999 年问世后便横扫了美国高端手机市场。

BlackBerry 的成功不在于硬件，而在于软件和理念结合的成功。这家公司最早研究无线配备，后来发现虽然电邮已成为人们处理日常事务的最重要工具，但是要随时随地收发电邮却有难处，于是想到让手机成为一种商业工具。BlackBerry 就这样抓住了业务繁忙的商务人士在这方面的需要，因为人们在旅行时需要的通信，不仅是人与人的联系，还包括了人与机器的联系，因此，无线电邮接收器成为了智能手持设备的一个组成部分，但它超越了手持电脑的范围，并加入了现在人不可缺少的重要通信工具——手机。

**3．典型产品和应用**

Blackberry 操作系统仅用于 RIM 手机上，下面就罗列出部分有代表性的 RIM 手机。

BlackBerry 5810/5820：引入了大屏幕，间距更舒适的键盘，向打造最强大的无线数字终端的目标前进。

BlackBerry 7100i：第一款支持 GPS 功能的黑莓。

BlackBerry 7100t：第一款采用 SureType 键盘的黑莓。

BlackBerry Pearl：第一款支持摄像头的黑莓。

BlackBerry 8830：第一款支持双模待机的黑莓。

BlackBerry Pearl 2 Komet：320 万像素，从入门到专业的里程碑。

BlackBerry 87 系列和 713X 系列：引入 2.75G 的 EOGE 和 3G。

BlackBerry storm：第一次支持触屏技术。

BlackBerry Torch 9800：第一次使用滑盖外观。

从 1990 年到 2004 年，BlackBerry 的销售突破第一个 100 万，接下来 10 个月突破了第二个 100 万，到了第三个 100 万的销售台数，只用了 7 个月的时间，如今 BlackBerry 的全球累计销售量早已超过了 1 亿台，全球使用黑莓手机的用户超过 5000 万人。在 2011 年第二季度，虽然面临着 Android、iOS、Symbian 等强劲竞争对手，BlackBerry 手机依然占据了前 4 的销售业绩，并且市场份额也没有像 Symbian 那样出现明显的缩水。

但是，上面的数据并不意味着 BlackBerry 能够安享现有份额。首先是 RIM 公司对于智能手机领域的竞争能力还不够，2011 年以来，RIM 公司仅仅推出了少有的几款智能手机，这给了竞争对手以可乘之机，最为明显的就是 Android，生产高端智能机型的同时，也在向低端智能手机发展。其次，RIM 的强项也受到了攻击，有对手瞄向了企业级的用户。不过目前而言，BlackBerry 在智能手机的较量中还算是处于健康的状态。

事实证明，科技公司的产品要取得成功必须依靠理念的发展，对于 RIM 这个非手机行业的企业来说，BlackBerry 的成功，说明从硬件走向软件和“随时随地收发电邮的理念”正好符合现代人的需要，所以 BlackBerry 才能在与 PDA 的竞争中胜出。只要能够坚持自己的特色，BlackBerry 面前将是一条宽敞的道路。

### 4.3.6 其他

#### 1. Bada

Bada 是韩国三星公司自行开发的智能手机平台，底层为 Linux 核心，支持丰富功能和用户体验的软件应用，于 2009 年 11 月 10 日发布。这款操作系统以韩语“大海”的发音命名，三星计划使用这款操作系统向 Android 和 Web OS 等移动基于 Linux 的操作系统发起冲击。Bada 的设计目标是开创人人能用的智能手机的时代（Smartphone for Everyone）。

第一个基于 Bada 的手机 Wave S8500 已于 2010 年 2 月在 MWC 大会上推出。1GHz CPU，有 TouchWiz 3.0 界面，SUPER AMOLED 屏幕和无缝一体外壳。能够支持社交网络、设备同步、内容管理等，且支持 Java 程式。此外，三星也将为 Bada 开放应用软件商店，并为第三方开发人员提供支持，到 2011 年 5 月有超过 5000 款 Bada 软件可以应用。

（1）技术架构

Bada 系统由操作系统内核层、设备层、服务层和框架层组成。支持设备应用、服务应用和 Web 与 Flash 应用。

① 操作系统内核层：根据设备配置不同，可以是 Linux 操作系统或者其他实时操作系统。

② 设备层：在操作系统之上提供设备平台的核心功能，包括系统和不安全管理、图形和窗口系统、数据协议、电话和视频音频多媒体管理等。

③ 服务层：由应用引擎和 Web 服务组件组成，它们与 Bada 服务器互联，提供以服务为中心的功能。

④ 框架层：由应用框架和底层提供的函数组成，不为第三方开发者提供 C++ 开放 API。

（2）特征

Bada 的设计目标是开创人人能用智能手机的时代。它的特点是配置灵活、用户交互性好、面向服务，非常重视 SNS 集成和地理位置服务应用。Bada 系统由操作系统核心层、设备层、服务层和框架层组成。支持设备应用、服务应用和 Web 与 Flash 应用。

Bada 承接三星 TouchWIZ 的经验，支持 Flash 界面，对互联网应用、重力感应应用、SNS 应用有着很好的支撑，电子商务与游戏开发也列入 Bada 的主体规划中，Twitter、CAPCOM、EA 和 Gameloft 等公司为 Bada 的紧密合作伙伴。

（3）典型产品及应用

目前该系统历经 1.0、1.1、1.2、2.0，目前主要有如下手机使用该系统。

- bada 1.0: Samsung Wave S8500，3.3" WVGA 手机;
- bada 1.1: Samsung Wave 533/ 723/ 525/ 575，3.2" WQVGA 手机;
- bada 1.2: Samsung Wave II，3.7" WVGA 手机;
- bada 2.0: Samsung Wave III S8600，4.0" WVGA 手机。

随着平台不断发展，后续产品会随即推出，三星也承诺将规划不同定位的手机终端，满足不同层面消费人群的使用和行业应用。韩国的 LG 公司也会推出 Bada 手机。

### 2．Firefox OS

Firefox OS 专案名称为 Boot to Gecko，是由谋智公司（Mozilla Corporation）主导研发的开放源代码移动操作系统，采用 Linux 核心，应用于智能手机。这个计划于 2011 年 7 月 25 日对外公开，2012 年 7 月 2 日宣布它的正式名称为 Firefox OS。采用开放网络（open Web）技术，它以 Gecko 浏览器引擎为核心，采用 HTML5 相关的 Web 前端技术开发。所有应用都基于网页技术（Web 前端技术），但网页从来就不是必须依赖网络的，只是我们平时碰到的网页恰巧都依赖网络，和其他手机操作系统一样，应用先下载再运行。2014 年 5 月 14 日，Mozilla 基金会和 T2Mobile 合作推出 Firefox OS 参考平台手机被名为“Flame”，这是专为开发人员用于开发和测试的手机。截至 2014 年 12 月 16 日，Firefox OS 手机在全球共有 14 家营运商和近 28 个国家上市。

（1）技术架构

Firefox OS 架构主要由三层组成，分别为 Gonk、Gecko、Gaia。

① Gaia

Firefox OS 的用户界面，包含了在开机之后所有用户能看到部分，比如锁屏、主屏幕、应用程序启动器、拨号器、短信、相机等作为智能手机必须具备的。Gaia 完全使用 HTML、CSS 和 JavaScript 编写，使用成为标准的 Web API 的接口和底层设备关联。因此，Gaia 可以在任何实现了 Web API 的设备上运行，比如桌面浏览器。Firefox OS 上的第三方程序也是以类似的方式运行并与 Gaia 共存的。

② Gecko

Firefox OS 的应用程序运行时环境，用 C++实现了 Web API，供包括 Gaia 在内的应用程序使用，同时保证 Web API 可以在 Firefox OS 的目标硬件平台上运行。

于是乎 Gecko 包含了必要的网络层，图像层、布局管理和 JavaScript 虚拟机以及移植层。

③ Gonk

Firefox OS 的操作系统底层，也是 Gecko 的一个目标移植平台，包含 Linux 内核和用户态的硬件抽象层，这一部分和 Android 以及嵌入式 Linux 共享了很多组件和驱动，比如 bluez，libusb 等。如图 4-8 所示，说是一个目标移植平台，是由于 Gecko 抽象层在理论上也可以运行在 Android 或者桌面操作系统上，不过由于 Firefox OS 项目主导了 Gonk 开发，可以提供一些其他系统上不具备的接口给 Gecko 使用，比如完整的电话通讯层。

图 4-8 Firefox OS 的操作系统

（2）特征

① 基于 HTML5 技术研发，打造完全 Web OS 平台 Firefox OS 系统的功能、应用程序全部使用 HTML5 语言开发，无论是打电话、发短信、玩游戏，使用的都是 HTML5 语言，通过 WeDAP 来驱动硬件。作为最新版本的 HTML 编程语言，HTML5 有两大特点：第一，强化了 Web 网页的表现能力，例如系统引导过程和载入用户界面不像 Java 那样需要等待较长的时间；第二，Web 编程语言的开放性可以使用户完全掌控系统，而不是像 iPhone 那样，处处受到厂商的限制。用户只要懂得编程，就可以按照自己的需求打造操作系统。

② 基于 HAL，便于 Firefox OS 的普及

Mozilla 出于坚持开放的 Web 精神以及本身的优势，并结合当前开源社区的情况特别是 Android 的快速普及，Firefox OS 的开发一开始是基于 Android 来启动的，甚至其整个编译打包刷机工具也是直接利用 Android 系统现有方式来实现的。

其原因在于可方便对不同硬件进行适配。不同终端厂商提供了不同硬件平台的 Bootloader、FashBoot、内核驱动的更新以及针对 Android 平台的电话、短信、Camera、Sensor、视频图像显示处理等的底层支持。这些基础功能的底层支持，为 Firefox OS 的开发提供了极大的方便。从技术实现角度来看，Firefox OS 的 Gonk 内核几乎全部借用了 Android 的既有成果，包括 Linux 内核和硬件抽象层 HAL。如果说 MIUI 是在 App 和 framework 层对原生 Android 做了优化的话，那么 Firefox 就是丢掉了 Android 已有的 App 和 framework，用 HTML、CSS、JavaScript 又实现了一套 App 和 framework，同时用 Gecko 换掉了 dalvik，但是底层运作基本上还是 Android 原来的机制。

### 3. Ubuntu Touch

Ubuntu 是一个以桌面应用为主的 Linux 操作系统，其名称来自非洲南部祖鲁语或豪萨语的“ubuntu”一词（译为吾帮托或乌班图），意思是“人性”、“我的存在是因为大家的存在”，是非洲传统的一种价值观，类似华人社会的“仁爱”思想。Ubuntu 基于 Debian 发行版和 GNOME 桌面环境，与 Debian 的不同在于它每 6 个月会发布一个新版本。Ubuntu 的目标在于为一般用户提供一个最新的、同时又相当稳定的主要由自由软件构建而成的操作系统。Ubuntu 具有庞大的社区力量，用户可以方便地从社区获得帮助。

2013 年 1 月 3 日，Canonical 公司在官网发布了适用于智能手机的 Ubuntu 操作系统分支。Ubuntu 手机操作系统的界面与现有的几款移动操作系统都不相同，它回避了 iOS 的应用网格设计理念，而在一定程度上借鉴了安卓和 Windows Phone 8 的优点，用户可以从屏幕边缘滑动打开常用的程序并进行切换，不过，相对于其他操作系统来说，Ubuntu 的整体使用体验更为宽阔，很显然设计人员已经将屏幕尺寸和设备便携性等问题考虑进去了。同时，Ubuntu 的搜索功能很是强大，有点类似于惠普的 WebOS，能够根据一个搜索条件从多个数据源上获得搜索结果，同时 Ubuntu 还能相当聪明地根据用户的使用习惯对搜索结果进行排序，再加上强大的语音支持功能以及对 HTML5 应用的支持，相信 Ubuntu 手机操作系统能够迅速赢得用户的青睐。

Ubuntu 移动版操作系统分为普通版和高级版两个版本。其中“普通版”对手机配置的要求较低，但是功能有限。

（1）特征

系统采用全手势操作，屏幕每个边缘都会对应不同操作，比如短暂的在屏幕左端边缘滑动手指便可呼出程序菜单，从屏幕左端滑到右端则可以显示目前打开的应用程序，短暂的在屏幕右侧滑动手指则是类似“返回键”的功能等。

Ubuntu 移动系统支持 HTML5 网页程序，每个程序都可以不借助浏览器独立运行，有属于自己的图标。目前为止已经有诸如 Google 和 Facebook 等厂商率先推出了 HTML5 网页程序。官方主页上还声明 Ubuntu 移动系统支持其他诸如 C、C++在内的程序语言，并且会提供 SDK 包供开发者使用。

除了上述的内容，Ubuntu One 云同步服务也会登录该系统，用户可以在多台设备之间共享文件。

Ubuntu 移动版操作系统最具特色的还应该属该系统的“高级版”对手机底座的支持，具体说来是当手机放入底座使得手机的内容能够投射到别的设备上时，用户可以使用桌面版 Ubuntu 系统，兼容普通应用程序。

（2）发展历程

2011 年 10 月 31 日，马克·沙特尔沃思宣布推出 Ubuntu 14.04，支持智能型手机、平板电脑、智慧电视。

2013 年 1 月 2 日，Ubuntu 平台手机亮相。

2013 年 2 月 21 日，Ubuntu Touch 开发者预览发布。

2015 年 2 月 9 日，第一只搭载 Ubuntu 的智能型手机，Bq Aquaris E4.5 在欧洲上市。

### 4.3.7 软件操作平台的比较

本章主要介绍了 iOS、Symbian、Windows Phone、Android、Bada、Black Berry OS、Firefox OS 和 Ubuntu Touch 这几种不同的操作系统。其中苹果公司的 iOS 仅用于其本身生产的 iPhone、iTouch 等产品，而 RIM 公司的 Black Berry OS 也可以归类为同一种情况，这里不再详述。

就当前市场状况而言，智能手机成为一股不可阻挡的潮流。这里的智能手机至少包括了两个主要因素：一是以触摸屏为特点的良好的用户界面；二是是拥有丰富 App 应用。以目前的经济形势和用户偏好来看，这种智能手机最有发展前景，可以说谁占领了智能手机的操作市场，谁就占领了未来。下面，我们就通过各操作系统的表现来进行点评。

作为曾经的市场领先者，Symbian 的表现只能用令人失望来形容，虽然它目前仍占有全球约 1/5 的市场份额，但不断下滑的态势令人堪忧，甚至连曾经的盟友也在 Android 的强劲表现下纷纷倒戈，虽然诺基亚公司仍然在努力地进行新的开发，但是对于一个已经开发了相当长一段时间的操作系统，很难想象会出现能扭转局势的创新点。诺基亚的领导人也看到了这一点，所以才会有壮士割腕般的改革，选择与微软合作开发集成 Windows Phone 7。总之，未来的智能手机市场，Symbian 能否存在都将是一个疑问。

Windows Mobile 开发的初衷是将 PC 操作系统以原有的风格移植到手机终端

上去，而且它的定位一开始也是以企业级的商用用户为主。因此，就市场占有率而言，Windows Mobile 的变化不像 Symbian 那样巨大。然而，不管是在美国本土还是全球市场，在与 BlackBerry 的交锋中，Windows Mobile 并没有占到太多便宜。此次智能手机市场的发掘，无论是从规避风险的需要方面，还是市场拓展的需要方面，微软都没有理由不去争取。Windows Phone 7 的进度被提前，不断有新的细节透露出来，微软这样做，无非是为了从谷歌和苹果手中抢下部分潜在的消费群体。当然就目前所透露出来的细节来看，Windows Phone 7 确实有亮点，而与诺基亚的合作，则给 Windows Phone 7 的成功又上了一道保险。

由于 Android 原本就是基于 Linux 的内核，因此可以放在一起比较。此两者相比于上述操作系统，最大的特点就在于开源和免费，这使得大批软件开发人员以相对较低的成本开发第三方应用程序。这样做的好处在于能够给用户提供前所未有的丰富的应用程序，增强用户的使用体验。在高度注重个性化的今天，无疑是吸引消费者眼球的最佳理由。而 Android 相比于传统 Linux 的优势又在于其用户操作界面相当友好，同时谷歌解决了过去 Linux 手机的一些弊端，如销售渠道、版本升级等，因此才说 Android 的成功是顺理成章的。

# 云

# 第 5 章

# 移动云计算

本章从互联网数据中心、移动云计算的定义、移动云计算的特点、移动云计算的技术内涵和实现、移动云计算的前景等几个方面，系统地介绍有关移动云计算相关研究成果，并试图阐明这一技术给移动互联网产业所带来的巨大影响。

## 5.1 IDC

### 5.1.1 IDC 的定义

互联网数据中心（Internet Data Center，即 IDC），是基于 Internet 网络的，电信部门利用已有的互联网通信线路、带宽资源，建立标准化的电信专业级机房环境，为企业、政府提供服务器托管、租用以及相关增值等方面的全方位服务。IDC 不仅是数据存储中心，而且是数据流通中心，应用于 Internet 网络中数据交换最集中的地方。它是伴随着人们对主机托管和虚拟主机服务提出了更高要求的状况而产生的。从某种意义上说，IDC 是由 ISP 的服务器托管机房演变而来的，企业将主机、平台和系统托管等服务相关的一切事物交给专门提供网络服务的 IDC 去完成，而将精力集中在增强核心竞争力的实际业务中。可见，IDC 是 Internet 企业分工更加细化的产物。

IDC 可提供的具体服务分为基础服务、增值服务和应用服务。基础服务是指直接提供机房空间、网络资源、供电和空调等基础资源的服务，包括机房空间出租、主机托管和虚拟主机等服务；增值服务是指客户根据自己的需求，在 IDC 的基础服务之外选购的附加服务，包括网络监控、统计分析、数据存储备份和网络安全等服务；应用服务是指网络系统和用户信息系统的应用开发服务，其中包括企业电子邮箱服务、电子商务加速服务和专业咨询等服务。

### 5.1.2　IDC 的发展历程

互联网数据中心的发展可以粗略划分为三个阶段，每一阶段服务形态有所不同，但都体现出基础设施的特性。

第一阶段，主要是场地、电源、网络线路、通信设备等基础电信资源和设施的托管和线路维护服务，客户包括行业、大型企业等。本阶段被广泛称为外包业务（hosting service），不能满足电子商务蓬勃发展时代的客户需求。

第二阶段，随着互联网的高速发展带动了网站数量的激增之后，各种互联网设备如服务器、主机、出口带宽等设备和资源的集中放置和维护需求提高，主机托管、网站托管（Web hosting service）是主要业务类型。本阶段比第一阶段有所进步，IDC 企业围绕主机托管服务也提供客户需要的增值业务，本阶段 IDC 成为企业 IT 基础设施的核心。

第三阶段的数据中心概念被扩展，大型化、虚拟化、综合化数据中心服务是主要特征。尤其是云计算技术引入后，数据中心更注重数据的存储和计算能力的虚拟化、设备维护管理的综合化。新型数据中心采用高性能基础架构，实现资源按需提供服务，并通过规模运营降低能耗。云计算数据中心概念被提出，由此认为，云计算数据中心本质上还是在数据中心的物理基础设施上，采用虚拟化等云计算技术，提供传统的数据中心业务和各种新型网络应用服务。

当前国内数据中心处于从第二阶段向第三阶段的转型期。电信运营商和社会 IDC 企业基于数据中心进行升级。中国电信于 2012 年 3 月专门成立中国电信云计算公司，推出了私有云资源动态管理系统软件，2012 年达到了 60 亿元。此外，中国联通、中国移动等均推出云计算数据中心，多家领先互联网企业则采用新技术建设大规模的新型数据中心，一方面满足自身业务发展需要，同时也为第三方提供 IaaS、PaaS 等新型网络服务。鉴于业界已有诸多讨论，这里不再赘述。

### 5.1.3　IDC 的技术架构

云计算技术为 IDC 的发展提供了机遇，云计算与 IDC 结合起来才能发挥最大效益。基于云计算的 IDC 是通过建立可运营可管控的云计算服务平台，利用虚拟化技术将基础设施封装为用户可灵活使用的服务。具体而言，就是将存储设备、服务器、应用软件和开发平台等资源以标准化的服务提供给客户。如图 5-1 所示，基于云计算的 IDC 技术架构从下至上主要分为物理层、虚拟层、管理层、业务层。

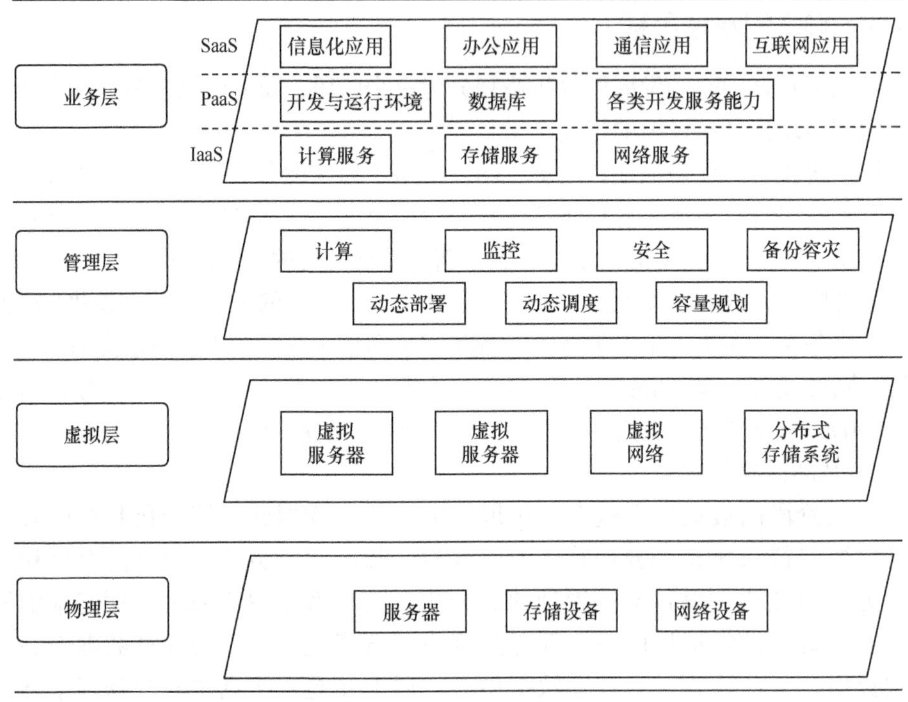


图 5-1　基于云计算的 IDC 技术架构

### 1. 物理层

物理层主要包括实体的服务器、存储设备和宽带网络设备。运营商机房现有大量的设备和充分的网络资源，给运营商 IDC 云化提供了丰富的物理资源。

### 2. 虚拟层

虚拟层是将物理层的服务器、存储设备、网络设备等硬件资源进行虚拟化，成为一个总体的基础设施资源，资源可以按需分配和增长，建立一个分布式的海量数据存储系统。用于海量数据的储存和访问，以及资源的分配和管理。

### 3. 管理层

管理层是基于云计算的 IDC 的核心所在，起到管理调控的作用，对 IDC 业务进行支撑，包括计费管理、监控管理、安全管理、备份容灾、动态部署、动态调度和容量规划等内容。在总体上对分布式的存储数据进行规划，设计相应的分布式存储系统，动态进行虚拟化资源的分配，达到负载均衡。

#### 4．业务层

业务层可提供面对 IaaS 基础架构即服务、PaaS 平台即服务、SaaS 软件即服务三个层次的业务，可以提供不同层面的计算能力，并且以服务接口的方式延长其价值链，满足不同用户多层次的需求。

### 5.1.4 基于云计算的 IDC 业务

云计算技术不但解决了传统 IDC 面临的问题，还给 IDC 带来了新的发展。它不但提供给用户以灵活的资源，也提供更多的增值业务的选择。通过虚拟化技术，用户可以以多种方式访问云中的资源，无论 PC 机、手机和工作站，无论采用的是传统互联网还是 3G 网络或者专属 VIP 接入，都可以随时访问到所需的资源。

#### 1．弹性计算业务

弹性计算业务是指按需进行计算资源分配的云计算服务，提供用户以不同规格的计算资源，包括 CPU、内存、操作系统、磁盘和网络。用户可以根据需要和资费进行资源的申请。弹性计算业务实现了对计算存储网络资源的打包销售。

#### 2．在线存储和备份业务

云存储业务提供了海量的分布式存储能力。通过虚拟存储可以构建如在线视频、网盘等互联网应用。通过虚拟化存储将多个云存储节点的资源虚拟为统一的资源，不仅容量大、成本低，而且支持海量用户的访问和使用。安全性高、稳定性好、容灾能力强，能有效地进行数据的备份和恢复。

#### 3．虚拟桌面业务

虚拟桌面业务为个人或者企业用户提供独立运行的桌面计算资源。采用虚拟桌面基础架构，利用云计算的虚拟化技术，将虚拟桌面组件部署在云计算服务器集群上。虚拟桌面业务采用以服务器为中心的计算模式，客户可以在任何时间和地点，使用任何终端来访问虚拟桌面，进行操作。

#### 4．VDC 虚拟数据中心

VDC 是指采用了虚拟化技术的数据中心。虚拟化技术的概念应用到了各个领域，在 IDC 的发展中占据了越来越重要的地位，包括存储虚拟化、服务器虚拟化、网络虚拟化以及桌面虚拟化等概念。数据中心的虚拟化可以整合物理资源，提高资源利用率，高效节能，实现对资源的快速分配和部署。

#### 5．业务托管和虚拟软件

通过在云平台上部署包括邮箱、视频会议、通信和办公等应用软件，为企业提供 SaaS（software as a service）服务，进行企业的业务托管。

### 5.1.5 IDC 面临的主要问题

**1．价格竞争作为主要竞争手段**

由于国内网络资源的不断完善，CDN（内容分发网络）等技术的出现，可以解决跨运营商，跨地区，服务器负载能力过低，带宽过少等带来的网站打开速度慢等问题，IDC 地域性优势逐渐消失，达到统一建设标准的两家 IDC 之间似乎无明显差异。在这种情况下，价格变成了竞争的主要手段，不仅电信运营商与社会运营商之间进行价格竞争，在不同电信运营商之间、甚至同一电信运营商内部，由于不同省份之间的价格竞争引起客户迁移也常常发生。激烈的价格竞争降低了 IDC 行业的盈利。

**2．南北互联**

南北互联是中国特有的互联网问题。在长江以北中国联通具有固网和宽带优势，长江以南中国电信具有绝对固网和宽带优势。在移动通信业务之间的互通，目前比较规范，但在固定和宽带业务商并非很规范，主导运营商在互联网访问上对于不是自己的用户隐形地采取了不易察觉的措施，降低了用户感知。

**3．业务单一**

目前电信运营商的 IDC 业务主要集中在基础业务商，如机架出租、VIP 机房出租、整机出租、托管服务等，是在 IDC 产业链的最底层，也是最基础的服务。这主要是由于互联网大客户有能力自己做，不需要电信运营商提供增值服务，政企客户不愿付费使用增值服务。另外，电信运营商由于内部人员结构老化，提供的增值服务能力有限。

**4．其他方面**

IDC 产品同质化、重硬件轻软件、对非法信息监控不及时等也是制约 IDC 产业发展的因素。

### 5.1.6 IDC 发展趋势总结

随着云计算产业的推进、大数据时代的到来，IDC 产业发展热点主要有 3 个：

（1）基于云计算的产品云主机的大规模上市，部分行内人士甚至预测云主机系统可能会逐步代替传统租用空间等普通业务；

（2）高标准大规模的 IDC 基地的兴建，表现出来了 IDC 行业对市场的信心；

（3）运营商以及主管部门对 IDC 行业的重视，工业和信息化部以及各地管局都对行业的发展大力支持，比如说工业和信息化部 2012 年 12 月下文鼓励民资进入 IDC 和 ISP 运营范畴，将大力推进 IDC 产业快速发展。

# 5.2　内容分发平台

## 5.2.1　CDN 技术介绍

内容分发网络（Content Delivery Network，即 CDN），又被称为内容传输网络。CDN 是将原始服务器上的内容分发到靠近离用户端较近的边缘服务器（代理服务器）上，当用户有需要访问这些内容时，不必从原始服务器上读取，而是按照就近原则直接从代理服务器上获取即可，这样便提高了用户访问的响应速度，并且解决了 Internet 的网络阻塞的问题，减轻了原始服务器由于访问量大造成的网络崩溃的风险。

CDN 的这种网络构建方式出发点是对传统的互联网发布多媒体信息的一种优化，代表了一种基于服务质量的网络服务模式。通过服务器负载和用户就近性的比较判断，以一种高效的方式为用户提供请求服务。在 CDN 网络上，代理服务器从性质上来说是源服务器的一个镜像，用户对源流媒体文件的请求，就可以在代理服务器上得到满足。

当用户访问流媒体内容时，一开始原始服务器会通过 CDN 系统中的请求路由系统按就近原则来确定离用户最近的最佳的代理服务器，同时将该用户的请求转给这个代理服务器。当用户对流媒体内容的请求到达指定的代理服务器时，如果代理服务器上已经存储有用户所请求的流媒体内容，则将其发送给用户；如果代理服务器上没有存储用户所请求的流媒体内容，则从其他的代理服务器或者原始服务器上转发给用户，并将其内容存储到最开始访问的代理服务器上。

对于普通的用户来说，他对服务的请求都会被透明地指向离他最近的代理服务上，由于代理服务器的物理位置距离用户更近，对用户请求的响应相比源服务器要显得更为迅速。在源服务器方面，由于代理服务器在一定程度上充当了源服务器的作用，它自身的负载压力也就随之降低了，同时 CDN 技术也减轻了在整个网络的主干网流量，节省了网络带宽，用户的服务质量也能够相应的提高。

## 5.2.2　CDN 的网络结构

CDN 的网络结构如图 5-2 所示，其中涉及到几个关键技术。

### 1. 内容分发系统

内容分发系统是指 CDN 系统选择一个有效的内容分发的算法，将原始服务器上的文档分发到代理服务器上。这个分发的策略是至关重要的。CDN 网络中内容分发方式有三种：协作式 PUSH、非协作式 PULL 以及 PUSH 和 PULL 相结合的方式。

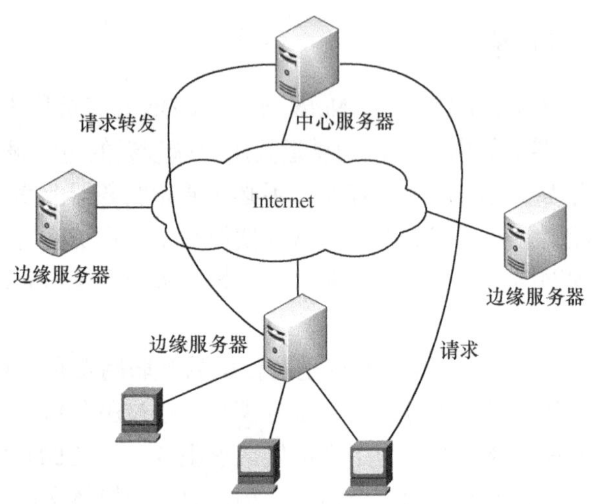


图 5-2　CDN 的网络结构

### 2. 请求路由系统

请求路由系统是用来选择存有用户请求数据的最合适的代理服务器，并将用户对内容的请求转发到该服务器上。其中要考虑的主要因素是代理服务器的负载以及客户端到其的距离。选择一个最合适的代理服务器要考虑如下两个方面。

（1）用户端到代理服务器的距离。这一项通常用跳数（Hop Counts）和往返时间（Round-trip Times）来衡量。常用到“ping”和“traceroute”这两个工具来获取这个参数，但这两个方式都无法准备的测量出端到端的距离。

（2）代理服务器的负载情况。通常使用 Server push 和 Client probe 这两项技术来获取。Server push 是代理服务器将自己的负责情况告知给其他的代理服务器。Client probe 则是代理服务器定期探测感兴趣的其他代理服务器的负载情况。

### 3. 副本放置和调度算法

这个技术主要是解决每个文档应该存有多少副本和这些副本应该放到哪些代理服务器上，包括了代理服务器的放置和文档副本的放置。通常，代理服务器应该放在离用户端比较靠近的地方，这样能减少延迟和带宽损耗；文档副本的放置的目的则是使整个 CDN 网络达到负载均衡。当代理服务器上的存储不够时，则要考虑到文件的删除、替换等。使用什么样的调度算法来管理，才能使服务器的性能最优，也是一个关键性的技术问题。

### 5.2.3　CDN 的内容分发技术

在对新增流媒体分发时，要用到 CDN 的流媒体内容分发技术。CDN 的流媒体分发策略目前来说有两种：PUSH（推）和 PULL（拉）。

PULL 的内容分发技术是指当用户申请访问流媒体内容时，会将请求发给用户所在的自治域内的代理服务器上，如果代理服务器没有缓存该部分内容，代理服务器就会从原始服务器或其他代理服务器处获取该内容并转发给用户，同时将该内容缓存起来。如果以后有用户再次请求该内容，代理服务器就可以直接把该内容转发给用户。这种流媒体内容分发技术就成为 PULL。可见，基于 PULL 的内容分发技术是由用户来驱动的，是按照用户的需要来进行的。

如果 CDN 系统只是通过 PULL 的内容分发技术将原始服务器的内容分发给代理服务器，系统会存在很大的不足。比如新增加的流媒体内容，由于用户是第一次访问，其流媒体内容还未存储在代理服务器上。代理服务器面对用户的请求，不可能本地命中，就必须从原始服务器上获取流媒体内容，这样便会致使用户体验的启动延迟较长，增加了原始服务器的负载量和整个网络的负担。另一方面，由于 PULL 的内容分发技术是采用单薄的方式来分发内容的，对整个网络资源以及原始服务器的系统资源都造成了很大的开销。

PUSH 内容分发方式引入到 CDN 的内容分发策略中，就是为了解决 PULL 内容分发技术的不足。PUSH 内容分发技术与 PULL 内容分发技术在原理上是截然不同的。PUSH 内容分发技术是一种主动性的分发技术，不像 PULL 那样由用户来驱动，而是系统根据一定的策略自己发起的，新增的流媒体内容会在用户请求前分发到用户所在自治域的代理服务器上。PUSH 内容分发技术所分发的内容通常来说都是比较热门的流媒体内容，这些内容用户会比较感兴趣，访问量比较大。

### 5.2.4　CDN 技术的优缺点

CDN 技术利用将用户的服务需求直接通过代理服务器来实现，而不必由中央服务器对用户进行满足。

**1. CDN 技术的优点**

（1）提高了站点的访问速度、稳定性以及服务质量，在全局范围内有条件实现负载均衡。

（2）减少对骨干网络和中心源服务器的负载，对于新增的热点流媒体体内容主动传送，自动跟踪，自动更新。

（3）无缝集成、高可靠、可用性以及扩展性。

（4）消除了不同运营商之间的影响，实现了跨运营商的网络加速，保证了网络中用户的访问质量。

（5）CDN 网络中节点的冗余机制，有效地预防黑客入侵和各种对站点的攻击，保证网络的通畅和良好的服务质量。

**2．CDN 技术的缺点**

（1）系统难于扩展，如果在某个代理服务器附近同一时间如果用户过多，也容易使该代理服务器成为系统的瓶颈。

（2）CDN 技术在高峰时期对突发流量的适应性、容错性等方面存在一定缺陷。

（3）增加 CDN 系统容量成本大：由于带宽限制，增加代理服务器的容量是极为有限的，而且成本偏高；增加代理服务器的数量，其建设成本也是极其昂贵的。

（4）对服务器的处理能力要求高，对流媒体的负载均衡要求高；要保证服务质量和就近服务原则，需要部署负载的内容分发系统，这便大大增加了投资成本。

（5）基于 CDN 技术的流媒体内容分发，在系统达到一定规模时，就需要扩大带宽和各个服务器，才能满足需求，但系统容量不可能无限大，这种扩容方式只是一种权益之计，无法从根本上解决业务发展的瓶颈问题。

## 5.3 移动云计算的概念、特点及技术内涵

### 5.3.1 移动云计算的概念

互联网资源和计算能力的分布式共享，是近年来国内外互联网界具有重要意义的研究课题。在互联网上，计算资源的利用率一直处于一种不平衡的状态。某些应用需要大量的计算和存储资源，而同时互联网上也存在大量处于闲置状态的计算设备和存储资源。另外，随着数字技术和互联网的急速发展，特别是随着 Web 2.0 的发展，互联网上数据量高速增长，也导致了互联网数据处理能力的相对不足。目前，如何实现资源和计算能力的分布式共享以应对当前互联网数据量高速增长的势头，是目前互联网界亟待解决的问题。正是在这样一个发展背景下，云计算应运而生。

到目前为止，云计算还没有一个统一的定义。在分析和综合各方面对云计算定义的基础上，一种阐述是：云计算（Cloud Computing）是指分布式处理、

并行处理、网格计算、网络存储和大型数据中心的进一步发展和商业实现。其基本原理是，用户所需的应用程序并不需要运行在用户的个人电脑、手机等终端设备上，而是运行在互联网的大规模服务器集群中。用户所处理的数据也并不存储在本地，而是保存在互联网的数据中心里面。这些数据中心正常运转的管理和维护则由提供云计算服务的企业负责，并由他们来保证足够强的计算能力和足够大的存储空间来供用户使用。在任何时间和任何地点，用户都可以任意连接至互联网的终端设备。因此，无论是企业还是个人，都能在云上实现随需随用。同时，用户终端的功能将会被大大简化，而诸多复杂的功能都将转移到终端背后的网络上去完成。

如图 5-3 所示，在云计算的应用蓝图中，用户只需要一个终端，如一台显示器或一部手机，就可以通过网络所提供的服务来实现用户所需要的一切功能和操作。对用户而言，云计算即是把所有可能的力量和资源联合起来，提供给云计算中每一个用户来使用。

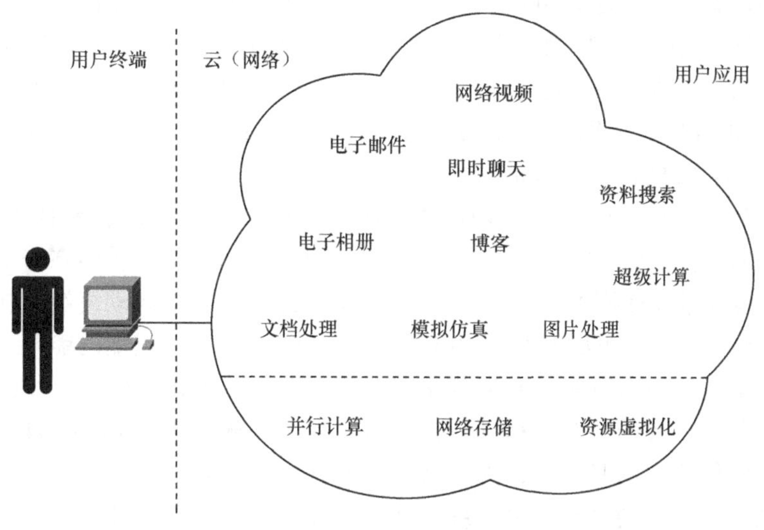


图 5-3　云计算的支撑技术

可以看出，云计算是一种新兴的共享基础架构的方法，可以将巨大的系统池连接在一起以提供各种 IT 服务。实际上，对这类环境的需求是由很多因素推动的，其中包括连接设备、实时数据流、SOA 的采用以及搜索、开放协作、社会网络和移动商务等这样的 Web 2.0 应用的急剧增长。另外，数字元器件性能的提升也使 IT 环境的规模大幅度提高，从而进一步加强了对一个由统一的云进行管理的需求。

随着移动互联网产业的飞速发展，不仅见证了移动互联网业务与应用的爆炸性增长，也有“云、管、端”这样具有移动互联网特色的前瞻性理论得以提出，而云计算这个在互联网行业被热捧的概念也被移植到了移动互联网领域，即移动云计算技术。基于云计算的定义，移动云计算是指通过移动网络以按需、易扩展的方式获得所需的基础设施、平台、软件（或应用）的一种 IT 资源或（信息）服务的交付与使用模式。移动云计算也可认为是云计算技术在移动互联网中的应用。

当前，智能移动终端硬件能力有了跨越式提升，使得其对各种程序的支持能力大为增强。同时，由于移动终端随身携带的移动性，其使用频率也非常高，除了满足基本的通信需求外，像铃声、彩铃、图片、文字、游戏和商务类等应用需求这几年正在逐渐上升为主流需求。一份来自美国调研公司 Flurry Analytic 的数据显示，美国网民花费在移动应用上的时间，已经超过了人们花费在浏览器上的时间。据统计，2011 年，美国网民每天使用移动应用的时间为 81min，而使用浏览器的时间为 74min；而在一年前，他们每天花费在移动应用上的时间是 66min，而用在浏览器上的时间是 70min。显然，传统的台式机和笔记本已经开始受到了冷落。不仅是美国，全球用户都在痴迷于各种移动应用。统计显示，2011 年，在应用的下载量总体增加的同时，美国用户在其中占的份额却从 2011 年 1 月的 55% 降至 10 月的 47%；中国用户的下载量，则在 2011 年猛增了 870%。中国在 2011 年迅速成为苹果的第二大市场。

上述数据表明，人们已经习惯于依赖移动终端，享受移动终端给生活带来的便捷性。那么，移动终端究竟能在多大程度上来满足人们的这种潜在需求呢？其进一步发展前景又在哪里？显然，受制于移动性和便携性，移动终端的外型大小难有大的改动。当下不尽如人意的电源技术，也制约着移动终端的能耗，继续在移动终端上运行所有程序看起来似乎并非好的选择。因此，移动云计算的产生和引入是非常重要的，使用移动云计算将会大大缓解移动终端的压力，让其在保持现有硬件能力的基础上，大大增强可处理性能。适应云计算很重要的入口则是浏览器，这个浏览器不是传统意义上的移动互联网浏览器，而是全功能的手机浏览器。

### 5.3.2 移动云计算的特点

由云计算的概念和技术内涵，不难看出其具备以下几个特点。

（1）超大规模。“云”具有相当的规模，Google 云计算已经拥有 100 多万台服务器，Amazon、IBM、Microsoft、Yahoo 等的“云”均拥有几十万台服务器。企业私有云一般拥有数百上千台服务器。“云”能赋予用户前所未有的计算能力。

（2）虚拟化。云计算支持用户在任意位置、使用各种终端获取应用服务。所请求的资源来自“云”，而不是固定的有形的实体。应用在“云”中某处运行，但实际上用户无须了解、也不用担心应用运行的具体位置。

（3）高可靠性。“云”使用了数据多副本容错、计算节点同构可互换等措施来保障服务的高可靠性，使用云计算比使用本地计算机可靠。

（4）通用性。云计算不针对特定的应用，在“云”的支撑下可以构造出千变万化的应用，同一个“云”可以同时支撑不同的应用运行。

（5）高可扩展性。“云”的规模可以动态伸缩，满足应用和用户规模增长的需要。

（6）按需服务。“云”是一个庞大的资源池，用户按需购买；“云”可以像自来水、电、煤气那样计费。

（7）极其廉价。由于“云”的特殊容错措施可以采用极其廉价的节点来构成云，“云”的自动化集中式管理使大量企业无须负担日益增加的数据中心管理成本，“云”的通用性使资源的利用率较之传统系统大幅提升，因此用户可以充分享受“云”的低成本优势，只需花费几百美元、几天时间就能完成以前需要数万美元、数月时间才能完成的任务。

### 5.3.3　移动云计算的技术内涵和实现

云计算的服务模型包括“端”、“管”、“云”三个层面，如图 5-4 所示。“端”是指用户接入“云”的终端设备，可以是台式电脑、笔记本电脑、手机或其他任何能够连接到互联网的信息交互终端；“管”指的是信息传输的网络通道，对于公共云目前主要是指电信运营商提供的通信网络，对于私有云则指内部的通信网络或虚拟专网；“云”指的是通过 ICT 资源或信息服务的基础设施中心、平台和服务器等，提供的服务类型包括基础设施、平台和应用等。图 5-4 中所示的“云”包含了这 3 个层面：基础设施层面，如各种服务器、数据库、存储设备，并行分布计算系统等；平台层面，由运营、支撑和开发 3 个平台组成；应用层面，提供软件、数据和信息等各种应用。

云计算将计算、存储资源集中起来，通过虚拟化的方式，为用户提供方便快捷的服务。所谓“云”，就是一个虚拟化的存储与计算池，云计算基本功能的实现则取决于两个关键的因素，一个是数据的存储能力，另一个是分布式的计算能力。因此，云计算中的“云”可以再细分为“存储云”和“计算云”，也即“云计算=存储云+计算云”。

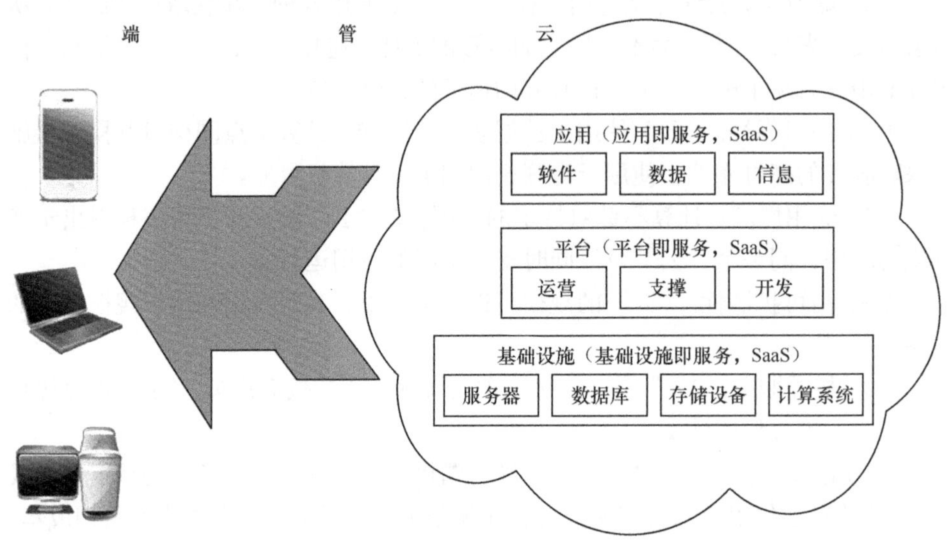


图 5-4　云计算的“端”—“管”—“云”模型及服务类型构成

“存储云”是一个大规模的分布式存储系统。“存储云”对第三方用户公开存储接口，用户可以根据自己的需要来购买相应的容量和带宽。“计算云”包括并行计算和资源虚拟化。并行计算的作用是首先将大型的计算任务拆分，然后再派发到云中节点进行分布式并行计算，最终将结果收集后统一整理，如排序、合并等。虚拟化最主要的意义是用更少的资源做更多的事。在计算云中引入虚拟化技术，就是力求能够在较少的服务器上运行更多的并行计算，对云计算中所应用到的资源进行快速而优化的配置等。

云计算就像它的名字那样，从本质上具有弹性且极为柔软。在处理器层面，采用分布式计算的理论将庞大的程序拆分成细小的单元并分配给各个系统进行处理，由于每个单元本身颗粒度很细，所以绝大部分普通的 CPU 都能胜任。而在存储方面，通过磁盘阵列技术以及各种存储虚拟化技术将分散在各个硬盘上的空间收集起来，并实现冗余，高效的磁盘技术保障了“云端”的数据传输不会在提供服务的时候成为瓶颈。通过处理器和存储器这两方面的技术，加上类似于互联网的连接架构，云计算中心不再会有主服务器、客服务器的区别，取而代之的是一部巨大的虚拟超级电脑。对于网络管理员来说，这部虚拟超级电脑就是云计算的核心所在。当然，在有需求的时候，这“台”超级电脑的存储能力和运算能力还可以随时且无限制的扩充。对于用户来说，一台可以联接到互联网的任何终端设备就拥有了和这“台”在“云端”的超级电脑同样的计算能力和存储容量。

移动云计算便是将主要的计算过程放在“云”中完成，“端”的功能可以相应简化或是说变“瘦”，但这不意味着现有移动终端会被放弃。相反，随着移动终端智能化程度的提高，其数据处理需求大大增加，而移动终端计算资源的先天性不足便促进了移动云计算的产生和发展，各类“云”的产生反过来又推动了移动终端的智能化，从而提升了移动用户对 IT 资源和信息服务的需求。在“云”—“管”—“端”协调发展的前提下，便实现了移动云计算的发展演进。

## 5.4 移动云计算技术

本节重点介绍移动云计算几种最主要的表现形式，包括软件即服务（Software-as-a-service，即 SaaS）、平台即服务（Platform as a Service，即 PaaS）、基础设施即服务（infrastructure as a service，即 laas）以及作为优秀云计算平台类型的 Hadoop。

### 5.4.1 SaaS

如前文所述，SaaS 与“on-demand software”（按需软件），the application service provider（ASP，应用服务提供商），hosted software（托管软件）所具有相似的含义。它是一种通过 Internet 提供软件的模式，厂商将应用软件统一部署在自己的服务器上，客户可以根据自己实际需求，通过互联网向厂商定购所需的应用软件服务，按定购的服务多少和时间长短向厂商支付费用，并通过互联网获得厂商提供的服务。

SaaS 有三层含义，即表现层、接口层和应用实现层。表现层：SaaS 是一种业务模式，这意味着用户可以通过租用的方式远程使用软件，解决了投资和维护问题。而从用户角度来讲，SaaS 是一种软件租用的业务模式。接口层：SaaS 是统一的接口方式，可以方便用户和其他应用在远程通过标准接口调用软件模块，实现业务组合。应用实现层：SaaS 是一种软件能力，软件设计必须强调配置能力和资源共享，使得一套软件能够方便地服务于多个用户。

#### 1. SaaS 的总体架构

根据微软所讲，SaaS 体系结构为单实例-多租赁，可分为四级成熟度模型，其主要属性包括三个：可配置性、多用户高效协同、可扩展性。这四级模型大体上如下。

（1）特设/定制

第一级类似于传统的 asp 模式，即不同的客户拥有各自主机应用的定制版本，在主机服务器上运行自己的应用实例。一般来说，传统的客户端—服务器应用无需太多开发工作，也不必从头重新设计整个系统，就能转变为第一级成熟度的

SaaS 模型。

（2）可配置性

第二级提供了较大的灵活性，通过配置程序元数据，使许多客户可以在不同的情况下使用相同的代码库，但彼此之间仍然完全隔离。供应商的所有客户都使用相同的代码库，这大幅降低了 SaaS 应用的服务要求，因为代码库的任何更改都能立刻方便地作用于供应商的所有客户，从而无需逐一更新或优化每个定制实例。

（3）可配置性、多用户高效协同

第三级，供应商通过运行单一实例来满足客户需求，并采用可配置的元数据为不同的用户提供独特的用户使用体验和特性集。授权与安全性策略可确保不同客户的数据彼此区分开来。从最终用户的角度来看，不会察觉到应用是与多个用户共享的。这种方法使供应商无需为不同客户的不同实例提供大量服务器空间。因此使用计算资源的效率将大大超过第二级成熟度，从而直接降低了成本。

（4）可扩展性、可配置性和多用户高效协同

第四级成熟度也是最高级成熟度，这时供应商在负载平衡的服务器群上为不同客户提供主机服务，运行相同的实例，不同客户的数据彼此分开，可配置的元数据可以提供独特的用户体验与特性集。SaaS 系统具备可扩展性，可轻松适应大规模客户的需要，可在无需对应用进行额外架构设计的情况下根据需求灵活地增减后端服务器的数量，不管有多少用户，都能像针对单个用户一样方便地实施应用修改。

**2. SaaS 应用体系结构**

（1）总体描述

SaaS 的特点（数据非本地）和性质（单一代码库，多应用实例）决定了元数据管理服务和安全服务既是客户的最大关注点，又是平台架构考虑的重点。

软件服务供应商在负载均衡的服务器上为不同的客户提供主机服务，在同一代码库上运行多个相同的应用实例（同构实例），每个应用实例服务于一定数量不同需求的客户，通过授权和安全策略来确保不同的客户访问各自权限范围内的数据，以及区分不同客户的数据。为了屏蔽服务层对登录互联网的账号来使用软件。软件的开发、运营和 底层多个数据库的数据访问操作，我们采用面向对象的“数据源代理”机制，这样能极大地提高系统的性能。另外，系统采用可配置的元数据为不同的用户提供个性化的服务。负载均衡的服务器群作为和用户交互的统一接口，并且向下管理这些同构实例。同构实例能够最大化不同用户间的资源共享，并且从最终用户的角度来看，不会察觉到应用是与多个用户共享的。用户使用软件的性能由服务水平协议 SLA 来监管。

（2）元数据服务

就成熟的 SaaS 应用而言，为了满足企业业务需求的变化，SaaS 应用包括服务的可定制性及配置性，这可以通过元数据服务来实现。元数据服务可以进行四个领域的配置更改：用户界面与风格、工作流程及业务规则、数据模型的扩展、存取控制。

每个配置域包含不同的选项，以反应上述四个域的配置信息。每个客户都拥有项级配置域，使他们能够根据业务需求进行变更配置，并能在顶级配置域下构建任意层级的一个或者多个配置域。

（3）安全性服务

在任何软件环境下，安全性都是至关重要的。SaaS 的性质决定了安全性既是客户的最大关注点，又是架构师优先考虑的重点。而认证和授权是现实应用程序的安全性概念中主要的两个，即认证和授权。

① 认证

SaaS 系统一般应用两种通用办法来解决认证问题：一种是集中认证系统，即供应商管理中央用户账户数据库，该数据库为所有应用的用户提供服务。这种方法所要求的认证基础设施相对简单，便于设计和实施，也不需要改变客户自身的用户基础设施。缺点之一在于很难实现单点登录。另一种是非集中认证系统，即客户采用可与其自己的用户目录服务相连接的联合服务。要实现这种服务需要与众多客户的联合服务分别建立联邦式的信任关系。

② 授权

授权主要是用于企业最终用户在系统资源的分配和商务功能的权限方面的管理，以确保内部业务流程的合理分工和协作。授权包括两方面：一方面是存取 SaaS 应用中的资源和商务功能都用“角色”的概念来管理；另一方面存取控制由配置域管理。

（4）多用户数据模型

在 SaaS 应用中，在满足资源的共享性与多用户高效性的同时，必须区分属于不同客户的数据。如何解决这问题有三种不同方法。

① 独立数据库

该方法为各客户提供专用的数据库，客户可根据需要扩展数据库。

② 共享数据库，不同用户采用不同架构

此方法即是所有客户共享一个数据库，数据库预设一些定制字段，允许用户根据需要分配使用。

③ 共享数据库，共享架构

此方法是构建统一的共享数据库，并允许客户自行扩展数据模型，在不同的表格中将定制数据存储为名称值对。

### 3. SaaS 安全体系

软件即服务（SaaS）业务模型，通过 Internet 上的订阅模型来提供应用程序功能。这种业务并不获得软件的所有权，而是订阅远程交付的整体解决方案。在这种模式下，因为数据和处理过程由外界提供，所以安全就成了 SaaS 体系结构中最重要的一个问题。

（1）安全风险分析

Saas 的安全风险主要有以下两方面。

① SaaS 模式的数据存储在公网上，其他人可依靠一些手段入侵数据服务器，获取数据和操作权限。

② 在 Saas 模式下，客户企业的关键数据掌握在 SaaS 服务商的手上。

（2）saas 的安全保障

① SaaS 技术体系安全保障措施

首先，数据中心（Datacenter）是基础，网络安全是第一屏障，硬件级安全是支撑。其次，保障操作系统和核心架构的安全。最后，保障软件的应用架构和商务服务的安全。

② SaaS 管理体系的安全保障措施

首先，SaaS 平台运营商属于托管运营商，SaaS 应用和其他互联网应用一样，需要在一个标准的托管环境下运营（建议 4A 以上的 IDC），IDC 服务品质保证是基础。其次，SaaS 平台运营商要与解决方案商合作，在系统级构建高可用性与负载均衡的 SaaS 应用。再次，SaaS 平台运营商要部署 7×24 的监控管理系统。最后，SaaS 平台运营商要有能力提供 7×24 的工程师运维团队。

（3）saas 安全在应用架构上的实现

① 安全模式

首先，认证。一般情况下，都采用上述两种模式的混合模式，即把两种认证系统整合，对小型客户采用集中认证系统来认证和管理，而对要求单点登录并愿为此付费的大型企业提供联合服务。

其次，授权。从最佳实践角度看，应用应向所有用户提供一系列默认的角色、许可和商务规则，并应允许不同用户通过直观易用的界面定制这些规则和创建更多规则。

最后，受信任的数据连接。用于确保不同企业用户间的数据安全与企业内部不同用户群间的数据安全，以防止用户非法访问他人的数据或者未授权的数据。在 SaaS 应用中，有两类不同的用户，即企业用户 TID（Tenant ID）和最终用户 ID。企业用户 TID 通过应用访问自己数据存储区的数据，其数据存储区在逻辑上通常与其他企业用户的数据相隔离。每个企业用户 TID 为一个或多个最终用户 ID 的应用存取授权，使最终用户 ID 能够在企业用户 TID 控制下，存取企业用户 TID 数据的某一部分。目前，有两种方法经常用来确保安全存取数据库中存储的数据，一种是模拟Ⅲ；另一种是受信任的子系统账户。

② 实现的要求

- 在访问任何业务功能之前建立用户标识。
- 通过维护用户的访问控制列表来提供功能和数据权限。
- 支持用户、组和 ACL 的创建和维护。
- 处理 SaaS 应用程序的多承租需求。
- 允许每个承租者的管理员在用户账号目录中为该承租者创建、管理和删除用户账号。

### 5.4.2 PaaS

目前，以 Google、新浪为代表的众多互联网公司都推出了基于云计算技术的 PaaS 平台，如 GAE（google App engine）和 SAE（sina App engine）。GAE 是 Google 管理的数据中心用于 Web 应用程序的开发和托管平台，是互联网应用服务的一个引擎，支持 Python 和 Java 开发。SAE 是由新浪公司开发运营的开放云计算平台的核心组成部分，其目标是为应用开发者提供稳定、快捷、透明、可控的服务化平台，支持 Java 和 PHP5 运行环境。有了 GAE 和 SAE 这样的 PaaS 平台，用户不用再为建设一个小型网站而去租用主机并选择托管商。用户只需要利用 PaaS 平台就能创建、测试和部署应用与服务，与传统的软件开发相比，费用要低得多。

通过对常见 PaaS 平台的分析可以看出，PaaS 平台应具备几方面的功能特性。首先，PaaS 平台为应用开发提供了一系列非功能属性支持，具体包含 3 点：第一，平台提供了应用程序的开发和运行环境，开发者不再需要租用和维护软硬件设备，同时免去了繁琐复杂的应用部署过程；第二，平台提供了应用程序的运行维护能力，开发者通过平台可以得知应用的运行状态和访问统计信息，全面掌握用户对应用的使用情况；第三，平台提供了应用的高可用性和高可扩展性，开发者无需关注底层硬件的规模和处理能力，平台会根据应用负载自动调整服务规模。其次，PaaS 平台提供了大量的网络能力，开发者可以便捷地在其应用中调用这些能力。

#### 1. PaaS 平台概念模型

PaaS 平台概念模型如图 5-5 所示。PaaS 平台概念模型采用分层结构，由用户平面（UP）、应用平面（AP）、资源平面（RP）、物理平面（PP）和管理平面

（MP）组成。

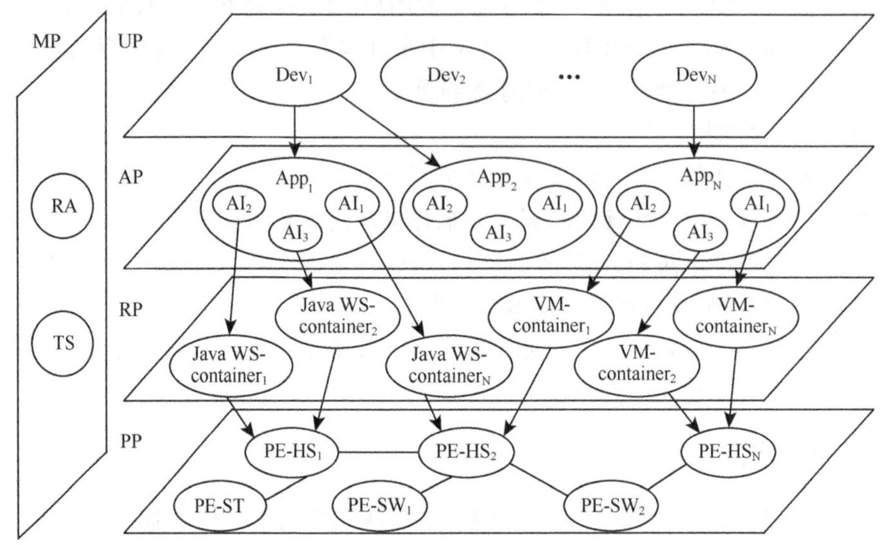


图 5-5　PaaS 平台概念模型

UP 反映了 PaaS 平台的目标使用者，即应用开发者（Dev/Developer），应用开发者可以开发多个应用，并将其部署到平台中。

AP 反映了应用开发者所开发的大量的不同类型的应用（App/Application），每个应用可以包含多个应用实例（AI）。这些应用具有不同的资源消耗和用户访问模型，包括应用逻辑、应用的计算和通信资源开销以及用户请求的分布情况。这些信息将作为 MP 对应用进行管理的依据。

RP 反映了 AI 运行的逻辑环境，由一系列不同类型的容器（CT/container）组成。这些容器将 PP 所提供的以主机为单位的分散物理资源汇聚在一起，形成资源池。在该平面中，不同类型的 AI 运行于相应的容器中，使用容器所提供的计算、存储和连接等资源。因容器中承载的应用类型不同，容器可以分为多种类型，如 Java Web 服务器容器（Java WS-container）、虚拟机容器（VM-container）等。鉴于容器是一个相对独立的逻辑运行环境，容器中既可以运行第三方应用，也可以运行平台的自建应用，同时，第三方应用也可以作为平台的能力成为其他第三方应用可调用的组件，从而使得 PaaS 平台支持能力具有高的可扩充性。

PP 反映了 PaaS 平台底层的物理资源，由一系列物理实体（PE）组成，包括物理主机（HS/host）、存储器（ST/storage）和交换机（SW/switch）等硬件设备，为平台提供了底层的计算、存储和通信能力。

MP 负责完成对其他各平面的调度和控制。该平面包含 2 个组件: 资源调度组件

（RA）和任务调度组件（TS）。RA 定义了应用经过多层映射最终分布到物理主机上的部署关系，即应用与 AI 的对应关系（App-AI）、AI 与容器的对应关系（AI-CT）以及容器与主机的对应关系（CT-HS）。TS 定义了应用访问请求（REQ/request）到达平台后的转发规则，即为此请求选择合适的 AI 规则（REQ-AI）。

**2．面向互联网应用的 PaaS 平台体系结构**

基于 PaaS 平台概念模型，面向互联网应用的 PaaS 平台体系结构如图 5-6 所示。该体系结构主要包含 3 个组件，分别是应用集群管理（AppMaster）、智能应用路由器（AppRouter）和应用服务器集群（AppServer）。

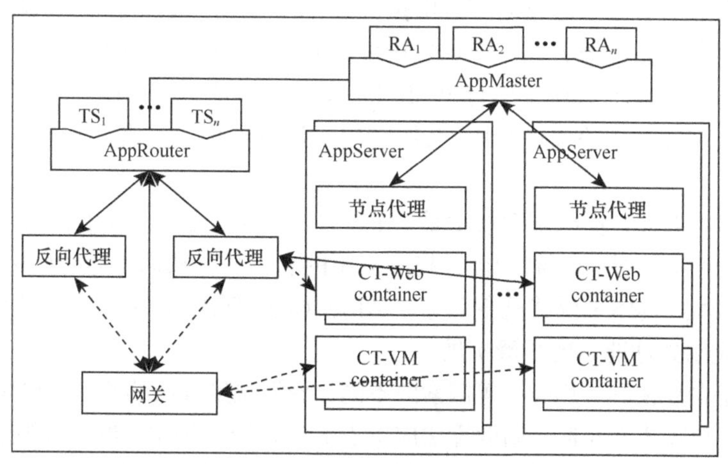


图 5-6　面向互联网应用的 PaaS 平台体系结构

AppMaster 是 PaaS 平台的控制核心，负责加载 RA 以完成整个平台的资源调度工作，包括应用的部署和动态伸缩、收集平台的运行状态和统计信息等。AppMaster 支持开放式的资源调度算法，即资源调度算法以组件的形式插入 AppMaster 中。AppMaster 根据平台规模大小等因素动态加载不同的 ra，完成资源调度工作。

AppRouter 位于应用访问的前端，其内部维护一份全局路由表，负责加载 ts，完成对应用访问请求的路由和转发，同时调整应用副本间的负载均衡。AppRouter 也支持开放式的任务调度算法。此外，为了提高应用访问的效率和可靠性，平台入口处前置一组反向代理，对应用请求进行分发，即应用的访问请求经由网关，通过反向代理路由至相应的处理节点。

AppServer 是包含大量主机的服务器集群，用于部署应用程序和处理应用请求。每台主机上运行着一个节点代理和若干容器。节点代理负责执行来自 AppMaster 的指令，并向 AppMaster 报告主机和容器的负载情况以及应用运行状态。容器用于承载部署到平台上的应用，包含 Java Web 服务器容器和虚拟机容器 2 类，分别用于运行 Java Web 应用和虚拟机应用。

3．关键技术

通用容器（GC）技术将包括 Javaweb 服务器和虚拟机在内的各类应用运行环境加以封装，对外提供统一的管理和操作接口，以达到统一承载多种类型应用的目的，从而提高 PaaS 平台提供应用运行环境的灵活性。

根据应用种类的不同，GC 可以分为 Java Web 服务器容器和虚拟机容器等，前者用于运行 Java Web 服务器，部署 Java Web 应用，其粒度低，针对性强，但兼容性较低；后者用于运行第三方虚拟机软件，向用户提供虚拟主机环境，其通用性强，具备更好的兼容性。根据应用性质的不同，GC 还可以分为平台自建容器和第三方容器。前者用于运行 PaaS 平台自身的部分应用组件，如能力开放网关就是作为应用运行在 GC 当中的;后者用于运行应用开发者所开发的第三方应用程序。

资源调度技术。资源调度技术是指 PaaS 平台能自动检测应用负载，调整资源的分配和伸缩，以实现负载均衡并提高资源的利用率，从而保障对应用提供透明的高可扩展性。具体来说就是主动完成 AI 副本的“创建/激活”和“去激活/撤销”，从而保证应用处理能力的平滑扩展。

根据平台规模和应用类型等因素的不同，资源调度算法的侧重点也有所不同。例如，当平台规模较小时，调度算法应重点关注资源利用率；当平台规模较大时，调度算法则应该更加关注集群的能耗情况等。因此，面向互联网应用的 PaaS 平台支持插件式的开放调度算法，新的调度算法可以通过引入新的调度算法组件来实现。

### 5.4.3 IaaS

1．IaaS 的概念

消费者通过 Internet 可以从完善的计算机基础设施获得服务，称为基础设施即服务（Infrastructure as a Service，IaaS）。基于 Internet 的服务（如存储和数据库）是 IaaS 的一部分。Internet 上其他类型的服务包括上述的平台即服务（Platform as a Service，PaaS）和软件即服务（Software as a Service，SaaS）。

IaaS 提供给消费者的服务是对所有设施的利用，包括处理、存储、网络和其他基本的计算资源，用户能够部署和运行任意软件，包括操作系统和应用程序。消费者不管理或控制任何云计算基础设施，但能控制操作系统的选择、储存空间、部署的应用，也有可能获得有限制的网络组件（例如，防火墙、负载均衡器等）的控制。

### 2. IaaS 的特征

（1）IaaS 有 4 个技术特征

① 1 划 N。将一台物理设备划分为多台独立的虚拟设备，各个虚拟设备之间能进行有效的资源隔离和数据隔离；由于多个虚拟设备共享一台物理设备的物理资源，能够充分复用物理设备的计算资源，提高资源利用率。

② N 划 1。将所有物理设备资源形成对用户透明的统一资源池，并能按照用户需求生成和分配不通性能配置的虚拟设备，提高资源分配的效率和精确性。

③ 弹性。IaaS 具有良好的可扩展性和可靠性，一方面能够弹性地进行扩容；另一方面能够为用户按需提供资源，并能够对资源配置进行适时修改和变更。

④ 智能。IaaS 能实现资源的自动监控和分配、业务的自动部署，能够将设备资源和用户需求更紧密的集合。

（2）IaaS 还有 4 个业务特征

① 用户获得的是 IT 资源服务，用户能够租赁具有完整功能的计算机和存储设备，获得相关的计算资源和存储资源服务。

② 用户通过网络获得服务。资源服务和用户之间的渠道是网络，当 IaaS 作为内部资源整合优化时，用户可以通过企业 Intranet 获得弹性资源；当 IaaS 作为一种对外业务时，用户可以通过互联网获得资源服务。

③ 用户能够自助服务。用户通过 Web 页面等网络访问方式，能够自助地定制所需的资源类型和配置、资源使用的时间和访问方式，能够在线完成费用支付，能够实时查询资源使用情况和计费信息。

④ 按需计费。按照用户对资源的使用情况提供多种灵活的计费方式，一方面能够按照使用时长进行收费，如按月租和按小时收费；另一方面能按照使用的资源类型和数量进行收费，如按照存储空间大小、按照 CPU 处理能力进行收费。

### 3. IaaS 的技术架构

在 IaaS 的技术架构中，通过采用资源池构建、资源调度、服务封装等手段，可以将 IT 资产迅速转变为可交付的 IT 服务，从而实现了 IaaS 云的随需自服务、资源池化、快速扩展和服务可度量。

通常来讲，基础设施服务的总体技术架构主要分为资源层、虚拟化层、管理层和服务层在内的 4 层结构，如图 5-7 所示。

（1）资源层

位于架构最底层的是资源层，主要包含数据中心中所有的物理设备，如硬件服务器、网络设备、存储设备以及其他硬件设备。在基础架构云平台中，位于资源层中的资源不是独立的物理设备个体，也不再是分散的物理位置，这些设备都被形象化地看作集中在一个“池”中，即组成一个集中的资源池，因此，资源层中的所有资源将以池化的概念出现。

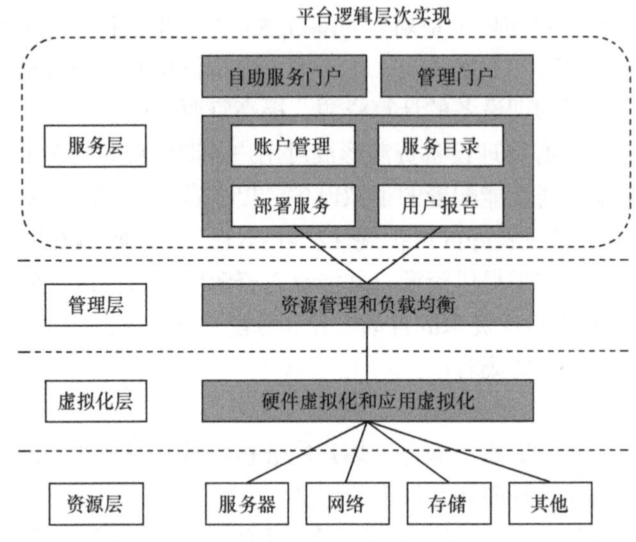


图 5-7　IaaS 基础设施服务的总体技术架构

资源层的主要资源如下。

① 计算资源

计算资源指的是数据中心中各类计算机的硬件配置，如塔式服务器、刀片服务器、工作站、桌面计算机、笔记本等，而在这些计算机的硬件配置中，又将 CPU 和内存列为 IaaS 架构中核心的计算资源。

② 存储资源

存储资源一般分为本地存储和共享存储。本地存储指的是直接安装或连接在计算机上的磁盘设备，如 PC 普通硬盘、服务器高速硬盘、外置 USB 硬盘等；共享存储一般指的是 NAS、SAN 或者 iSCSI 设备，这些设备通常由存储厂商提供。

③ 网络资源

网络资源一般分为物理网络和虚拟网络。物理网络指的是宿主机通过硬件网络接口（NIC）连接到的网络，其连接的另外一方通常是物理交换机。虚拟网络指的是人为建立的网络连接，其连接的另一方通常是虚拟交换机或者虚拟网卡。为了满足 IaaS 架构的复杂度，适应多种网络架构的需求，IaaS 架构中的虚拟网络应该可以包括多种能力。例如，可以构建一个供虚拟机和统一网络上任意宿主机相连接的虚拟网络，可以构建一个仅供虚拟机和本地宿主机相连接的虚拟网络，可以构建一个仅供本地宿主机之上的虚拟机之间相连接的虚拟网络。

（2）虚拟化层

位于资源层之上的是虚拟化层，虚拟化层的作用是按照用户或者业务的需求，从池化资源层中选择资源并打包，从而形成不同规模的计算资源，也就是虚拟机。例如，从池化资源层中选择了两颗物理 CPU、4 GB 物理内存、100 GB 存储，便可以通过虚拟化层的技术，将以上资源打包，形成一台虚拟机，也就是特定规模的计算资源。

虚拟化平台主要包括：虚拟化模块、虚拟机、虚拟网络、虚拟存储以及虚拟化平台所需要的所有资源，包括物理资源以及虚拟资源，如虚拟机镜像、虚拟磁盘、虚拟机配置文件等。其主要功能包括以下几种：

- 对虚拟化平台的支持；
- 虚拟机管理（创建、配置、删除、启动、停止等）；
- 虚拟机部署管理（克隆、迁移、P2V、V2V 等）；
- 虚拟机高可用性管理；
- 虚拟机性能及资源优化；
- 虚拟网络管理；
- 虚拟化平台资源管理。

（3）管理层

虚拟化层之上为管理层，管理层主要对下面的资源层进行统一的运维和管理，包括收集资源的信息，了解每种资源的运行状态和性能情况，决定如何借助虚拟化技术选择、打包不同的资源，以及如何保证打包后的资源——虚拟机的高可用性或者如何实现负载均衡等。管理层的主要构成包括以下几个部分。

① 资源配置模块。资源配置模块作为资源层的主要管理任务处理模块，管理人员可以通过该模块快捷地建立或修改不同的资源，包括计算、网络和存储资源。

② 系统监控平台。在 IaaS 架构中，管理层位于虚拟化层与服务层之间。管理层的主要任务是对整个 IaaS 架构进行维护和管理，因此，包含的内容非常广泛，主要有配置管理、数据保护、系统部署和系统监控。

③ 安全审计。从审计对象来讲，IaaS 的安全审计应该包括网络设备、安全设备、网络协议、数据库、操作系统、基础应用服务、虚拟层等。

④ 数据备份与恢复平台。同系统监控一样，数据备份与恢复也属于位于虚拟化层与服务层之间的管理层中的一部分。数据备份与恢复的作用是帮助 IT 管理人员按照提前定制好的备份计划，进行各种类型的数据、各种系统中数据的备份。

⑤ 系统运维中心平台。在 IaaS 架构中包含各种各样的专用模块，这些模块需要一个总的接口，一方面能够连接到所有的模块，对其进行控制、得到各个模

块的返回值，从而实现交互，另一方面需要能够提供人机交互界面，便于管理、操作。

（4）服务层

服务层位于整体架构的最上层，主要面向用户提供使用管理层、虚拟化层以及资源层的能力。不论是通过虚拟化层中的虚拟化技术将不同的资源打包成虚拟机，还是使用管理层中的高级功能动态调整这些资源、虚拟机，IaaS 的管理人员和用户都需要统一的界面来进行跨越多层的复杂操作。所以用户是服务层需要包含的主要内容。

**4．应用案例**

在 IaaS 领域成功商用的服务和产品有如下几个厂商。

（1）亚马逊网络服务（Amazon Web service，AWS）

AWS 主要由 4 块核心业务组成：简单存储服务（simple storage service，S3）、弹性计算云（elastic compute cloud，EC2）、简单排列服务（simple queuing service，SQS）以及 SimpleDB。总的来说，亚马逊现在提供的是可以通过网络访问的存储、计算机处理、信息排队和数库管理系统接入式服务。

（2）AT&T

AT&T Synaptic Service 系列产品主要由 3 块核心业务组成：Synaptic HostingSM Service、Synaptic as a ServiceSM 以及 Synaptic Compute as a ServiceSM。AT&T 通过其高度安全的世界级网络云以可靠的方式提供计算处理能力、网络、服务器、硬件以及存储服务。

### 5.4.4 Hadoop

如前文所述，Hadoop 作为一个优秀的云计算平台，Hadoop 是一个能够对大量数据进行分布式处理的软件框架，由 Apache 基金会开发。Hadoop 是以一种可靠、高效、可伸缩的方式进行数据处理。Hadoop 是可靠的，因为它将计算元素和存储的失败作为常态对待，维护多个数据副本，确保失败的任务重新分布处理；Hadoop 是高效的，因为它以并行的方式工作，通过并行处理加快处理速度；Hadoop 还是可伸缩的，能够处理海量数据。此外，Hadoop 基础框架可以由普通硬件构建，建设成本低。

**1．Hadoop 的相关技术**

Hadoop 从上层架构上看是一种典型的主从式结构，主节点负责对整个系统的数据和工作进行管理和分发，从节点只负责存储和计算。为了实现这种主从式结构，Hadoop 采用两个重要的组件，分别是主从式文件系统（Hadoop Distributed File System，简称 HDFS）和主从式计算系统（Map/Reduce）。如图 5-8 所示。

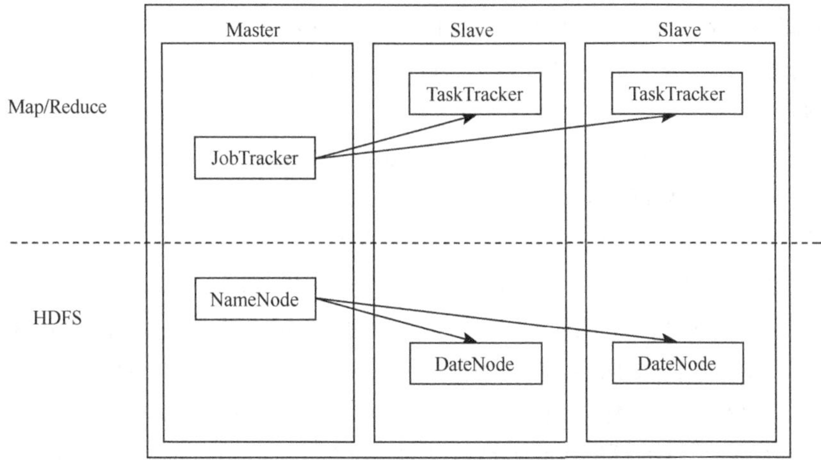


图 5-8　Hadoop 的技术架构

HDFS 采用主从式结构，由一个主节点（名叫 NameNode）和多个数据节点（名叫 DataNode）组成。NameNode 存储文件系统的元数据，实现用户到文件系统的映射，并负责文件的存储管理服务。DataNode 用于实际数据的存储，用户首先从 NameNode 节点获取文件元数据，然后直接与相应的 DataNode 节点建立数据通信。Hadoop 利用 HDFS 的主节点屏蔽复杂的底层结构，并向用户提供轻便的文件目录映射，实现了一种典型的云计算系统结构。

Map/Reduce 也是主从式架构的，并行计算系统中的主程序（称为 JobTracker），负责系统的控制工作，一般部署在主节点上。JobTracker 负责创建子节点的从属任务（称为 TaskTracker），实现计算向存储的迁移。在并行计算中，计算任务的 Map 操作在各个节点上并行完成，计算结果在 Reduce 阶段，汇集到 JobTracker 中，得到最终结果。

Hadoop 系统具有以下几个优点：

（1）易用性——Hadoop 可以运行在由商用计算机构成的、大规模集群上，也可以运行在如亚马逊的弹性计算云（EC2）等云计算服务器上；

（2）简单——Hadoop 使得用户可以快速并高效的编写并行代码；

（3）可靠性——HDFS 分布式文件系统中的数据、备份机制以及 MapReduce 中的任务监控机制都保证了分布式处理的可靠性；

（4）可扩展性——Hadoop 的规模可以通过增加集群中的节点数来实现线性扩展，以解决大数据处理问题。

一方面，Hadoop 的易用性和简单性可以使得编程者能够非常轻松地去编写和运行大型的分布式应用程序，甚至连初学者都可以快速并且廉价地建立自己的

Hadoop 集群。另一方面，它的可靠性和可扩展性适用于处理像 Yahoo 和 Facebook 这类较为严苛的工作。这些特征使得 Hadoop 无论在学术上还是在工业中都非常的受欢迎。

但是，它的一个重要的瓶颈是：Hadoop 主从架构中，只利用一个主节点负责存储管理所有的元数据和并行计算系统中的 JobTracker，这对整个分布式系统的存储和计算将造成严重的单点瓶颈，具体表现如下。

① 在系统吞吐量方面：Hadoop 中，为了提高系统的性能，NameNode 将元数据存放在内存中，以便于快速查询。这就造成了整个系统的存储能力受 NameNode 节点内存大小的限制，不能满足分布式存储系统扩展的需要。

② 在系统性能方面：NameNode 作为整个分布式系统的入口节点，存储所有的元数据，负责并行计算的 JobTracker 工作，又要与所有的 DataNode 结点周期通讯，同步信息，这必然造成系统使用高峰期的性能瓶颈问题。

③ 在容错性方面：Hadoop 集群系统中的 NameNode 一旦失效，整个系统将停止工作，所有正在进行的存储和并行计算也将失败，可能造成一些数据丢失。而对于 NameNode 的恢复操作复杂且耗时，这也是集群系统单点瓶颈的一个重要方面。

### 2. Hadoop 的基础框架

针对以上分析提到的 Hadoop 的集群系统单主节点瓶颈问题，演进出一种框架改进方案，解决单点瓶颈问题，提高系统的吞吐量、扩展性和容错性，即 MultiHadoop。

MultiHadoop 是在 Hadoop 框架的基础上，增加多个并列的 NameNode 和一个数据库节点，另外增加一个 RootNode 节点，只作为整个集群系统的总入口。整个框架模型如图 5-9 所示。

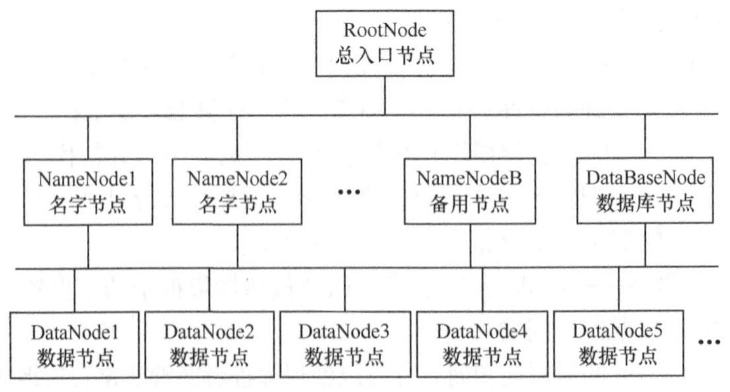


图 5-9 MultiHadoop 的框架模型

（1）MultiHadoop 的相关组件

① 总入口节点 RootNode

RootNode 与每个名字节点、备用名字节点和数据库节点联接，对外作为客户端访问集群系统的总入口。RootNode 内存中只维护名字节点列表和用户文件与名字节点映射表，它们分别如表 5-1 和表 5-2 所示。RootNode 中运行一个与所有名字节点、备用名字节点和数据库节点之间的心跳协议进程，动态更新表 5-1 数据。对于用户端的存储与计算任务，RootNode 根据表 5-1 和表 5-2 的数据，决定将任务转发到相应的名字节点上。RootNode 本身不存储任何 HDFS 元数据，不处理任何的 MapReduce 任务。RootNode 还将表 5-1 和表 5-2 数据实时保存到 DataBaseNode 中，一旦 RootNode 崩溃，将从 DataBaseNode 中恢复内存中的表 5-1 和表 5-2 数据。

表 5-1　名字节点列表

| 节点名称 | 类型 | 是否有效 | 存储状态 | 任务状态 |
| --- | --- | --- | --- | --- |

表 5-2　文件与名字节点映射表

| 文件名 | 名字节点 |
| --- | --- |

② 名字节点组

名字节点组中的每一个都与所有数据节点直接相联，从逻辑结构上看，每一个名字节点与所有的数据节点都可以构成一个独立的 Hadoop 集群架构。所有名字节点内存中的元数据，定期更新到数据库节点中，作为备份。备用名字节点，一般处于休眠状态，一旦某一个名字节点失效，RootNode 立即唤醒它，并从数据库节点中，加载失效节点的元数据，接替失效名字节点。

③ 数据库节点

数据库节点 DataBaseNode 用于备份所有名字节点的元数据、RootNode 的名字节点列表和文件与名字节点映射表。如果数据库数据崩溃，可以从相应节点重新获取。

④ 数据节点

数据节点与 Hadoop 架构数据节点完全相同。

（2）MultiHadoop 的运行时序

客户端通过 MultiHadoop 的控制台向 RootNode 提交的存储任务，RootNode 节点根据名字节点列表，查询获取目前最空闲的名字节点，将存储任务转发给它，并在文件与名字节点映射表中记录下该存储任务与所选名字节点的映射，运行时序如图 5-10 所示。

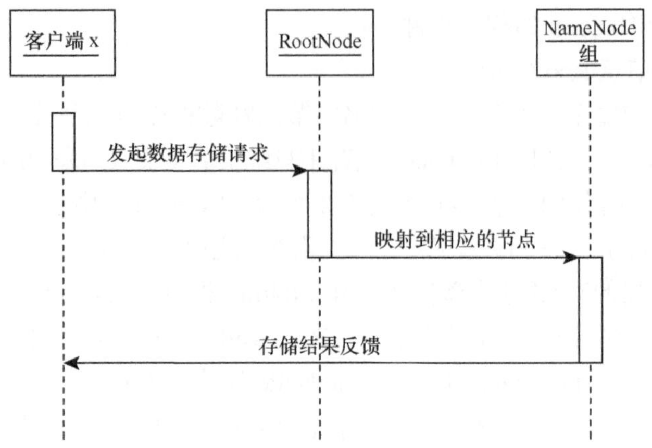


图 5-10　MultiHadoop 的运行时序一

客户端通过控制台向 RootNode 提交的计算任务，RootNode 节点根据名字节点列表和文件与名字节点列表将计算任务映射到最空闲的名字节点或者存储了计算数据的最空闲的名字节点上。在目标名字节点上将计算任务作为一个 Map/Reduce 作业执行，运行时序如图 5-11 所示。

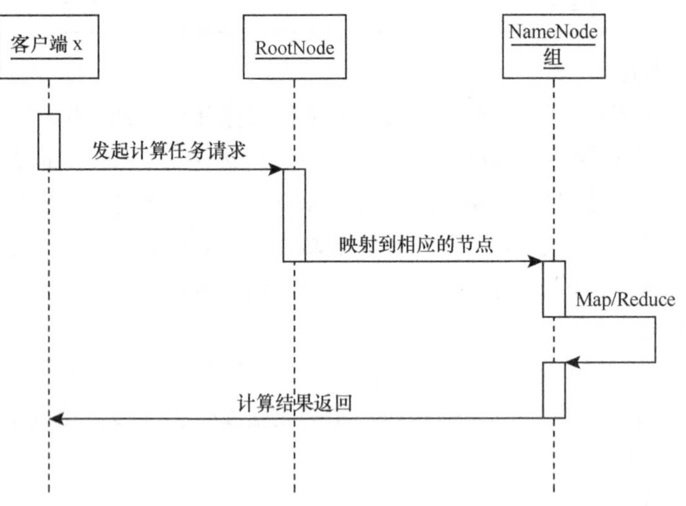


图 5-11　MultiHadoop 的运行时序二

（3）MultiHadoop 的优势

① 解决了单点瓶颈问题。RootNode 节点轻量级的任务配置，使得存储与计算任务转发速度快、集群系统吞吐量大，而且 RootNode 节点的失效恢复简单。

② 集群架构负载均衡。RootNode 实时监控名字节点组所有成员的存储状态和任务状态，对于客户端的存储与计算任务，RootNode 总是选择最为空闲的名字

节点去完成，更合理实现了分布式。

③ 系统鲁棒性好。名字节点失效时，可以随时启用备用节点接替工作，直至失效节点恢复。数据库节点如果失效，存储与计算仍可正常运行，并帮助数据库节点恢复运行。整个系统中，节点的互补性好，相互容错。

④ 集群可扩展性增强，对硬件的要求降低。集群可以根据需要扩展数据节点和名字节点，而对名字节点内存和计算速度要求进一步降低，减少了建设成本。

## 5.5　移动云计算的前景

### 5.5.1　移动云计算面临的问题

随着 4G 网络的发展和云计算应用模式的引入，移动互联网的发展进入了一个新时代，在给人们带来便利的同时，也面临许多新的问题，其中最受关注的安全问题也迎来新的挑战。围绕移动云计算云端、移动终端和无线网络的 3 要素的主要安全问题如下。

**1．云端安全**

首先云计算模式下数据的所有权和管理权具有隔离性。用户将自己的数据委托给云计算服务商，服务商具有最高权限，而云服务商没有充足的理由说服用户相信其数据被正确地使用，如数据是否被篡改，是否被云服务商泄露给其竞争者等，用户对数据安全的担忧成为其发展的重要障碍。其次，在云计算平台中，资源以虚拟化、多用户租用的模式提供给用户，这些虚拟资源根据实际运行时所需来绑定物理资源，也就意味着同一时刻可能有多个用户访问相同的物理资源，一旦云计算中的虚拟化软件存在安全漏洞，用户的数据就可能被非法用户访问。

**2．移动终端安全**

一方面，智能终端的出现带来了潜在的威胁，如通过操作系统的漏洞窃取用户隐私信息，利用病毒和恶意代码进行系统破坏等；另一方面，浏览器普遍成为云服务应用的客户端，目前互联网的浏览器毫无例外地存在软件漏洞，这些软件漏洞加大了终端被攻击和侵犯的风险。

**3．无线网络安全**

无线网络已广泛应用于各个领域，由于其是一种发散性网络，所以天生具有不安全性。在移动云计算环境下，数据通过无线信道传输，这种传播方式增加了数据被截取或非法篡改的可能性。一方面非法用户可能以假冒身份进入无线网络，并进行破坏；另一方面合法用户在进入网络后，也可能访问其权限之外的各种互联网资源。移动云计算发展面临的问题及解决方案如表 5-3 所示。

表 5-3

| 主要问题 | 网络不稳定 | 数据安全 | 服务质量 | 用户安全意识 |
| --- | --- | --- | --- | --- |
| 应对策略 | 优化无线网络并提高实际带宽 | 采用混合云模式<br>加密存储<br>虚拟局域网<br>网络中间件（例如防火墙、包过滤）<br>数据隔离<br>身份认证<br>安全协议<br>可信的审计监管 | 提高云服务的质量使其等价或高于桌面应用 | 加强教育提高用户安全意识 |

采用混合云模式可以避免了核心业务数据存放在服务商手中，又可享用公有云的经济性和方便性，将成为日后的主流模式；使用加密存储、虚拟局域网、网络中间件、数据隔离技术可有效防止非法访问并提高数据可靠性；采用 SIM 绑定与短信确认多重认证方式结合的形式确保用户身份的合法性。三方密钥交换（3PAKE）协议可以有效抵制各种攻击，改进的 3PAKE 在移动云计算领域将具有广阔的应用场景；保障云计算安全仅依靠云计算服务商和用户是远远不够的，需要尽快成立高效可靠的第三方监管机构来协调指引；提高云服务的质量和用户安全意识，提供良好的移动网络是促进移动云计算发展的不可或缺的动力与前提。移动互联网应用在云计算环境下将迎来爆发式增长，一些新经济模式和增长点也将应运而生。目前的移动云计算尚处于初步发展阶段，随着 4G 网络不断发展与优化，移动互联网与云计算、物联网的无缝融合，可预见一切需要信息处理的领域均可应用移动云计算技术使其 “移动化”，比如当前人们已将旅游作为一种生活放松方式，利用移动云计算技术构建智能、方便的移动云旅游系统，用户可随时随地预定、修改旅游计划。

### 5.5.2 移动云计算的发展前景

云计算被称为 IT 界的“第三次革命”，其已成为业界的研究重点，并逐渐渗透到人们的生活中，同时，将带来工作方式和商业模式的根本性改变。我国《国家十二五规划纲要》和《国务院关于加快培育和发展战略性新兴产业的决定》把云计算列为重点发展产业。这对云计算发展都给予了极大地肯定和推动力。

首先，对中小企业和创业者来说，云计算意味着巨大的商业机遇，他们可以借助云计算在更高的层面上和大企业竞争。自 1989 年 Microsoft 推出 Office 办公软件以来，我们的工作方式已经发生了极大变化，而云计算则带来了云端的办公室——更强的计算能力但无须购买软件，省了本地安装和维护成本。

其次，从某种意义上说，云计算意味着硬件对用户的限制大大降低。至少，那些对计算需求量越来越大的中小企业，不再试图去买价格高昂的硬件，而是从云计算供应商那里租用计算能力。在避免了硬件投资的同时，公司的技术部门也无须为忙乱不堪的技术维护而头痛，节省下来的时间可以进行更多的业务创新。

最后，云计算开发新产品拓展新市场的成本非常低。如果用户对 Gmail 的需求突然出现猛增，谷歌的云计算系统会自动为 Gmail 增加容量和处理器的数量，无须人工干预，而且增加和调整都不增加成本。依赖云计算，谷歌能以几乎可以忽略不计的成本增加新的服务。如果新增的服务失败了，关掉并且忘掉它就可以；如果成功了，系统会自动为它增加空间和处理能力。

# 第6章

# 移动互联网服务技术

本章从移动门户与内容管理、移动应用商店、移动浏览器、移动搜索、移动商务，移动阅读，移动安全，跨平台移动开发 HTML5，智能硬件，开源软件，大数据等几个方面，系统介绍有关移动互联网的服务技术，旨在使读者能在感性认识的基础上对移动互联网的服务技术有较深刻和系统的认识。

## 6.1 移动互联网业务体系

目前，移动互联网的业务体系主要包括三大类，如图 6-1 所示。一是固定互联网的业务向移动终端的复制，从而实现移动互联网与固定互联网相似的业务体验，这是移动互联网业务的基础；二是移动通信业务的互联网化，如 3 公司与 Skype 合作推出的移动 VoIP 业务、中国移动的飞信业务等；三是结合移动通信与互联网功能而进行的有别于固定互联网的业务创新，这是移动互联网业务发展方向。如图 6-2 所示，移动互联网的业务创新关键是如何将移动通信的网络能力与互联网的网络与应用能力进行聚合，从而创新出适合移动终端的互联网业务，如移动 Web 2.0 业务以及微博、移动位置类互联网业务等。

从业务特征上看，现阶段移动互联网用户的业务应用偏好与固定互联网非常相似，其中尤其以 Web 2.0 业务成为发展热点，全球 40%流量是社交网络业务，而美国达到 63%。美国、英国以及中国移动互联网用户访问的网站与固定互联网尤其相似，其中搜索、社会化网络服务（SNS）类业务又占据主导定位。各国移动用户访问互联网的情况如图 6-3 所示。

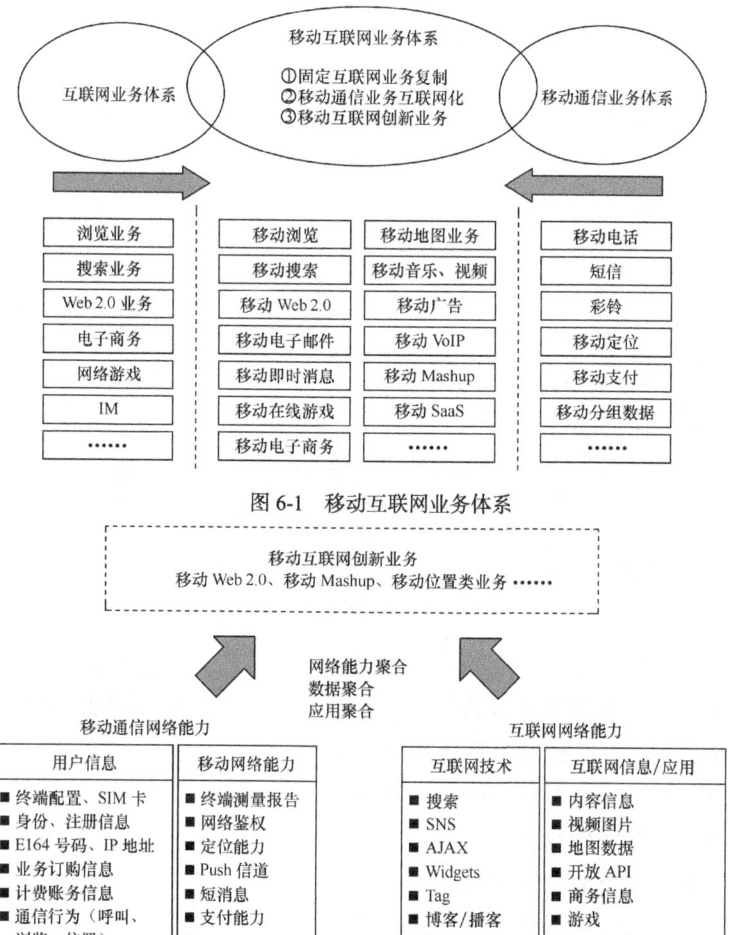

图 6-1 移动互联网业务体系


图 6-2 移动互联网业务创新方向

| 中国 | 美国 | 英国 |
|---|---|---|
| • 1.kong.net—移动互联网门户 | • 1.google.com—搜索 | • 1.google.com—搜索 |
| • 2.baidu.com—搜索 | • 2.myspace.com—社交网络 | • 2.yahoo.com—门户及搜索 |
| • 3.google.com—搜索 | • 3.facebook.com—社交网络 | • 3.facebook.com—社交网络 |
| • 4.sina.com.cn—综合门户 | • 4.wikipedia.org—百科 | • 4.bbc.co.uk—新闻 |
| • 5.qq.com—即时通信 | • 5.yahoo.com—门户及搜索 | • 5.live.com—搜索 |
| • 6.hao123.com—网址搜索 | • 6.nytimes.com—新闻 | • 6.wikipedia.or—百科 |
| • 7.sohu.com—综合门户 | • 7.gamejump.com—移动游戏 | • 7.bebo.com—社交网络 |
| • 8.xiaonei.com—社交网络 | • 8.accuweather.com—天气服务 | • 8.youtube.com—视频共享 |
| • 9.3g.com—互联网门户 | • 9.youtube.com—视频共享 | • 9.myspace.com—社交网络 |
| • 10.taobao.com—电子商务 | • 10.my.opera.com—博客/图片共享 | • 10.msn.com—即时通信 |

图 6-3 各国用户访问移动互联网的情况

## 6.2 移动互联网技术体系

移动互联网主要包括网络、业务和终端 3 个元素。具体架构如图 6-4 所示。

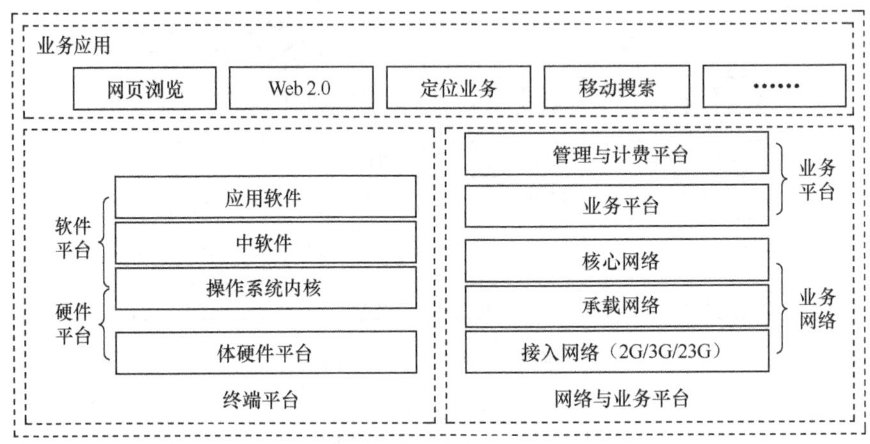


图 6-4 移动互联网总体架构

移动互联网作为空前广阔的融合发展领域，与广泛的技术和产业相关联，纵览当前移动互联网业务和技术的发展，其主要涵盖六大技术产业领域。

- 移动互联网关键应用服务平台技术。
- 面向移动互联网的网络平台技术。
- 移动智能终端软件平台技术。
- 移动智能终端硬件平台技术。
- 移动智能终端原材料元器件技术。
- 移动互联网安全控制技术。

由于当前移动互联网的特点集中于终端，各方巨头竞争焦点也在终端，因此智能终端软、硬件技术是移动互联网技术产业中最为关键的技术。移动互联网技术产业体系如图 6-5 所示。

在移动互联网的整体架构中，终端占了举足轻重的地位，这不仅是由于当前移动互联网处于初期发展阶段，体系林立、平台多样化，更重要的是移动终端的个性化、移动性、融合性的诸多特点本身就是移动互联网发展创新的根本驱动力，对移动互联网的研究不可能绕开终端而仅关注移动互联网业务和服务，不仅如此，终端的软、硬件还是移动互联网研究的最重要部分之一。

目前主流的移动终端软件体系包括 4 个层次：基本操作系统、中间件、应用程序框架和引擎及接口、应用程序。其中，基本操作系统包括操作系统内核和对硬件及设备的支持，如驱动程序；中间件包括操作系统的基本服务部分，如核心库、数据库支持、媒体支持、音视频编码等；应用程序框架和引擎及接口包括应用程序管理、用户界面、应用引擎、用户界面和应用引擎的接口等。应用程序一般包括两大类：面向 Web 的轻量级应用和本地应用。主流移动终端软件平台体系如图 6-6 所示。

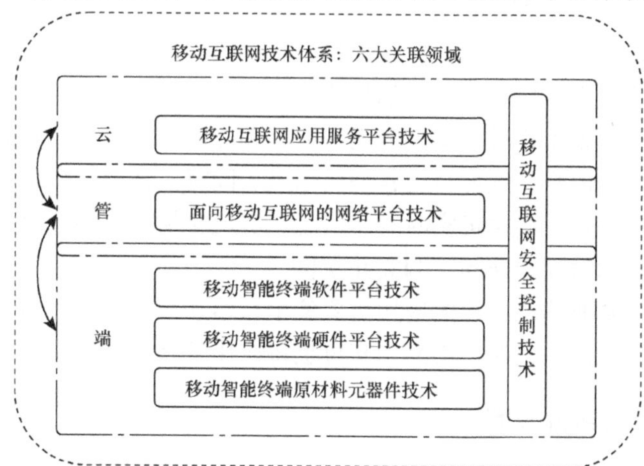


图 6-5　移动互联网技术体系

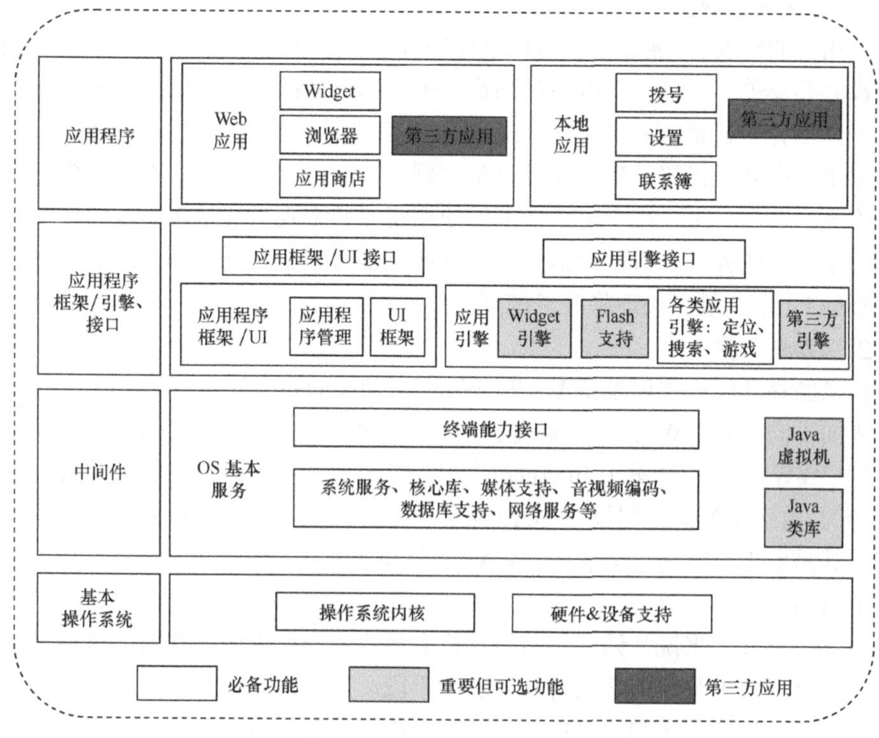


图 6-6　移动互联网主流软件平台架构体系

# 6.3 移动门户与内容管理

## 6.3.1 什么是移动门户

广袤的无线世界中，用户如何获得自己想要的信息？能得到哪些信息？无线网又能够在哪些方面及如何使我们的生活得到便利呢？这些问题为移动门户找到了意义。移动门户是用户进入丰富的无线内容和应用的入口，用户通过它可以方便地进入个性化的内容，选择自己喜爱的信息。同时，移动门户也是移动互联网时代的电子商务平台，商家可实时发布信息、实现交易并方便地完成交付，消费者通过手机可以随时随地访问、购买并支付。

现阶段国内企业移动门户的应用主要集中在移动营销、销售促进方面，随着手机支付平台的建设和完善，交易和交付也将快速发展。

## 6.3.2 移动门户的类型

移动门户根据其依托的技术和用户的使用方式可以分为以下几种类型。

**1. 终端人机界面门户**

从用户的角度看，通过手机可以使用的各种业务都可以被看成是手机的功能，用户没有必要关心拨打一个电话和浏览一个 WAP 新闻其具体的技术实现有何差别。用户操作手机最直接的方式就是操作手机的用户界面（UI），包括手机的键盘和菜单。因此，将移动数据业务直接做到手机的键盘上和菜单内是最为友好的门户方式。这样一来，用户对于业务的使用将非常直观，通过按动按钮或图标就可以直接触发业务。先进的数据业务运营商大多通过定制终端将自己的业务嵌入到终端的 UI 中，最直接地将业务推到用户面前。

**2. WAP 门户**

狭义的移动门户主要是指 WAP（Wireless Application Protocol）门户。与终端人机界面不同的是，WAP 门户是需要用户自己进行搜索的，可以说 WAP 就是手机上的“WWW”。它继承了 Internet 门户的形式，用户的操作模式是：“看—点击—等待”。由于业务信息都放在 WAP 服务器上，因此运营商进行业务更新非常方便。尤其是对于内容信息类业务，WAP 方式就特别适合。

**3. 话音门户**

对于大部分人来说，话音仍然是手机上最主要和最方便的功能。这种方便性使话音也可以成为很多信息聚合和展现的手段。用户拨打一个特服号，通过后台的信息处理，包括声音和数据信息的访问，或者按照话音提示利用数字键盘输入实现简单的交互式应用。话音门户将业务访问的形式扩展到听觉，用户的操作模式可以总结为："听—按键选择"。

**4. 消息门户**

消息包括短消息和多媒体消息，它们也可以实现用户信息"导航"功能。例如，将某个主题词通过短消息发送到专门的号码，消息门户的后台系统可以返回相关业务的信息和访问方法，从而实现业务搜索的功能。消息门户的概念虽然并不普及，但也有其简单方便的特点，可以用于某些特殊场合，例如客户服务。

### 6.3.3　移动门户所提供的服务

世界各地移动门户所提供的服务各具特点。由第三方提供服务在亚洲很流行，在全球也渐为主流。

亚太地区的移动门户所提供的服务具有服务种类覆盖广的特点。除了具有彩屏和其他先进功能的手机所提供的丰富服务外，一些运营商，如 NTT DoCoMo，还专门为 PDA 用户建立了移动门户网站。亚太地区的大多数移动门户主要提供的服务有信息类服务，如新闻、天气和交通路况等；通信和社区类服务，如电子邮件和消息；娱乐类服务，如电视、电影、餐馆信息和游戏；移动银行服务，如交易和购物。较少提供的服务是定位导航、个人信息管理工具、股票交易和拍卖等。

**【案例】**

21 世纪初，相比于欧洲门户的紧缩，日本 i-mode 因其技术优势、低成本和有效的提供商与运营商间的分配机制而大获成功。欧洲移动运营商由此进行了一系列改进。

欧洲移动门户几乎与日本 i-mode 同时起步，但结果却大相径庭。造成这一结果的原因是多方面的。首先，移动门户的运营有其自身的特点，它不需要很大规模的经营资产。除了营销和销售费用，移动门户的运营成本几乎与其规模大小无关。但是移动门户的收入及利润却在很大程度上取决于用户规模的大小。为了获得大规模的用户，移动门户必须以合理的成本为用户提供便利的服务，并通过管理企业商标、创建用户网络、提供用户需求的服务来确立门户声誉。在日本，NTT DoCoMo 的 i-mode 遍布各处，普遍获得了日本国民的认可。欧洲现有的移动运营商所处情势迥然不同，具体来看，有以下几方面的不同。

在技术方面，NTT DoCoMo 实时在线的小型转换网络和 i-mode 手机提供了全日本范围内快速的移动服务。但在欧洲使用的无线应用协议（WAP）与 GSM 系统没有进行很好地融合。用户在浏览 WAP 网页前一般需要约 30s 的下载时间，数据交换非常缓慢，这增加了用户的使用费（因为欧洲的移动门户服务是按时间计费的）。另外，NTT DoCoMo 为手机制造商制定了统一的标准，所以所有用户的在线体验都是一样的。而欧洲的制造商在手机标准方面却混乱不堪。

在服务价格方面，日本 i-mode 的服务费用非常低。i-mode 的基本月租费大概是 1～3 欧元；使用费也非常低，因为用户只需按数据流量支付费用。比较起来，欧洲的移动运营商对用户的每一次服务都要收取约 1 欧元的租用费，同时还有每分钟的使用费。以 ZED 为例，该门户对每一项业务都要收费，用户为了获得赫尔辛基的天气预报，需要付出大约 1 欧元的费用。总之，服务高收费和按时计费的收费方式，阻碍了用户规模的进一步扩大，要发展大规模的用户是不太可能的。

在价值链的比较中，i-mode 同样具有优势。i-mode 收取提供商全部收入的 9%，这保证了提供商能够在移动门户的发展过程中有利可图，同时反过来又促进了服务和产品的增值。与此形成鲜明对比的是，欧洲移动运营商一直致力于建立可以获得大部分服务费用的门户，甚至一些北欧运营商对信息提供商征收服务收入的 90%，结果导致提供商缺乏提供丰富内容和保证服务质量的动力。即使是在欧洲一直受到赞许的 Vizzavi、运营商 Vodafone 和服务提供商 Vivendi Universal 按照 50/50 的方式对分服务收入也不足以挽救提供商 Vivendi 亏损的命运。

### 6.3.4 移动门户的市场竞争者

在门户领域主要有四类竞争者：移动运营商、ISP（Internet Service Provider）、新的加入者和软硬件提供商。这些竞争者在移动门户网站的经营方面各有特点。

第一类竞争者是移动运营商，他们拥有的一个显著优势是具有服务的移动交付能力以及移动网络本身，与客户建立了计费关系。不过，移动运营商并不善于了解用户的情况，所以他们无法向用户提供真正的门户以解决他们的需求。此外，他们在内容的提供方面也存在缺陷，因为没有互联网的经验，他们很难获得必需的内容。同时，管制的取消，使得竞争者不断涌现。对许多运营商来说，移动门户只提供了一种可能性：从原有的移动运营商向拥有更好获利机会的服务提供商转型。

第二类竞争者是 ISP。对于 ISP 来说，其经营门户网站的优势在于它熟知互联网的眉目以及处理内容的过程，他们有大量的内容合作关系，这是在几年的时间里积累起来的。此外，他们还拥有知名品牌以及庞大的顾客群。另外的优势是，互联网 ISP 拥有把用户定制特色和喜好信息从互联网转移到移动网的能力。不过在移动领域，ISP 也暴露出其不足之处，他们通常在移动环境下没有经验，不能与移动用户建立直接的联系，而且要在移动电话里加入 WAP URL（统一资源定位符）是极其困难的。

第三类竞争者是新兴的移动门户。他们是互联网和移动网环境下的新进入者并且在这两个“世界”中都有经验。尽管不拥有像互联网门户那样的内容资源，但他们在移动内容方面，特别是在利用用户位置信息上有自己的专长。如

AirFlash、Indiqu 和 Saraide 都提供基于位置的信息服务，他们从获得移动运营商的位置信息获得了好处，对新进入者来说，他们在寻找一种支撑其价值的途径。在任何时间和地点为用户提供高度个性化的服务，对这些门户来说特别有吸引力，因为这样可以获得比经营有线网络更高的收入。

第四类竞争者是软硬件提供商即设备和软件商。尽管他们在内容的集成方面不太擅长，但也有冒险进入该市场的动机。例如，美国的软件巨头 Microsfot 已制定了一个雄心勃勃的目标，要成为无线行业的服务和软件提供商，建立移动门户网站无疑是这一计划的重要组成部分。此外，像 Motorola、Nokia 等手机制造商和掌上电脑商涉足移动服务领域，因其可以进入供应链的下层为企业或用户直接提供应用设备和服务而受益颇多。

### 6.3.5 移动门户中的内容管理

移动门户向无线用户打开了一扇通往无线世界的大门，但是当大门打开后，将以何种方式呈现怎样的内容呢？内容管理系统就是解决这个问题的。

内容管理系统（Content Management System，CMS）具有许多基于模板的优秀设计，可以加快网站开发的速度和减少开发的成本。CMS 的功能并不只限于文本处理，它也可以处理图片、Flash 动画、声像流、图像甚至电子邮件档案。CMS 其实是一个很广泛的称呼，从一般的博客程序、新闻发布程序，到综合性的网站管理程序都可以被称为内容管理系统。

根据不同的需求，CMS 有几种不同的分类方法。比如，根据应用层面的不同，可以被划分为重视后台管理的 CMS、重视风格设计的 CMS 和重视前台发布的 CMS。

就 CMS 本身被设计出来的出发点来说，应该是方便一些对于各种网络编程语言并不是很熟悉的用户用一种比较简单的方式来管理自己的网站。这虽然是本身的出发点，但由于各个 CMS 系统的原创者们自己本身的背景和对“简单”这两个字的理解程度的不同，就造成了现在没有统一的标准、群雄纷争的局面。简而言之，用户不需要学习复杂的建站技术和太多复杂的 HTML 语言，就能够利用 CMS 构建出一个风格统一、功能强大的专业网站。

隐藏在 CMS 之后的基本思想是分离内容的管理和设计。页面设计存储在模板里，而内容存储在数据库或独立的文件中。当一个用户请求页面时，各部分联合生成一个标准的 HTML 页面。

可以看出，移动门户选择不同的内容管理系统，对其效率的影响将十分深远。因此，移动门户必须与相应的内容管理系统有机地结合起来，才能带来高效实用的用户体验。

## 6.4 移动应用商店

### 6.4.1 什么是移动应用商店

随着移动通信与互联网技术日趋融合、移动网络宽带化、移动终端操作系统智能化以及其硬件飞跃式发展，移动终端对各类移动服务和应用的支持性大大增强。以此为契机，传统应用提供商、互联网服务企业、移动运营商、个人开发者等应用提供者纷纷推出具有特色的移动应用或服务，吸引了大部分移动用户，使得移动用户对终端的使用频率大大提高，并随之寻求更多有价值的移动应用和服务。然而，如何筛选有价值的移动应用，并快速推送给用户以减少用户搜寻时间，促进从应用提供者到用户的商业循环？移动应用商店的出现给出了答案。

一般而言，移动应用商店可以被认为是以智能移动终端为载体，以互联网、移动互联网为通道，由平台运营者拥有并运营的开放式数字产品商业市场。在这个市场中，开发者向平台运营者的客户销售应用软件和增值服务，应用消费者通过移动应用商店门户或客户端门户选择所需的产品和服务。

对平台运营者而言，移动应用商店的意义在于：

（1）运营者将掌握面向用户的最主要界面，控制应用的销售渠道，从而增强对产业链的控制能力，这是各产业巨头推出应用商店的根本目的；

（2）运营者通过运营移动应用商店，可以获得巨大的利益分成；

（3）可以提高移动应用商店运营者原有产品的附加值（主要是移动终端或移动操作系统）的附加值，并通过各种应用增加用户黏性。

### 6.4.2 移动应用商店组成及功能分析

常见的移动应用商店由网络侧的移动应用商店平台、面向开发者的开发者门户和面向用户的用户门户/客户端组成。

（1）应用商店平台

应用商店平台是平台运营者进行控制管理的业务平台，是移动应用商店的核心组成部分。其主要功能是规定应用开发所基于的终端软件平台和 API，为开发者提供统一的开发接口。此外，应用平台还必须提供开发者/用户管理、应用管理、版权保护、支付结算、内容审查等支撑功能，描述如下。

➲ 规定终端软件平台和 API

终端软件平台和 API 是移动应用商店产生的基础，商店中出售的应都是基于某个操作系统、中间件或应用平台的 API 开发的。应用商店平台需要对 API 做出统一规定，为开发者提供统一接口。

➲ 开发者管理

平台为开发者提供注册、分成账户绑定等功能，同时对开发者调用业务能力等权限进行认证鉴权。

➲ 用户管理

平台为用户提供注册、个人信息管理、支付账户绑定、购买记录等功能，同时对用户购买权限、账户余额等进行认证鉴权。

➲ 应用管理

平台为支持包括开发、测试、销售和退市等完整的应用生命周期管理，对应用的可用性、质量等进行保证，同时提供对应用的认证审查、说明指南生成、分类、搜索等功能。

➲ 版权保护

平台为其销售的应用、服务等内容提供数字版权保护机制，对用户复制分享进行限制，保护版权所有者的权益。

➲ 支付结算

平台为用户支付购买应用的费用提供支撑功能，并将所收取费用分配给开发者账户。

（2）开发者门户

开发者门户是移动应用商店为开发者提供的操作门户，包括开发者账号以及配套开发工具如用户需求指南、SDK、开发手册、测试工具、安全沙箱等，描述如下。

➲ 用户需求指南

为开发者提供用户需求统计、营销数据等，引导应用开发。

➲ SDK

为开发者提供的开发及测试工具集，包括开发工具、样例代码、UI 风格控制工具、测试工具等。

➲ 开发手册

包括开发文档、编程指南、参考工具等。

➲ 安全认证沙箱

对开发者的代码进行检测，以确保其对终端是安全可控的。

（3）用户门户/客户端

用户门户/客户端是移动应用商店为用户提供的门户或客户端，包括用户账号，以及应用下载、应用搜索、应用试用、支付等功能。

➲ 应用下载

用户购买应用后，通过用户门户/客户端将应用下载到手机上。

➲ 应用搜索

用户门户/客户端为用户提供应用分类、应用搜索等功能，使用户能方便找到应用。

➲ 应用试用

用户门户/客户端可为用户提供试用功能，采取先试用后购买的方式，避免用户购买不喜欢的应用。

### 6.4.3 移动应用商店的发展

早先诺基亚和索爱构想的移动互联网品牌——Ovi 商店 PlayNow Arena，具备了移动应用商店的形式。但由于他们没有向应用开发商提供专门的平台，直接把应用推向大众，而一直试图取得应用的所有权，因此没有取得很大的成功。2008 年 7 月 11 日，苹果公司推出 App Store，开创了移动应用商店模式。应该说，供 iPhone、iPod touch 和 iPad 终端用户使用的 App Store 或多或少借鉴了 iTunes 的经验，在向用户提供应用搜索、选择和下载的门户的同时，更重要的价值是对于应用内容的管理和与开发者进行利润分享的商业模式。对于下载产生的收益，苹果与开发者是三七分成，这无疑极大地激励了应用开发者。App Store 运营的第一年，已有 6.5 万款软件，下载量突破 15 亿次，为其开发的个人和公司超过了 10 万。到 2011 年 1 月 22 日，苹果官方宣布 App Store 迎来了它的第 100 亿次下载，又验证了苹果 App Store 模式的成功。

苹果 App Store 的成功，在移动互联网行业内掀起了模仿的热潮。其中包括诺基亚 Ovi Store、Google Android Market、中国移动 Mobile Market、微软 Windows Marketplace Live、中国电信“天翼空间”、中国联通“沃”商城、BlackBerry App World、Palm 公司 App Catalog、宇龙酷派 Coolmarket 等。参与者涉及终端制造商、操作系统开发商、移动运营商等。由于对移动应用商店的运营要求对应用开发者和相关各方都具备相当的掌控能力和协调能力，因此其运营者在产业链中必须要有足够的话语权。此外，运营者要让大量用户参与到其所运营平台使用中，还得要有吸引用户的独特之处。从这两方面上看，上述类别企业都有其各自优势。不过，随着移动应用商店的日益同质化，用户流动性增强，只有掌握了优秀开发者资源的企业，才有可能在竞争中脱颖而出。

全球移动应用商店下载量一直呈强劲增长态势。全球技术研究和咨询公司 Gartner 指出，2013 年全球移动应用商店下载总量达 1020 亿，高于 2012 年的 640 亿。2013 年下载总收入达 260 亿美元，高于 2012 年的 180 亿美元。

而伴随着新技术的不断应用和普及，移动应用商店营收将迎来爆发式增长：市场研究机构 BI Intelligence 发布研究报告对当前几个主流应用商店进行了横向对比，预计到 2016 年，包括付费下载、应用内购买、订阅和广告服务在内的移动应用商店总营收将达到 460 亿美元，远高于 2011 年的 85 亿美元。

# 6.5　移动浏览器

## 6.5.1　WML 与微浏览器

### 1．基于 WML 的微浏览器主要功能

WML（Wireless Markup Language，无线标记语言）是一种从 HTML 继承而来的轻量级标记语言，但是 WML 基于 XML，且较 HTML 更严格。该语言针对手持移动终端进行了优化设计。WML 遵守 XML 标准，使得手持设备能够提供强大的 Internet 接入功能。WML 和 WML 脚本将文件分割成一套容易定义的用户交互操作单元，以利于小屏幕显示，同时不要求用户使用常用的 PC 键盘或鼠标进行输入。微浏览器与 Internet 中的浏览器类似，用于在移动终端中浏览信息、检索资源，并负责完成 WML 脚本的解释。网络资源的寻址方式与 Internet 一样，采用 URL 来寻找 Internet 上的资源。事实上，移动终端中嵌入一个微浏览器的目的是减少对移动终端的资源要求，把更多的事务和智能化处理交给网关 WAP。同时，基于浏览器的服务和应用知识临时性地驻留在服务器中，而不是永久性地存储在移动终端中。

简单地了解了 WML 之后，要进一步了解基于 WML 的微浏览器，首先看一下如图 6-7 所示的流程。

从图 6-1 可以看出，基于 WML 的微浏览器主要包括以下功能。

- 缓存：微浏览器收到请求后，首先查找缓存区域，如果数据在缓存中，则可以从本地读取数据，如果没有，则需要建立连接，从服务器上下载数据到缓存。
- 网络传输：根据用户请求建立相应的网络连接，从远程 Web 服务器上或本地文件中获取数据，并将数据存入缓存。
- 解析与排版：根据信息类型调用相应的解析器，由对应的解析器对信息内容进行词法和语法分析，并将数据存入缓存。
- 显示：在显示屏上显示排版结果。
- 与用户的交互：接收用户的输入信息以及其他应用程序发出的控制信息，调用相应的模块来响应各种请求。

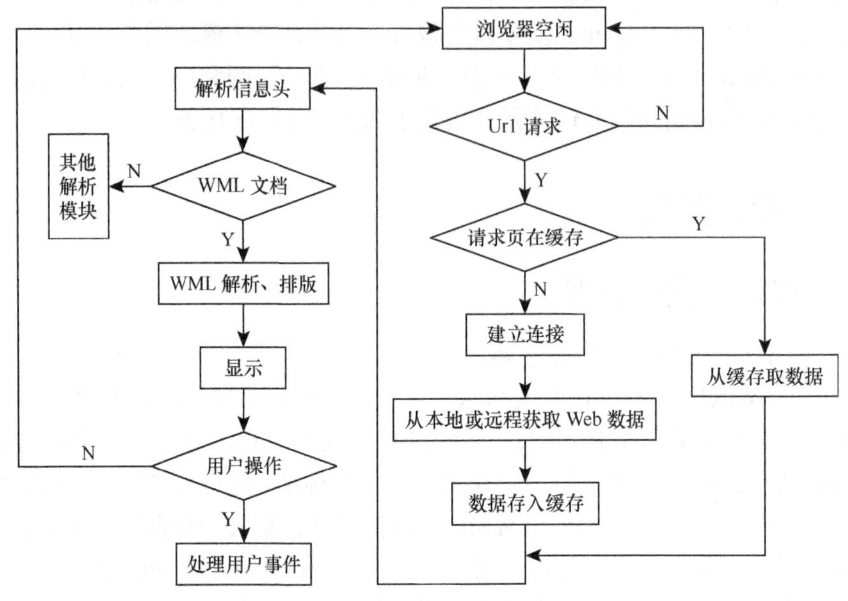


图 6-7　基于 WML 的浏览器信息流程

## 2. 微浏览器解析技术

上面介绍的 WML 一般被用来创建可显示在 WAP 浏览器中的页面。用 WML 编写的页面被称为 Decks。Decks 是作为一套 Cards 被构造的。Card 是用户浏览和交互的单元，包含了呈现给用户的信息，并且收集用户输入的指令。从逻辑结构来看，WML 文档由可嵌套的元素组成，元素内可包含若干其他元素作为其内容，元素可以有自己的属性。整个 WML 文档可以看作是以元素为节点、以 WML 为根节点构成的一棵树。如图 6-8 所示。

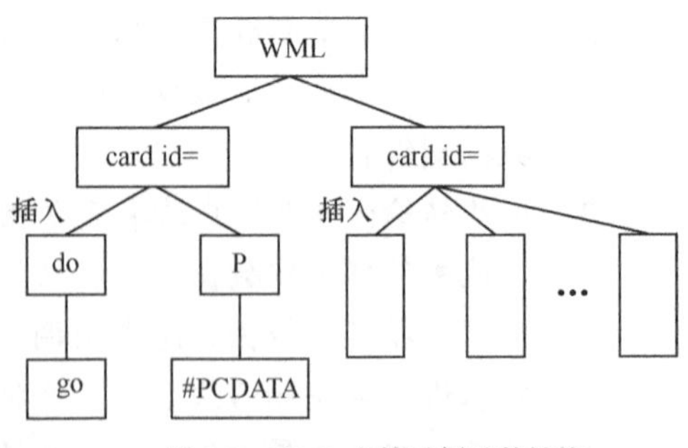


图 6-8　WML 文档示例及其结构

WML 的“Deck”或者 WML 文件是指 Decks。每个 Deck 包含一个或者更多的 Card。每个 Deck 都以<wml>开始和结束，并且每个 Card 都以<Card>开头或者结束。

当 WML 微浏览器处理 WML 文件或者 Deck 的时候，它阅读整个 Deck，并且在 Deck 内的各个 Card 之间进行导航。当装入 Deck 的时候，Deck 里面所有的 Card 都已经装入到内存中，直到浏览器装入另外的 Deck。

如果熟悉 HTML 中的<a name>标签。WML 的<card>标签将是非常类似的：

```
<wml>
<card id="start_menu">
...some code...
</card>
<card id="purchase">
...some more code...
</card>
</wml>
```

Deck 和 Card 可以按照这种方式调用：[ deckname ][ #cardname ]。如果 Deckname 省略，那么浏览器就会查找当前内存里的 Cardname 名字的 Card。如果使用了 Deckname 和#cardname，那么浏览器将装入 Deckname 的整个 Deck，然后跳入到#cardname。这个和 HTML 的工作方式很像。

除了可以定义信息的显示格式和浏览动作外，WML 还能支持一定程度的交互能力，这是通过变量设置和变量替换来实现的。在用户代理方显示和执行 WML 文档时，可以通过用户输入或其他方式改变 WML 文档中变量的值，以便用于不同的用户输入，同样的 WML 文档表现出不同的行为反映。

WML 解析器是整个 WML 的控制中心。它读取 WML 文档，分析其结构，并通知浏览器应该如何显示该文档。网页解析算法可以分为两类，即先解析后排版算法与边解析边排版算法。前者是将整个文件加载到内存，当文档很大时所占用的内存空间也很大，而且效率比较低，但是它有很好的扩展性。后一种算法所需要的内存小，运行快，但是程序只扫描文档一次，无法实现对文档的随机存取。

在现实中可以采用堆栈技术进行 WML 的解析。起始标记入栈前的状态，检查它在文档中的位置是否正确；结束标记退栈前，检查是否与栈顶元素匹配。此外，堆栈还起到辅助的解析排版作用。每个开始标记生成的堆栈元素记录了标记的名称、style 风格等状态信息，标记内出现的页面元素排版都已栈顶元素的状态信息为依据。标记结束后，弹出该堆栈元素。WML 的解析流程如图 6-9 所示。

WML 的解析流程如图 6-9 所示。WML 脚本作为 Java Script 的扩展，针对窄带设备做了优化。它可以与 WML 集成，可以在 WML 文档中增加处理逻辑，支持更高级的用户接口行为，提供访问终端设备和外设的能力，减少与源服务器之间的交互。

WML 脚本支持布尔型、整型、浮点型、字符串型等基本数据类型，支持赋值、算术运算、逻辑运算和比较运输等操作，还支持本地脚本函数、外部脚本函数和标准库函数几种类型的操作。此外，WML 脚本还定义了一些标准库，如语言库、字符串库、浏览器库和浮点库等，这些库分布在移动终端上，在 WML 脚本被解释执行时由 WML 脚本解释器调用。

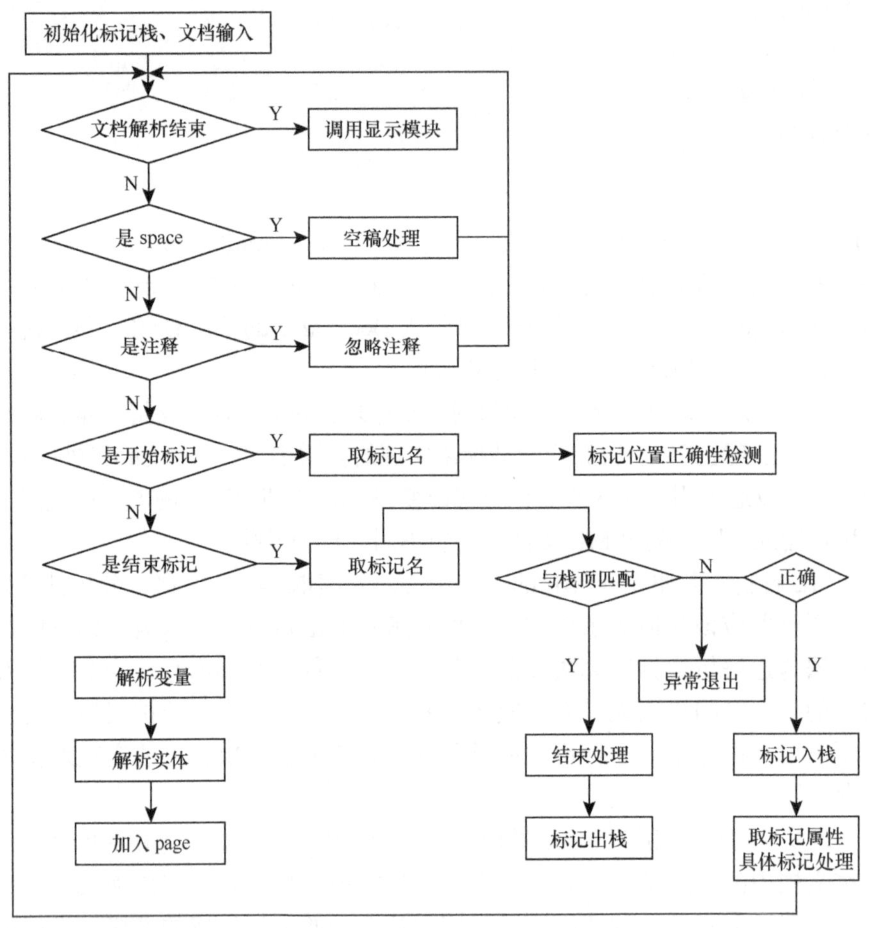


图 6-9　WML 解析流程

### 3．微浏览器规范

微浏览器的规范与标准的 Web 浏览器规范类似，它定义了一个适合于移动终端功能强大的用户接口模型。这个规范定义了移动终端应该如何解释 WML 和 WML 脚本，并且显示给用户。

基于这些详尽而明确的规范，微浏览器完成的主要功能就是显示 WML 并且支持 WML 语言的事件处理，使用户能在 Web 页面间导航。由于移动终端硬件的特点和 WAP 网关工作的特性，使得 WML 浏览器无论是在结构方面还是在功能方面，都有其独特之处。一方面，由于移动终端的内存资源有限，要求微浏览器在存储空间使用上尽量节省，而且，微浏览器所要处理的是经 WAP 网关预处理后的 WML 文件，工作量已大大简化；另一方面，由于移动终端软件差别较大，因此与移动终端操作系统及硬件有关的内容被封装起来，这样便实现了操作系统、硬件的无关性。

用户通过上移键和下移键而不是鼠标在各个 Card 之间来回进行导航。为了保持与标准浏览器的一致，微浏览器还提供了各种导航功能如 Back、Home、书签等。微浏览器允许具有较大屏幕和更多特性的设备自动显示更多的内容，就像传统的浏览器当浏览窗口扩大时能显示更多信息一样。

### 6.5.2 常用微浏览器介绍

与 PC 时代中 IE“一家独大”不同，移动浏览器的竞争更多地反映了“群雄争霸”的格局。下面将对目前市场上常见的几种移动浏览器进行介绍。

**1. IE 及其移动版**

（1）背景介绍

Windows Internet Explorer，原称 Microsoft Internet Explorer，简称 MSIE（一般称做 Internet Explorer，简称 IE），是微软公司推出的一款网页浏览器。虽然自 2004 年以来它丢失了一部分市场占有率，Internet Explorer 依然是使用最广泛的网页浏览器。在 2005 年 4 月，它的市场占有率约为 85%。2007 年其市场占有率为 78%。2009 年年初，其市场占有率急跌至 61%。

Internet Explorer 是微软的新版本 Windows 操作系统的一个组成部分，如图 6-10 所示。在旧版的操作系统上，它是独立且免费的。从 Windows 95 OSR2 开始，它随所有新版本的 Windows 操作系统附送。然而，2004 年至 2005 年之间的一次重大更新只适用于 Windows XP SP2 及 Windows Server 2003 SP1。最初，微软计划和下一个版本的 Windows 操作系统一起发布 Internet Explorer 7，不再单独发行 IE7，但微软公司后来宣布在 2005 年夏季提供 Internet Explorer 7 的一个测试版本（Beta 1）给 Windows XP SP2 用户。2003 年微软宣布将不会继续开发为苹果计算机而设的 Internet Explorer for Mac，而对苹果计算机 Internet Explorer 的支持也在 2005 年终止，并在 2006 年停止提供下载。

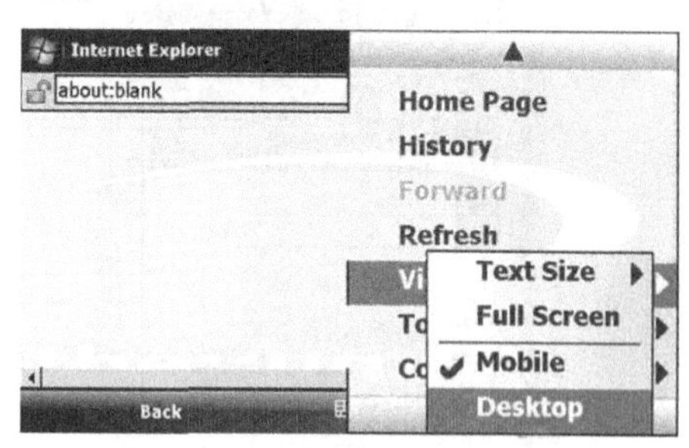


图 6-10 IE 的移动版

针对移动浏览市场，微软公司推出了 Internet Explorer Mobile 和 Deepfish 两

款软件。在市场探索前期，微软公司曾对 Deepfish 寄于厚望，但在 2008 年 10 月份却突然宣布终止 Deepfish 研究，深究其原因，同该软件的用户数量过少有莫大的关系。Internet Explorer Mobile 是 Internet Explorer 的移动版，微软在手机浏览器上沿用了 Windows 上的策略：在 PC 操作系统中捆绑 IE 浏览器，在微软的手机操作系统 Windows Mobile 中，同样捆绑了移动版 IE 浏览器。一般情况下，所有 Windows Mobile 的智能手机都已经预装了移动版 IE 浏览器，不过非 Windows Mobile 智能手机无法使用移动版 IE 浏览器。Internet Explorer Mobile 具备电脑端 Internet Explorer 的部分特性，可以看作是其一个简化版。在所有国外移动浏览厂商中，Internet Explorer Mobile 是唯一一个不支持浏览 WAP 页面的浏览器。

（2）功能介绍

尽管 Internet Explorer Mobile 在移动浏览器市场上的地位并不像 IE 的 PC 版那样具备绝对的优势，但它提供了人们在 PC 上非常熟悉的界面和用户体验，让用户可以迅速、轻松地习惯手机上的网络浏览体验，比较符合用户的习惯。IE 的主要功能如下。

- 利用 ActiveSync 将 PC 和 Windows Mobile 设备同步时，用户可以将 PC 上的 IE 收藏夹同步到 Windows Mobile 设备上，因此用户可以确保收藏夹信息及时更新并可以随时随地利用收藏夹中的信息浏览网页，如图 6-11 所示。

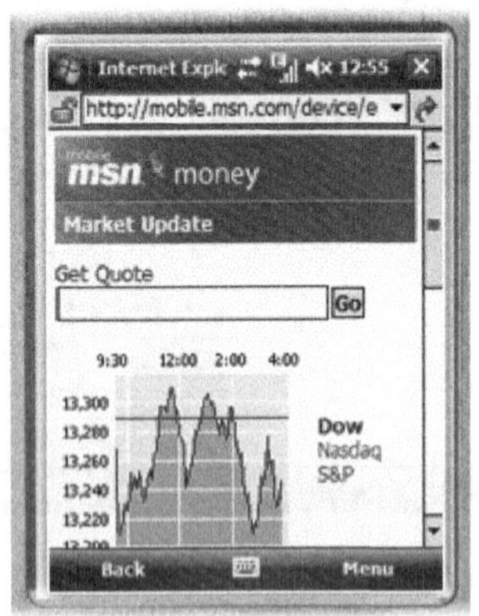

图 6-11 移动 IE 浏览器浏览 MSN 和 Live

- 根据实际需要改变屏幕大小以方便浏览网页，可以帮助用户轻松地标记、删除或者移动整组消息。
- 用户无需切换界面，即可保持实时更新，共享信息，第一时间发现并处理主屏上的未接来电、日程安排及新消息等。

- 简便的手机导航和管理功能，用户可以更快地完成电子邮件设置、蓝牙耳机或 Wi-Fi 设置。
- 支持 H.264、Adobe Flash 以及 Microsoft Silverlight 等目前和未来的行业标准，还可以播放音乐，共享图片。

2. Firefox 移动版——Fennec

（1）背景介绍

Fennec 是 Firefox 浏览器针对移动电话和非个人计算机设备推出的一个浏览器版本。这个名字来自英文名为 Fennec Fox 的耳廓狐，是一种小型的沙漠狐狸，象征着 Fennec 是 Firefox 的一个小型版本，如图 6-12 所示。

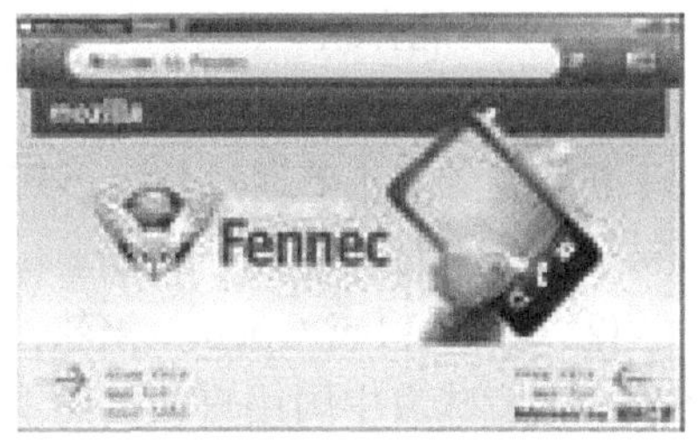

图 6-12　Fennec 浏览器

Fennec 的第一个 Milestone 在 2008 年 4 月 4 日发布，接下来又有 6 次内部的 Milestone 发布，直到 2008 年 10 月 16 日 Fennec 的第一个公开版本 1.0 alpha1 发布。Fennec 1.0 alpha1 能够在 Nokia N810（OS2008，Meamo 平台）运行，同时 Mozilla 还提供了桌面 Windows、Mac OS X 和 Linux 版本，供用户预览。

（2）功能介绍

"Fennec" 的目标是使手机用户在移动网页浏览上享受简约、功能增强的创新体验。Fennec 浏览器使用与桌面版完全相同的技术，其中包括名为 Gekko 的 HTML 渲染引擎。操作系统 Linux，Mac OS X，Windows，Windows Mobile 6。

Alpha1 中，除了基本的网页浏览外，标签浏览、搜索引擎集成、页面缩放、密码管理、弹出窗口屏蔽、隐私数据清理、下载管理器和参数设置页面都已经完成，但是插件还处于被完全关闭的状态，而收藏夹的实现也还没有完成。

2008 年圣诞节前，Fennec 1.0 alpha2 按计划发布。这个版本主要改善了页面缩放的性能，读取网页过程中用户操作的响应速度，并且为插件开发者提供了新的钩子函数，除此之外，UI 也做了优化。

在 Mozilla 于 2009 年最新发布的手机浏览器 "Fennec"（Firefox Mobile）Beta 公开测试版中引入了新的 JavaScript 引擎 "TraceMonkey"。同时加快了程序启动速度、页面平移速度及页面的缩放速度。初步支持书签文件夹和书签编辑并能够支持插件。

3. Opera

（1）背景介绍

Opera Mini 是一款挪威公司开发的 Opera Software，由 ASA 公司制作，是用于移动电话上的免费网络浏览器，可浏览万维网及 WAP 网站。

作为老牌的手机浏览器，Opera Mini 凭借数据压缩比例高、快速浏览技术驰骋掌上多年，现在的产品主要包括用于普通手机的 Opera Mini 和用于中高端智能手机的 Opera Mobile。2008 年，Opera 加快了产品更新以及中国战略，相继发布了 Opera Mini 4.1/4.2，并将其引入到中国。目前 Opera 在全球拥有约 4000 万用户，是目前市场占有率最高的移动浏览器。将来的 Opera 还将可以利用 Nuidia Tegra 芯片加速，可以更快速地加载矢量图片和影片，也可以降低电源的使用。

（2）功能介绍

① Opera Mobile Opera：发布于 2000 年，是第一款将完整网页搬到手机屏幕的手机浏览器，主要通过预装形式而应用于高端智能手机。2004 年以来该软件已经被安装在 1 亿部手机上。

② Opera Mini Opera：该软件小巧、迅速。Opera Mini 应用在中国新建的服务器，这意味着中国用户的页面下载速度更加迅速。Opera Link 支持笔记，允许用户在 PC 和 Opera Mini 中同步。

Opera Mini 的主要功能如下。

- 支持标准的 WWW 与 WAP 网站浏览，支持 RSS 订阅，内置搜索引擎，支持快捷键。
- Opera Link 账户：可以通过个人注册的账户，免费在 Opera 服务器上保存书签、笔记、快速拨号，并可在多种上网终端同步个人账户内的信息。
- Opera ZoomTM 智能缩放技术：可用缩略图模式显示网页。
- 可横屏浏览。
- 模拟鼠标指针。

③ 空中 Opera：空中 Opera 是 Opera 与空中网共同开发的手机浏览器，针对国内网络环境进行优化，支持诸多新功能，比如网址自动完成、书签同步、上传下载、保存页面、离线浏览等功能。

#### 4. Safari

（1）背景介绍

iPhone 是 2008 年最火爆的一款智能手机，因为 iPhone 的走红，其内置的移动版 Safari 网页浏览器也迅速蹿红，市场份额飙升，一跃成为市场上主流的手机浏览器。

Safari 是苹果公司所开发的网页浏览器，内建于 Mac OS X。Safari 在 2003 年 1 月 7 日首度发行测试版，并成为 Mac OS X v10.3 与之后的默认浏览器，也是 iPhone 与 iPod touch 的指定浏览器。

在 1997 年以前，麦金塔电脑是预装 Netscape Navigator 浏览器的。之后微软以开发苹果版的 Microsoft Office 作为条件，要求苹果改用 Internet Explorer for Mac。至 2003 年 6 月，苹果推出自家的 Safari 浏览器，微软也终止开发苹果版的 IE 浏览器。在 Mac OS X 10.3 版仍有保留 IE，至 10.4 版苹果仅预装 Safari 浏览器。

2005 年 4 月，Safari 的开发人员之一 Dave Hyatt，就他为 Safari 进行除错的进展方面提交文件，使之能通过 Acid2 测试。同年 4 月 27 日，Hyatt 宣布其内部试验版本的 Safari 通过了 Acid2 测试。同年 6 月，KHTML 的开发人员曾批评苹果不去整理产品改动的记录，苹果方面遂将 WebCore 及 JavaScriptCore 的开发及错误回报交予 opendarwin.org 负责。WebKit 本身也是以开放源始码方式发行，但 Safari 浏览器自身的外观，如用户接口等，则维持专有。至同年 10 月 31 日，Safari 2.0.2 版随 Mac OS 10.4.3 更新套件正式推出，成为首个通过 Acid2 测试的正式版浏览器。

2007 年 6 月，苹果公司推出了同时支持 Mac 和 PC 的 Safari 3 Public Beta 版，在推出的前 3 天，Beta 版的下载量就突破了百万大关。同时 iPhone 的浏览器也是基于正式版的 Safari 3。

一直以来 Safari 的市场占有率不断攀升。2008 年 2 月，TheCounter.com 报告 Safari 的市场占有率为 3.34%。而 Net Applications 表示：在 2007 年 4 月市场占有率为 4.61%，2008 年 2 月为 5.70%，2009 年 1 月爬升至 8.29%。而随着下载速度更快和具有更多新功能的 iPhone 4G 的发布，以及 4G 网络功能不断强大，使得 iPhone 的销量不断上升，从而进一步带动了 iPhone 中的 Safari 浏览器市场份额也在不断增长。

（2）功能介绍

简洁的界面和适用于触摸屏的上网操作方式，成就了苹果在移动领域的神话。在 iPhone 手机上网出现之前，手机浏览器的效果都很普通，而 Safari 的网页浏览效果已经可以和 PC 相媲美，其主要功能包括以下几项。

- Safari 具有较快的速度，并可进行隐密浏览、收藏及电邮网页、搜寻网址书签等基本功能。
- 改进的渲染速度和网站兼容性、整合的 RSS 和 Atom 阅读器、整合的 PDF 查看器、隐私浏览模式及家长控制功能、可以将网页完全保存为 Web Archive 格式。
- 搜索方面，最新的 Safari 测试版有几个搜索相关的改进，全文历史搜索和书签可以让用户非常快速准确地找到其所要的页面，除了标题和网址以外，它还从一个内部缓存里搜索实际页面的内容。
- Safari 4 还为 Web 开发人员内置了大量的有用功能，其中之一就是 Safari 可以通过改变 User Agent 来伪装成多个你需要的浏览器，比如 Internet、Explorer、Firefox、Safari、Opera、Mobile Safari 等。

### 5．Chrome

（1）背景介绍

虽然 Google 通过收购并将 Android 智能操作系统授权给移动终端厂商而进入移动互联网产业领域，并形成了可与苹果、微软——诺基亚两大巨头相抗衡的产业链系统。而在移动浏览器这一主要的数据流量入口，Google 自然也不会轻易放过。

Google 先后推出了两种移动浏览器，一个是 Chrome Lite，即 PC 版浏览器 Chrome 的精简版。它基于部分 WebKit 内核，运行并服务于 Android 操作系统上，具有稳定性好、速度快和安全性高等特点。在 2008 年 10 月，Google 宣布发布 Chrome Lite 并内置于 Android 系统中，此后便成为了 Android 操作系统的自带浏览器。另一个则是近期才推出的 ChromeFor Android 浏览器，它可以用在 Android 4.0 系统的智能终端上。2012 年 2 月 8 日，科技网站 BGR 报道，Google 于该周周二宣布推出 Android 平台 Chrome 浏览器的第一个 Beta 版本。2 月 25 日，Chrome For Android 升级到 1.1 版本，如图 6-13 所示。

图 6-13　Chrome For Android 浏览器

（2）功能介绍

Chrome Lite：Chrome Lite 浏览器的默认首页是 Google 移动版主页，页面顶部集成了 Gmail、日历、阅读器等常用工具，也可以找到“文档、资讯、照片、翻译”等 Google 实用工具，成为名副其实的通往谷歌服务的大门。

Chrome For Android：据悉，Android 版浏览器和桌面版一样，注重速度和简洁，并且两者之间可以无缝同步，可为用户提供跨设备的个性化和网页浏览体验。Google 浏览器和应用程序高级副总裁 SundarPichai 表示：“我们计划将桌面浏览器全部功能带到移动平台中。”

### 6．UCWEB

（1）背景介绍

UCWEB（优视浏览器）是由中国广州优视动景公司开发的一款免费的手机网页浏览器，支持标准的 WWW 与 WAP 网站。

UCWEB 的 Java 版本是基于标准 Java MIDP2.0 编写的，另有用于 Windows Mobile 系统、Symbian S60 智能系统与苹果 iPhone 手机的版本。UCWEB 有中文版和英文版分别使用位于中国和美国的服务器。

浏览时先由 UCWEB 的服务器对所访问的网页进行压缩和优化，使之适合于手机浏览，再于手机上显示，在中国大陆市场占有率较大。

UCWEB 是 2008 年在国内热炒的第三方手机浏览器，从最初的 5.1 版本已经发展到今年的 7.9 版本。从 7.0 版本开始，UCWEB 更名为 UC Brower。到 2011 年上半年，UC 浏览器整体活跃用户在中国名列第一，份额超过 50%，用户数超过 1.2 亿人，而支持 Android 系统的 UC 浏览器的用户也超过了 1000 万人，是国内移动浏览器品牌中的佼佼者。

（2）功能介绍

UCWEB 的主要功能包括以下几项。

- 支持标准的 WWW 与 WAP 网站浏览；
- 支持 RSS 订阅；
- 支持个人账户，可在个人电脑与 UCWEB 浏览器之间同步；
- 对智能手机提供多窗口浏览网页的功能；
- UCWEB 支持多种格式文件的阅读，如 DOC、PDF、XLS、PPT、EM；
- 支持快捷键；
- 支持 mid、wav、amr、MP3、mpg 格式文件的播放。

**7. 国内外其他主流手机浏览器扫描**

（1）国内浏览器产品

① 航海家：WAP 浏览器，以省流量著称。首页内置 200 多个 Web 网站，都是为手机小屏幕优化过的简洁页面。首创智能预读功能，看第一页时，会自动把第二页预读下来，在翻页时完全感觉不到网络时延。

② MP：具有 WAP/Web 浏览器功能，手机免费发送短信，个性化定制，还可以自定义皮肤主题、颜色、字体、是否使用缓存等大量定制功能。

③ 星际浏览器：星际浏览器采用智能适配技术、重组织规整技术和行为挖掘技术，融合 WAP、Web 双网海量信息，内容可以自适应手机屏幕。支持书签、收藏夹功能，移动个人空间支持手机和 PC 的信息共享和互动。

（2）国外浏览器产品

① Blazer Palm：Blazer 浏览器以浏览速度快而闻名，以至网上甚至有传言说其速度提升有 10 倍之多。Palm 手机上的触摸屏得以使 Blazer 更为快速地浏览页面。

② 爱可信 NF（NetFront）ACCESS：NF 浏览器的高度模块化与可升级的软件架构为开发商及第三方开发者提供了非常大的灵活性，降低了代码及内存的占用空间。

③ Nokia Mobile Browser Nokia：诺基亚手机的内置浏览器，与手机自身特点完美结合，可浏览 Web 网页，并支持 Minimap，只要用五向控制键卷动网页，屏

幕会显示全页缩图，让用户知道画面于页面上的位置。

## 6.6 移动搜索

### 6.6.1 什么是移动搜索

移动搜索是基于移动通信网络的网络搜索形式。移动搜索引擎系统通过移动通信网络与互联网的对接，将包含用户所需信息的互联网中的网页内容转换为移动终端所能接收的信息，并针对移动用户的需求特点提供个性化服务。用户利用移动通信终端（如手机、PDA 等），通过 SMS、WAP、IVR 等多种接入方式进行搜索，从而高效准确地获取 Web、WAP 站点等信息资源。

实际上，移动搜索就是搜索技术与移动通信网络在移动平台上的延伸，平台是指手机、PDA 等移动通信终端。移动搜索引擎不仅要完成信息的获取，同时要对获取的信息进行相关的处理，把不同内容提供者、不同类别的信息进行整合，并建立相关性，再将所有信息进行相关处理，转换成适合终端使用的信息。移动搜索引擎能以一定的策略搜集、发现信息，对信息进行理解、提取、组织和处理，为用户提供检索服务，从而起到搜索信息的目的。

与互联网搜索相比，移动搜索具有以下优点。

- 精确性：与电脑相比，手机终端屏幕小，网络接入速度慢。移动搜索更注重实用简约化和查询时效性，将具备更强的自然语言分析对答能力，并提供更为精确的垂直搜索结果。
- 个性化：移动搜索可以结合移动用户的搜索记录，搜索习惯等个人偏好进行分析筛选，为用户提供最符合个人需求的搜索功能。通过与定位服务的结合，移动搜索服务商可以提供更有针对性的产品。例如，当用户需要了解就餐资讯时，移动搜索技术可以根据他们所处的位置来反馈就近的餐馆而不是简单的罗列信息和海选。
- 泛在性：用户有更大的自由度，能够通过移动终端随时、随地、随身、随需搜索来获取信息，摆脱互联网的束缚，不受固定终端的限制。

可以看出，移动搜索的出现顺应了人们随时随地、便捷有效地获取信息的潮流，特别是目前移动终端的大量普及和无线宽带移动通信时代的到来，更为移动搜索这项新的移动增值业务带来了机遇。

### 6.6.2 移动搜索的类型

移动搜索主要有 WAP 和短信两种搜索类型。

### 1. WAP 搜索站点模式

通过移动终端搜索 WAP 站点的模式和 Internet 搜索的盈利模式很相似，因此，移动搜索可以和 Google、百度一样以广告及竞价排名等方式盈利。不过，目前的移动搜索市场尚未成熟，由于 WAP 站点的数量有限，规模较小，内容不够丰富。而且，固网的上网费用对于用户来说影响不大，已经有相当多的用户把家中的包月上网费作为一种习惯性支出；而当前移动终端上网的成本还较高，用户们在使用移动终端上网时都很谨慎。相信通过 4G 的服务，移动搜索将拥有更为广阔的发展空间。

### 2. 手机短信搜索引擎模式

手机短信搜索引擎系统的服务商通过每月向用户收取固定的使用费的方式来开展业务。移动搜索服务商首先要成为移动运营商的 SP，再将搜索服务作为移动通信平台上的一项增值服务来运作才可能推广这项业务，因此，移动搜索的付费与否或者如何收取费用，需要提供搜索业务的 SP 和运营商共同协商。

## 6.6.3 移动搜索的发展

移动搜索无论是从市场的角度还是从技术的层面上看，均有较大的发展空间，其主要的发展方向是：移动搜索与互联网内容融合。

WAP 内容的丰富程度远远比不上互联网，为了提高搜索结果的相关性和有效性，有很多搜索引擎提供商开始尝试搜索互联网内容，再转换为手机上能够显示的格式。我们认为将来的移动互联网和互联网将会融合到一起，因此移动搜索也会与互联网内容结合起来。

### 1. 移动搜索业务呈现个性化

Google 在互联网搜索中推出了 iGoogle 的服务，提供个性化的信息服务，包括个性化搜索、个性化门户等。这样做可以增加用户黏度，从偶然发生的搜索行为到与用户建立长期的服务关系，这样也有利于搜索引擎更加了解用户的特征和行为，是提供个性化广告的基础。这个趋势也将拓展到移动搜索领域。

### 2. 移动搜索分析系统更加完善

互联网搜索引擎巨头，如 Google、Yahoo、百度等，都在其互联网搜索服务中提供搜索的数据分析和行为分析工具，这样的服务可以使广告主更有针对性地投放广告。在移动搜索中，也将会出现类似的分析系统，使得数据分析和行为分析技术进一步完善。

### 3. 与手机的应用紧密结合

处理具备互联网搜索功能，移动搜索也会有自己的特色，如呼叫搜索。例如，搜索到某个餐馆，只需点击即可拨通电话；再比如本地搜索与地图、导航业务结合起来等。

### 6.6.4 移动搜索存在的问题

2014 年 2 月 10 日，搜狗公布了 2013 年第四季度财报，搜狗当季营收达 7000 万美元，来自无线搜索的收入占搜狗总收入的 10%以上，相比第三季度的 4%实现了大幅增长。李彦宏曾在百度 2013 年第二季度财报会议上表示，在这一季度中，百度的移动业务营收在公司总营收中所占比例首次超过了 10%。

百度、搜狗先后宣布移动搜索市场份额突破 10%，这一数据和其他如电商、游戏等领域在移动端的增长量相比，相差甚大，仅就这 10%的市场份额，可见移动搜索在商业化道路上的艰难，完全处于"蛮荒期"。用户量虽然巨大（CNNIC 数据显示，截至 2013 年 12 月，中国手机搜索网民数达 3.65 亿），但是仍然需要继续"开荒"，移动搜索的变现是一大难题。

虽然，移动搜索市场正在不断壮大，商业形态不断成形，盈利模式不断明晰，但是移动搜索的商业化之路还很漫长。那么，移动搜索商业化为何会出现难题呢？

**1．信息源头少、信息量不足**

搜索引擎其实解决的是一个信息大爆炸以及信息真空的问题，为用户提供未知的信息资源，处理已存在的海量的互联网信息，将用户需要的信息呈现给用户。以此类推，移动搜索解决的是用户在移动端的信息需求问题。

搜索引擎展现的信息是建立在已有的信息源上的，它自身并不生产信息。在 PC 端，丰富多彩的网站，给搜索引擎提供了非常好的信息源，但是在移动端，手机网站远远没有 PC 端网站的数量多，要是和当年抢域名、公司必备一个网站相比，简直就是九牛一毛。

拥有手机网站的并不多，这就给移动搜索引擎提供了非常大的困难，虽然移动搜索可以调用 PC 端网站的搜索结果，但是大多数 PC 端的网站并没有配备相应的手机网站，移动搜索引擎固然能通过转码的方式将内容进行转码，但是通过转码后的阅读内容和原内容是有差异的，国内有良好转码技术的移动搜索引擎也不多，大多数移动搜索引擎展现给用户浏览的还是 PC 端的网站。

手机站少，一方面是因为 PC 端网站建设者并未快速的转变到移动端，另一方面也是因为适宜手机站点开发的平台量少，百度和搜狗均推出了手机建站工具，但是这些是不够的，还需要对原有 PC 端的网站建设者进行鞭挞，让内容进行"转移"。

PC 端的信息贡献者是非常多的，包括维基百科、facebook 等网站的内容，大多来自于用户贡献，最近却传出维基百科面临移动用户撰写的问题，不少人提出疑问，移动端用户如何以舒服的姿势来贡献内容，显然这些问题也存在于百度百科、搜狗百科等产品中，移动端用户如何贡献内容呢?

移动端的信息贡献者少了，移动端平台的建设者少了，信息量不足，还要搜索引擎作甚?

**2．商业生态不明朗**

一代“先人”谷歌将搜索引擎使用广告排名盈利的方式推向高潮，国内搜索引擎纷纷效仿，并开发出自有的使用广告排名获利的系统，直到移动搜索，这一方式仍被广泛运用。

搜索引擎利用这种盈利模式在移动端是有弊端的，在 2B 方面，企业在移动搜索的投入上谨小慎微，这里面有两个原因：一个原因是和前些年移动搜索早期的“坑蒙拐骗式”的混乱移动搜索市场有关，已经逐渐销声匿迹的几大移动搜索引擎均被爆出是骗子；另一个原因是和企业主对移动端的认知不足有关，移动互联网的快速发展让企业主们有点跟不上节奏，在 PC 端同一个关键词可以找到 10 多家企业在做竞价排名，移动端仅有两三家，差别太大，企业主们不敢投广告。

在 2C 方面，PC 端用户的搜索习惯迅速转移到移动端上来，当然区别于 PC 端搜索引擎的是，移动端地域性的搜索需求量增加，即会和 O2O 相关。

PC 端的竞价排名方式已经让用户深知搜索引擎的脾气，知道这部分即可能是“虚假”广告的用户量增加，用户对搜索引擎的结果有了基本的认知。用户对于广告的点击率会有所下降，而且搜索引擎广告的真实性是主要的弊病。

移动搜索竞价排名的另一个是广告的精准性问题，因为只有广告是精准的，它的转化率才会高，广告主才舍得花“高价”砸钱到这上面，精准的广告匹配迫切的需要在移动端有所转变。

移动搜索商业化的不明朗还体现在，移动搜索自身的问题，移动搜索在展现方式、展现形态等问题上和移动互联网发展的节奏并不吻合，慢半拍是当前移动搜索最真实的写照。自身系统的不稳定，注定移动搜索商业化很难出现明晰的盈利模式。

继百度、谷歌等互联网巨头纷纷试水“应用内搜索”后，360 搜索日前也推出了“Open In App”功能，应用内搜索，可以说是搜索引擎自身的一次探索。在 PC 端搜索引擎被称为入口级的产品，搜索引擎网络天下各大网站，移动搜索虽能覆盖大部分网站，但是用户在移动端信息的获取方面显然有更多的渠道，搜索引擎的作用有所降低，这样商业化的道路就更困难了，因为它不再是流量的帝国。

**3．缺乏新的广告联盟体系**

广告联盟在 PC 端占据搜索引擎盈利不小的市场份额，百度、搜狗、谷歌等纷纷推出了广告联盟体系。在移动端，搜索引擎的广告联盟体系显然难以形成大规模，有限的手机 App 中，已被各大 App 厂商自己霸占，即使是有广告位出售，也不可能卖给搜索引擎的广告联盟。

中小型 App 中的广告，亦被各大广告主直接买走，App 开发者几乎不需要通过搜索引擎来获取盈利的方式，搜索引擎这一“广告中介”在这里完全失去了平台的作用。

移动搜索引擎缺乏新的广告联盟体系，来为开发者们提供盈利渠道，让开发者们赚得更多，PC 端广告联盟铺量的方式在移动端难度太大。

CNNIC 报告显示，网民在浏览手机搜索结果时，38.3%的人最大翻页数量在 1～2 页，18.6%在 3～4 页。移动搜索结果的精准性显然还存在问题，让用户以最快的速度离开移动搜索，进入到相关的转化页面，包括移动搜索的展现形式，这几大问题是移动搜索当前不能承受的，将最基本的功能完善，再去考虑商业化会比较实际，对用户有用是最重要的，至于是否是广告，用户会更加注重效果。

## 6.7 移动商务

### 6.7.1 什么是移动商务

移动通信技术和其他技术的完美组合创造了移动电子商务，移动性与互联网的融合也给人们的工作和生活带来更高的效率和更多的选择。因此，一个以整合通信、网络技术为基础的“移动互联新生态”正在世界范围内迅速发展，并酝酿着新一轮的商务革新。

移动商务是通过移动通信网络进行数据传输，并且利用移动终端开展各种商业经营活动的一种新电子商务模式。移动通信技术是移动电子商务形成的基础，但真正推动市场发展的却是服务。目前，大量不同种类的移动商务应用模式正在或即将不断涌现，内容覆盖到金融、贸易、娱乐、教育以及人们生活的方方面面。按照应用模式，移动商务可以分为移动金融应用、移动广告、移动商务重构、移动娱乐、移动库存管理和产品定位与搜索等。

移动商务是与商务活动参与主体最贴近的一类电子商务模式，在商务活动中，以应用移动通信技术使用移动终端为特性。由于用户与移动终端的对应关系，通过与移动终端的通信可以在第一时间准确地与对象进行沟通，使用户更多地脱离设备网络环境的束缚，最大限度地驰骋于自由的商务空间。

移动电子商务不仅为用户提供了一种更为高效、简便、安全的手段来获取商业信息和进行商业交易，而且对金融机构、商业机构来说，也降低了成本，提高了效率。它免除了现金交易带来的短款、假币、保管、携带等风险和烦恼，同时可加快收款速度。移动电子商务同时也对人们的消费购物行为产生了根本性的变化。

移动商务因为其移动性的特点，能够实现随时随地的信息交流。快速的增长和广阔的市场应用前景，使得移动商务成为最富有吸引力的研究领域之一。

## 6.7.2 移动商务的支撑平台

移动商务作为利用移动终端开展各种商业经营活动的一种新电子商务模式，主要由移动商务短信和移动商务 WAP 两个平台来支撑其业务，它们各自都有丰富的平台功能。

**1. 移动商务短信**

移动商务短信平台功能包括以下几方面。

（1）来访信息查询：可按时间、地域和访问栏目查询来访手机号及留言，此功能的运用可为企业主自动锁定目标受众，便于企业促销、宣传活动的高效开展，为企业省钱省力。

（2）通讯簿功能：具备用户分组、号码添加、号码查询、通信信息导出功能，用户可随时随地进行通信簿管理和功能使用，方便快捷。

（3）短信功能：短信群发与移动实名功能联合使用，能为企业锁定需求目标，并为需求用户发送相应的信息，实施精确营销，花费少、效果好。

（4）留言功能：用户发送“移动实名+留言栏目号+内容”进行留言，此功能让用户和企业进行亲密接触及有效的交流，使企业能第一时间获得用户的反馈和建议。

**2. 移动商务 WAP 平台**

移动商务 WAP 平台功能如下。

（1）展示功能：在企业 WAP 上展示图文并茂的信息，可让客户进行全方位的了解，向客户传播企业的形象、实力等。

（2）陈列功能：通过企业 WAP 上完善的产品介绍，可以让产品突破时间、空间的限制走进客户生活。

（3）导购功能：为用户提供在线咨询和帮助，让企业和访问客户亲密交流，用户直接可以在线订单。

（4）移动办公功能：通过企业 WAP 上的移动邮局收发电子邮件，以“迅捷、安全、高效”为显著功能，提高办公效率。

（5）营销功能：企业 WAP 上的短信群发、准告的服务优势，让企业的品牌，快速、精确定位的传播，是企业开展“移动定向营销”的最佳选择。

（6）支付功能：使手机变成新的金融及身份辨识工具，通过 WAP 上的无线支付功能，为企业、个人提供更安全、更可靠的个性化的服务。

（7）掌上娱乐：WAP 上更多的游戏、动漫、时尚、生活等休闲娱乐世界，更便捷的操作方式，让用户随时随地畅想移动所带来的无限生活的乐趣。

### 6.7.3 移动商务的特征分析与应用模式

移动商务主要有以下 5 个特征：

- 先进的移动通信技术；
- 不受时间和地点的限制；
- 可识别性；
- 可定位；
- 易于实现定制化。

由于移动商务的以上特征，使得移动商务的应用模式根据与商业活动相关的通信主体被分为 B2M（Business to Mobile user）和 M2M（Machine to Machine）两大类。前者强调企业等商业组织与手机用户消费者之间的沟通及其在商业活动中的应用，是人与组织或人与人之间的通信；后者强调在商业活动中通过移动通信技术和设备的应用变革既有商务模式或创造出的新商务模式，是机器设备间的自动通信。

B2M 商务模式是在移动商务中以移动终端用户（手机用户、具有通信功能的 PDA 用户等）为商务参与者，通过移动通信解决方案，实现企业与最终用户以及企业内部人员之间的实时信息沟通，进而提高效率、降低成本的新商务模式。B2M 以最终消费者为中心，将消费者中的手机用户细分为营销和服务的主要目标，以随时随地地沟通创造没有疆界不停顿的商务机会。B2M 目前已有着广泛的应用，如移动营销（M-marketing）、移动客户服务（M-customer Service）、移动办公自动化（M-OA）、移动客户关系管理（M-CRM）等。

M2M 商务模式是指通过移动通信对设备进行有效控制，从而将商务的边界大幅度扩展，或创造出传统方式而言更高效率的经营方式，抑或创造出完全不同于传统方式的全新服务。M2M 以设备通信控制为核心，将原来低效率或甚至不可能的信息传输应用于商业中以获得更强的竞争力。目前，M2M 的商务模式应用方兴未艾，主要有移动物流管理（M-logistic Management）、移动支付（M-POS）、移动监控（M-monitoring）等。

### 6.7.4 移动商务的发展前景

随着 Internet 技术、通信技术和其他相关技术迅速成熟和发展，移动商务因其灵活、简单、便捷的操作等特点快速地向前发展，当然也存在一些问题需要解决，比如以下几个方面。

（1）电信运营商将从单纯的通道转为综合信息服务提供者，成为电子商务服务业的中坚力量。

（2）中小企业移动信息化的渗透率是移动商务应用向广度发展的重要基础。

（3）移动运营商的发展必须以应用为着力点，要针对当前用户端存在的主要障碍，采取相应策略。在消费习惯上，要宣传和培育用户，使之产生应用移动商务的兴趣；针对用户的安全过滤，加强和保证网络、应用、交易、信息的安全；在信用体系上，实施品牌策略，慎重选择合作伙伴创建名牌；在服务上，要创建模式和产业链。

（4）由于金融发展和用户支付习惯有差异，移动支付在我国目前处于发展初期。

（5）面对移动商务相关政策“有空白”的情况，运营商应加强市场创新的开拓精神，积极与金融监管部门沟通，推动移动商务的发展。

随着我国 4G 牌照的发放，中国移动、中国电信、中国联通均获得 TD-LTE 牌照，移动商务发展所需的网络基础设施和相关的技术支持基础得以不断完善，未来存在着巨大的发展空间。从最初的个人话音通信业务到企业短信应用、政府移动办公以及移动支付业务等，移动商务的各种业务模式层出不穷，正在渗透到社会的各个领域。

## 6.8　移动阅读

### 6.8.1　什么是移动阅读

移动阅读通常是指利用移动通信终端或电子阅读器的阅读方式，它是区别于传统阅读和基于计算机阅读的，凭借其灵活、方便等优势可以满足人们随时随地阅读的需求。在这个高科技的时代里，生活的快节奏迫使人们无法腾出整块的时间来阅读，移动阅读凭借其优势逐渐渗入人们的生活。在公交站台旁、地铁车厢内、公园散步小歇的凉亭边、商务会议的休息间等，这些很零碎的时段都可以被用来弥补我们对阅读的渴望。

移动阅读有以下几个特点。

（1）潜在的用户量多：据 2012 年年初三大运营商发布的数据显示中国有近 10 亿的手机用户，拥有丰富的移动阅读基础资源。根据易观智库最新发布的《中国移动阅读市场趋势预测 2014—2017》，截止到 2014 年年底，中国移动阅读活跃用户数比 2013 年环比增长 20.9%，达 5.9 亿人。

（2）可推送：移动阅读内容可以通过电子渠道获取，相比传统书籍杂志等的获取更加方便快捷。

（3）随身性：手机、电子阅读器等轻便小巧的移动终端便于随身携带和使用，比 PC 阅读同传统阅读方式更有优势。

（4）成本低：移动阅读的阅读终端都是电子产品，免去了传统阅读的纸张、印刷、物流等成本，因此售价也比较低，相比之下更具价格优势。

移动阅读市场已日趋成熟。阅读终端包括手机、专用阅读电子书、电子报的电子阅读器和大屏幕的数码产品等。目前移动阅读可见的内容表现的主要尝试有手机报、手机杂志、电子书、手机动漫等。在各类数字阅读中，首先是“网络在线阅读”排第一，其次是“手机阅读”。中国出版社科研所发布的“第六次全民阅读调查”数据显示，获取便利是人们选择数字阅读的主要原因，比例占到 60.1% 以上；最后是方便信息检索，比例为 30%。

## 6.8.2 移动阅读的服务及类型

从技术实现方式上，移动阅读分为 WAP、彩信及手机客户端软件等几种；从阅读终端区别主要有手机客户端阅读和移动阅读器两种，本书将按这种维度将移动阅读分成两大类。

### 1. 浅度移动阅读

手机时刻都在我们身上，打开手机就能阅读，可以不受时间、地域和阅读物理介质的任何限制。大部分用户是在上下班、差旅公共运输工具上使用手机进行阅读，所以手机阅读能更好地迎合我们在各个零碎式的阅读时段内，将获取知识和信息的容量最大化的需求。但是由于当前手机的屏幕都是采取主动光源不断刷新的方式，导致使用者的眼睛要经受较大的刺激，往往不能阅读较长的一段时间；阅读过程中往往采用跳跃的阅读方式而使阅读速度加快；注意力被分散导致不能对文章内容进行仔细的分析，对文章的理解流于肤浅，因此手机阅读大多是浅度移动阅读，主要阅读内容是手机报、手机杂志等。

### 2. 深度移动阅读

随着电子纸技术的迅猛发展，电子书的出现成为人类历史上文化记录与文明传承的最新载体，预示着一个新的阅读时代的到来。电子阅读器采用的是被动光源静止的显示方式，与纸质图书是一样的，不会干扰阅读者，有利于提高电子阅读的效率，因此读者可以进行深入阅读，也就是深度移动阅读。

2004 年 4 月，SONY 公司研制开发了世界上第一款商业化的 E-INK 电子书。迄今为止，多家公司已经相继推出了各种型号的电子阅读器，如 iREX 公司的

ILIAD、SONY 公司的 PRS 系列、亚马逊公司的 Kindle 以及我国翰林、方正、汉王、大唐等公司的电子阅读器。随着电子书技术的发展和电子阅读器的普及，整个移动阅读产业将会蓬勃发展。

（1）电子阅读器采用了世界上最先进的电子纸显示技术，几乎与普通纸张一样柔和自然，无反光、无辐射，并能像阅读纸书一样保护读者视力，使读者获得流畅、舒适、健康的阅读体验。

（2）海量存储成为可能，一本电子书可以存储几十万本图书。同时电子书体积小巧，便于携带，可实现随时随地的移动阅读。

（3）功耗低，支持长时间阅读。正常读书的平均功耗将是手机等同类电子产品的百分之一，待机时间可长达一个月，让读者充分享受健康环保又充满个性化的阅读体验。

（4）具备书目与文内关键词检索的即时性功能。用户只要输入关键词，就能在短时间内挑选出自己需要的书籍与段落词句。

（5）支持多种阅读格式并可全屏手写批注、编辑以及文档检索、声乐录放等人机互动功能。

（6）可以支持 4G 无线通信，无须借助电脑实现数字资源的浏览、下载、阅读和欣赏，还能与个人博客、BBS、电子邮件等整合起来。

### 6.8.3　移动阅读发展存在的问题

移动阅读负载了新兴业务的巨大期待，同时围绕这块业务，已经有多家技术供应商、业务运营商、内容提供商合围进行产业渗透。产业链环节不断裂变和延伸，内容提供商和技术供应商的作用日益重要，很多传统的资金雄厚的内容提供商、互联网增值服务提供商都将借此机会进入移动阅读增值服务市场。

**1．版权问题**

目前我国电子出版侵权盗版问题十分严重，不仅盗版的品种越来越多、数量越来越大，而且科技化、产业化、规模化、品牌化程度越来越高，区域性、团伙性、网络性、隐蔽性也越来越强，严重扰乱了市场经济秩序，损害了人民群众的根本利益。

随着电子书等数字作品的传播，篡改问题也日益突出，很多作品在传播过程中被恶意或无意的改动，影响了作品的完整性。这不仅侵犯了作者的版权，还打击了原创文学的创造积极性。

在未来我国移动阅读产业发展的道路上，必须要深化宣传尊重知识、保护知识产权的观念，加快知识产权的法制化和规范化。同时版权制度可以进一步激发创造热情，提高社会的创新能力，推动文化繁荣和社会的全面进步，促进经济增长。

2．格式标准问题

技术标准直接关系到了产业的做大做强。目前移动阅读阅读格式上并没有寡头独大的情况，大多数手机阅读厂商采用自定义的标准。

电子书业没有行业通用的标准和格式：方正的CEB、书生的SEP、超星的PDG、Adobe的PDF等各自都有一套格式；手机动漫也没有指定的格式，手机动画主要有Adobe的Flashlite等；手机报和手机杂志主要的内容格式有彩信、jar、txt等。

在国外移动阅读发展进程中，亚马逊已经推出电子书籍阅读终端kindle，可以通过CDMA EV-DO无线网络从亚马逊网站随时获取相关电子书资源。谷歌针对T-Mobile G1和苹果iPhone推出了手机版“谷歌图书搜索”服务，允许用户通过这两款手机阅读超过150万本图书。亚马逊和谷歌在电子书业务的竞争势必会引发电子书格式标准之争。

中国目前使用手机阅读的用户正在迅速增长，为了避免受制于国外技术标准，自主建立我国移动阅读内容格式的技术标准是当前通信产业亟待解决的问题。通过移动阅读的内容格式做出统一的规定标准，将突破价值链上各方在内容传送发布环节上的技术限制，从而大大降低内容格式转变的成本。

为此，工业和信息化部组织北京邮电大学及北京阅联信息技术有限公司起草中华人民共和国行业标准：移动阅读业务内容格式技术标准即MER（移动阅读电子书）标准。该标准发布的主要目的是为了加强对产业链各方在移动阅读业务内容制作、传送、发布上的规范化，推动移动阅读业务的快速健康发展。MER的制定有利于移动阅读业务可持续的产品升级、业务的扩展与创新，能够增进移动阅读业务的开放性，保障厂商参与移动阅读业务的公平性，并且保证各种移动阅读相关软件的兼容性。

该标准是以XML为基础的技术标准，它超越了电子书内容格式领域的版式与流式的传统划分，既不是固守原版原式，也不是一味追求对小屏幕的适应性，而是立足于跨屏阅读和按屏印刷等移动阅读的需求方向和技术方向，为内容格式和阅读系统的开发者提供了独特的内容格式的技术路线和解决方案。

MER是一个结构化的标准，其内容具有鲜明的结构化特点，针对移动阅读电子书的文件系统、根与索引、内容展现三方面问题，形成了3个相互独立又相互关联的子规范。标准中主要的技术要求都是基于XML结构化语言来描述的；标准的开放性体现在对各种现存的和未来出现的内容格式的兼容性，以及对各种公开和私有的内容格式的兼容性，原有各种内容展现标准均可在MER中保留自身特点来实现。以XML为基础为MER的扩展提供了机制上的保障，保证了MER能够紧随技术进步和需求发展不断的优化结构、丰富内容。

由于在移动阅读领域目前还没有相关的国家或行业标准，本标准作为国内首个移动阅读内容格式标准，已在国内两大运营商成功实践，并获得了巨大的成功，带来了可观的产业价值，并引发了广泛的产业效应。

MER 标准具备的首创性使其对目前正在进行的国家新闻出版总署的手机阅读、电子书内容格式等数字出版领域的标准以及教育信息化等有关领域的标准制定产生了积极影响，该标准将有可能成为国家标准的组成部分，发挥更加巨大的价值。此外，鉴于 ePub 等流行格式对中文等东南亚文字的支持不尽理想，本标准对中文的良好支持以及英文等国际化语言的支持，使其具备国际竞争力，并具有成为移动阅读内容格式的国际标准的潜力，在国内外广泛推行使用，尤其在海外华人领域得以发展，使得中文、中华文化，乃至中国形象发扬光大。

**3．支付问题**

据《中国新闻出版报》相关文章数据显示，目前 33%的用户愿意使用手机进行阅读，95%的手机上网用户愿意手机阅读，其中 70%愿意付费使用。2005～2008 年，手机客户端阅读主要竞争厂家从不到 5 家快速增长到几十家，注册用户合计超过 2500 万，逐步形成较清晰的产业链。用户对电子书的接受能力不断提升，付费意识进一步加强。随着电子书内容及终端的改善，个性化的内容及多样化的阅读套餐体系将提升用户的付费意愿，依靠用户付费的电子书盈利模式将进一步明晰。手机杂志、手机报、电子书等移动阅读产品合理的定价将促进移动阅读产业快速发展。

**4．阅读终端问题**

作为移动阅读的载体，终端在 4G 时代被赋予了非凡的意义。一方面，通过在手机终端内置电子阅读器可以增加用户使用黏性，增加移动阅读的业务使用率；另一方面，由于内容的匮乏使得终端厂商无法在移动阅读产业链中拥有较多话语权。在此种情况下，终端厂商和运营商及移动门户网站的合作选择在很大程度上决定了移动阅读产业未来商业前景的取向。

目前我国移动阅读终端还处于发展初期，价格较高，产业链不够成熟，只有较高端消费者能够支付购买使用，而且多进行深度阅读。电子阅读器将成为终端定制要求之一，随着移动阅读的普及和产业链的成熟，移动阅读终端将会成为数字出版的主要载体。

### 6.8.4　移动阅读的发展前景

阅读是人的基本文化需求，具有巨大的产业发展空间。图书阅读作为最基本的文化形态，是一切文化形态的源头。移动阅读的发展，在一定程度上改变了传统的媒体概念和大众阅读习惯，传统的阅读产业格局正被颠覆。从 2008 年公布的出版产业、音乐产业和游戏产业调查报告来看，阅读产业规模比音乐市场和网游市场的规模都大。据易观国际 Enfodesk 产业数据库中《中国手机应用市场用户调研报告 2009》调研发现，在移动互联网用户近半年使用最多的手机应用服务中，手机阅读位居手机游戏之后，占比达到 58%，呈现稳步上升的趋势。随着移动互联网应用服务的不断成熟及用户使用行为的加深，移动阅读的应用渗透率逐步提高。

在 4G 的推动下，移动阅读的发展前景逐渐明朗，产业链发展将越来越成熟。

**1. 移动互联网加速助力，移动阅读将成为 4G 时代最有潜力的盈利业务之一**

2009 年以来，全国移动电话用户达到 7 亿，而国内使用手机上网的用户也于 2008 年首次超越 PC 上网用户数量。一方面，移动用户的高速增长推动了移动互联网用户的发展；另一方面，随着 4G 启动以及下一代移动通信网络的建设，移动带宽瓶颈减缓乃至消失，基于新技术与新模式的应用创新带来了移动互联网发展的新的高峰，同时培养了比较特定的用户消费群体，促进了移动互联网产业的良性发展。

移动互联网的应用创新模式逐渐演化成“移动商务”“移动娱乐”等分类，除去移动支付、移动音乐、移动游戏等逐渐成熟的应用外，移动 SNS、移动阅读等新应用也逐渐崭露头角，发展迅速。从业务收入上来讲，2014 年，中国移动阅读市场收入规模 88.4 亿元，预计 2017 年市场整体收入规模将突破 150 亿元；从用户规模来讲，根据易观智库最新发布的《中国移动阅读市场趋势预测 2014-2017》，截止到 2014 年年底，中国移动阅读活跃用户数比 2013 年环比增长 20.9%，达 5.9 亿人。

**2. 优质内容成为核心竞争优势，运营商和互联网厂商恐重蹈 WAP 发展竞争轨迹**

随着 4G 的启动及不断普及，越来越多的传统互联网巨头、运营商、手机厂商等纷纷介入无线互联网领域，而更多的新兴企业也加入到竞争中来。从目前市场的发展情况来看，运营商由于其依托的用户资源以及对网络资源的控制，在移动阅读产业中占据了优先的主动权，然而针对移动阅读，其内容资源环节稍显薄弱。传统电子书产品资源丰富然而涉及版权问题，不能大规模应用于移动领域，因此优质的内容将是移动阅读产业发展的核心竞争优势。针对于此，运营商也相应加大了对优质内容的挖掘和控制。中国移动从 2010 年 1 月开始收费至今，手机阅读基地的用户数、收入、点击量每月都在迅猛上升，2011 年 3 月，月收入首次突破亿元。根据统计，2011 年 4 月，访问用户数超过 4300 万，每天点击量 2.6 亿次。截至 2011 年 6 月，中国移动已为 1.6 亿用户提供过手机阅读服务，目前每月的访问用户超过 4500 万，月信息费收入突破 1 亿元。中国电信方面，天翼阅读自 2010 年 9 月 8 日正式发布，两个月的时间，用户规模突破 100 万，到 2010 年底突破 200 万，2011 年 3 月突破 500 万，2011 年 6 月突破了 1000 万。

然而，和 WAP 产业发展过程相似，如果运营商官方 SP 营销渠道单一，缺乏推广，产品质量普遍水平不高，难免会沦为简单的“通道”。而和独立 WAP 大力发展特色优质内容相似，一些互联网企业转型开展收费文学、移动阅读的开展，开拓互联网文学的盈利模式，加速对优质内容资源的争夺，提升在收费阅读、移动阅读内容领域的控制权。

**3．电子阅读器将成为终端定制要求之一，移动阅读用户需求和商业前景紧密结合**

从企业的角度，以移动阅读等移动互联网应用为切入点，结合三维地图、交通路况等功能，与手机导航业务、广告等其他业务进行融合捆绑，在为用户创造更大的价值的同时，商业模式及盈利模式也日趋明显。而对于用户而言，手机的相关应用随着 4G 的成熟与普及，移动网络宽带化、IP 化，以及手机终端的智能化变得越来越丰富。随着 4G 业务的推广，上网资费的下调、智能终端的进一步普及、阅读内容的日益丰富，盈利模式的探索和完善，手机阅读必将成为 4G 时代主流阅读方式之一。通过移动互联网的平台，用户移动阅读的需求得到满足，而由此拓展开来的群组沟通方式使移动互联网成为一个主流沟通平台，用户的信息获取、娱乐、商务均可通过此平台得到有效的满足。

随着各移动阅读厂商产品不断完善，上游内容提供商内容不断开放，用户习惯逐渐养成，EnfoDesk 易观智库数据显示，2015 年收入规模达到 103.2 个亿，2015 年移动阅读活跃用户达到 6.5 亿人。

## 6.9　移动安全

### 6.9.1　移动安全问题产生的原因

安全性问题自移动通信技术问世以来就已产生。第一代移动通信的模拟蜂窝移动通信系统几乎没有采取安全措施，移动台把其电子序列号和网络分配的移动台识别号以明文方式传送至网络，若二者相符，即可实现用户的接入，结果造成大量的克隆手机，使用户和运营商深受其害；2G 主要有基于时分多址（TDMA）的 GSM 系统（多为欧洲及中国采用）及基于码分多址（CDMA）的 CDMAone 系统（多为美国等北美国家采用），这两类系统安全机制的实现有很大区别，但都是基于私钥密码体制，采用共享秘密数据（私钥）的安全协议，实现对接入用户的认证和数据信息的保密，在身份认证及加密算法等方面存在着许多安全隐患；4G 移动通信系统在 3G 的基础上进行了改进，同时针对 4G 系统的新特性，定义了更加完善的安全特征与安全服务。未来的移动通信系统除了提供传统的话音、数据、多媒体业务外，还应当能支持电子商务、电子支付、股票交易、互联网业务等，个人智能终端将获得广泛使用，网络和传输信息的安全将成为制约其发展的首要问题。

对于开放式的移动互联网来说，在信息交互过程中，数据经过移动网络、Internet、企业内部网络多个阶段的传输，在接入服务平台、通信链路、终端设备等多点都存在安全威胁。在移动环境下，由于信道本身开放和动态的物理特征，使得移动通信更加容易受到来自各方面的攻击，比如，移动通信更容易被窃听；无需物理连接即可容易地获得访问；传输的数据更容易被截获、被篡改、被重放等。除了新出现的安全威胁外，移动通信大多也需要进行传统的有线传输，同样存在终端假冒、不当授权、通信行为否认、信息伪造、破坏等传统安全问题。

### 6.9.2 移动安全的特点

为了保证移动互联网的安全，有 6 个方面是需要特别注意的。

（1）数据的机密性。在通信过程中，为了防止隐私数据为非法用户所获得，数据通常要进行加密处理，确保只有合法的通信双方才能知道通信内容。即使通信信号被中途窃听、截获，攻击者也不能正确读取数据的意思。目前，SIM 卡通常采用对称密钥的加密方法，而随着终端扩展能力日益增强，通过手机的 SDIO 接口、CF 接口，外界具有存储、运算能力的扩展卡可以有效增强手机加密能力，采用非对称密钥的加密技术。

（2）通信数据安全可靠性。通信数据应该被保证为是安全可靠的，双方都能确认通信数据是对方于何时何地想发送的。安全可靠性是通信链路上的重要研究目标，具体而言，包括数据的完整性和新鲜性。通信完整性是指信号在传输过程中不被攻击者添加、删除、篡改、重新排序。通信新鲜性事指数据能及时被传送给另一方，通常采用在信息中加入时间戳、计数器或随机数来保证信息的新鲜性。

（3）用户身份的鉴别。基于移动网络的业务系统往往用户数量较大，局端必须对请求介入的用户身份进行鉴别，防止假冒、伪装的用户接入。用户身份认真包括对用户密钥、身份证书、终端设备的标识等多种信息的鉴别。

（4）用户访问控制。服务系统在相应用户操作前，首先应该查看用户权限，根据用户的权限提供相应的服务，对于越权操作，系统拒绝响应。

（5）行为的不可否认性。不可否认性是指通信数据的发送、接收方不能对自己的行为进行抵赖，用户对使用过的服务进行否认等。

（6）服务的可用性。被授权的合法用户能随时随地安全使用业务系统所提供的服务，通信数据能够安全地在移动链路和 Internet 中进行传输。

### 6.9.3　移动安全受到的威胁

安全威胁来自网络协议和系统的弱点，攻击者可以利用网络协议和系统的弱点非授权访问敏感数据、非授权处理敏感数据、干扰或滥用网络服务对用户和网络资源造成损失。

按照攻击的物理位置，对移动通信系统的安全威胁可分为对无线链路的威胁、对服务网络的威胁和对移动终端的威胁。主要威胁方式有以下几种。

- 窃听：在无线链路或服务网内窃听用户数据、信令数据及控制数据。
- 伪装：伪装成网络单元截取用户数据、信令数据及控制数据，伪终端欺骗网络获取服务。
- 流量分析：主动或被动进行流量分析以获取信息的时间、速率、长度、来源及目的地。
- 破坏数据的完整性：修改、插入、重放、删除用户数据或信令数据以破坏数据的完整性。
- 拒绝服务：在物理上或协议上干扰用户数据、信令数据及控制数据在无线链路上的正确传输，实现拒绝服务攻击。
- 否认：用户否认业务费用、业务数据来源及发送或接收到的其他用户的数据，网络单元否认提供的网络服务。
- 非授权访问服务：用户滥用权限获取对非授权服务的访问，服务网滥用权限获取对非授权服务的访问。
- 资源耗尽：通过使网络服务过载耗尽网络资源，使合法用户无法访问。

随着网络规模的不断发展和网络新业务的应用，还会有新的攻击类型出现。

### 6.9.4　4G 移动通信系统的安全防范机制

#### 1．安全目标

保证由用户产生的或与用户相关的信息能得到充分保护，防止被误用；保证安全特征被充分地标准化，以确保世界范围内互操作与不同的服务网络之间的漫游；保证由服务网络和归属环境提供的资源和业务能得到充分保护，防止被误用和盗用；保证安全功能标准全球兼容能力；保证提供给用户和业务供应者的保护级别高于当代固定和移动网络的保护等级；需要更强或更灵活的安全机制，如用户认证、无线接口加密、用户身份保密、使用可移动的用户安全模块、用户模块和本地网之间的安全应用层信道、安全特征的透明性；保障 4G 网络上的应用信息在可控的范围内传播，保障信息资产的机密、完整、可用。

**2. 应用原则**

首先是处理好发展与安全的关系，处理得好，安全会有保障并促进发展，处理不好，安全就会制约发展。其次需要面对的是管理和技术在信息安全中的作用问题，解决问题需要技术，但不能单纯依靠技术。要有必须有长效机制，必须能采取有效措施控制危机发展，把损失降到最低。最后信息安全的成本也是一个重要问题，要考虑到信息安全的经济因素，精心设计和实施的安全策略可以保证恰当地使用资金。

**3. 应用案例分析**

在中国移动信息化加速发展的大环境下，很多大型企业已经启用了企业移动管理平台，以便集中管理企业的移动智能终端设备，提供基于 Android、iOS 平台的智能手机及平板电脑的移动设备管理（MDM）、移动应用管理（MAM）、基本的移动内容管理（MCM）功能和移动邮件管理（MEM）等功能，解决企业移动智能终端的安全、应用管理、统一配置、文档分发等问题。比如 KNOX 是三星电子提供的基于安卓系统、保证端对端安全的高级解决方案，从硬件设计到软件应用层都能为企业用户提供严密的安全保护。KNOX 集成了应用于移动硬件和 Android 框架的管理服务，能够克服现有 Android 系统的种种安全缺陷，具备先天优秀的硬件匹配性和出色的应用防御性。与其他非安卓体系的移动安全解决方案相比，KNOX 则又能展现安卓系统灵活性的优势，从而为企业用户提升控制性、管理性和扩展性带来了更多可能。在移动设备上运行时，三星 KNOX 可以为一系列需要保护的应用程序提供一个与外界隔离的操作环境，在其内运行的数据和存储的内容将获得系统级别的安全保障，而运行于该隔离环境之外的应用程序仅对其内部数据具备非常有限、可以完全控制的访问权限。存储于容器内的用户数据在 KNOX 的保护下将免受恶意软件和钓鱼网站的攻击，即使设备被盗或遗失，即使遭受黑客对物理设备的攻击也不会被攻破。

### 6.9.5 未来移动安全的展望

毋庸置疑，在今天及不远的将来，移动安全必然是移动互联网能够成功运作的非常重要的环节之一。移动安全可以从以下几个方面逐步提高。

**1. 针对移动通信系统的特点，建立适合未来移动通信系统的安全体系结构模型**

3G 系统的安全逻辑结构仍然参考了 OSI 模型，而 OSI 模型是网络参考模型，用它来分析安全机制未必是合适的。随着移动技术与 IP 技术的融合、Ad hoc 的广泛应用以及网络业务的快速发展，需要更系统的方法来研究移动通信系统的安全。比如，在网络安全体系结构模型中，应能体现网络的安全需求分析、实现的安全目标等。

而如今 4G 的安全体系比 3G 具有更有优越的性能特征，具体表现在：综合考虑了对无线和有线链路的保护，提高了有线链路的安全性；通过在网络域中各个实体间建立认证机制，如用户、接入网和归属网络之间相互认证，从而提高了网络的安全级别；在移动终端植入 TPM，可以在安全体系中引入可信移动平台的构想。将用户、USIM 和 ME/TPM 视为 3 个独立的实体，利用可信计算的安全特性来提高用户域的安全。

**2．由私钥密码体制向混合密码体制的转变**

未来的移动通信系统中，将针对不同的安全特征与服务，采用私钥密码体制和公钥密码体制混合的体制，充分利用这两种体制的优点。随着未来移动电子商务的迅速发展，采用私钥密码体制，虽然密钥短，算法简单，但对于密钥的传送和分配的安全性要求很高；采用公钥密码体制，参与交换的是公开钥，因而增加了私钥的安全性，并能同时满足数字加密和数字签名的需要，满足电子商务所要求的身份鉴别和数据的机密性、完整性、不可否认性。

**3．移动安全体系向透明化发展**

3G 的整个安全体系仍是建立在假定网络内部绝对安全的基础之上，当用户漫游时，核心网络之间假定相互信任，鉴权中心依附于交换子系统。事实上，随着移动通信标准化的发展，终端在不同运营商甚至异种网络之间的漫游也会成为可能，因此应增加核心网之间的安全认证机制。特别是随着移动电子商务的广泛应用，更应尽量减少或避免网络内部人员的干预性。未来的安全中心应能独立于系统设备，具有开放的接口，能独立地完成双向鉴权、端到端数据加密等安全功能，甚至对网络内部人员也是透明的。

与此同时，4G 的安全体系也在不断向透明化发展：未来的安全中心应能独立于系统设备，具有开放的接口，能独立地完成双向鉴权、端到端数据加密等安全功能，甚至对网络内部人员也是透明的。

**4．新密码技术应获得广泛应用**

随着密码学的发展以及移动终端处理能力的提高，新的密码技术如量子密码技术、椭圆曲线密码技术、生物识别技术等将在移动通信系统中获得广泛应用，加密算法和认证算法自身的抗攻击能力更强健，从而保证传输信息的机密性、完整性、可用性、可控性和不可否认性。

**5．移动通信网络的安全措施更加体现面向用户的理念**

用户能自己选择所要的保密级别，安全参数既可由网络默认，也可由用户个性化设定。随着信息时代的到来，人们不再满足于单个移动终端接入网络，而是希望运动子网络，即移动自组网 Ad-hoc，如何解决这类网络的安全问题，怎样提高安全机制的效率以及对安全机制的有效管理，都将是移动通信系统面临的严峻挑战。

## 6.10 移动社交

### 6.10.1 什么是移动社交

移动社交是一种新兴的网络社交方式，是指用户以手机、平板等移动终端为载体，以在线识别用户及交换信息技术为基础，按照流量计费，通过移动网络来实现的社交应用功能。广义的移动社交应用包括移动端，以交友以及与好友联络为目的的应用，而狭义的移动社交应用主要指以交友为目的的、以基于各种目的组成的交友社区为组织形式的移动应用。移动社交不包括打电话、发短信等通讯业务。与传统的 PC 端社交相比，移动社交具有人机交互、实时场景等特点，能够让用户随时随地的创造并分享内容，让网络最大程度地服务于个人的现实生活。移动社交脱胎于 PC 端的网络社交，网络社交的最早形态是 Web2.0 这个概念出现之前就已经存在的论坛，然后是博客时代、SNS 时代、微博时代直到现在的多元化社交时代，在多元化社交时代新的社交形式不断出现，比如移动端的各种新型社交应用。移动社交的形式包括文字、声音、图片、视频。

（1）文字。文字作为最早的移动社交的形式具备简单、快速、及时等特点，在即时通讯领域文字的地位无人可及，即使在移动社交发展的今天其依然是人们最为常用的沟通形式，虽然新型的交流模式不断出现但基于文字而形成的传统移动社交形式依然会保持长久优势。

（2）声音。很难想象基于手机应运而生的移动社交，声音作为传播载体正在被人们广泛使用，与文字不同声音在进行沟通时让人感觉更为直观、清晰。无论是国外的 Kiki 还是国内的微信，在移动社交领域都渐露锋芒。

（3）图片。图片社交形式的突起很大程度上要得力于智能手机拍照功能的逐步强大及 Instagram 等应用的成功，在以文字为核心的第一代社交化引爆市场后，用户急需一个专注于图片分享的移动社交形式更加简单、生动的分享生活碎片。

（4）视频。视频作为移动化分享的传播形式与前三种形式还有很大差距，这主要来源于其本身对于网络及硬件的要求较高，所以当前还在探索期，不过在国外有很多应用正在专注于 15s 视频分享的移动社交网络，比如 Shoutz，相信在不久之后视频将成为又一爆发点。

### 6.10.2 移动社交的发展阶段及特点

总的来说，移动社交的发展主要分为三个阶段。

**1．从 PC 端平移至移动端**

以微博为例，网页版微博和移动端微博的内容相同，但移动端以 App 方式呈现，不定期进行升级和更新，还有 QQ、人人等都有移动端和 PC 端各种不同的版本。

**2．添加移动端特有元素**

如 QQ 手机版可以通过滑动调出设置菜单，摇一摇截屏，实时拍照上传等功能，这些是基于手机硬件来进行的操作优化。

**3．移动端特有的新型应用**

如微信在很长一段时间以来是移动端的专属应用，虽然后来推出了网页版，但是功能并不完善，短时间内无法和移动端的微信应用相提并论。经过这三个阶段的发展，移动社交与 PC 端的社交网络相比，产生了如下特点。

PC 端的社交网络以网页形式表现出来，而移动社交主要以 App 方式呈现；PC 端页面信息容量较大，移动端页面小，使人们的注意力更加容易集中；PC 端以传统方式展现文字、图片、视频等信息，移动端更加灵活，可以采用手势操作、重力感应等方式展现信息内容；PC 体积大，不能随身携带，灵活性差，移动设备可以放到口袋、背包等处，随时随地都可以网上互动；PC 的价格高于移动设备的价格，移动设备的迭代更新速度越来越快，性能和 PC 的差距也不断缩小。

移动社交作为一种新兴的网络社交方式正处于上升期，移动端网民的数量预计到 2017 年将超过 PC 端网民的数量，增长速度惊人，显示了强大的生命力。

### 6.10.3　移动社交的发展方向

作为移动互联网行业最为热门的创业领域，在过去的一年当中，移动社交经历了陌陌上市、无秘崛起和友加被封等几个大事件。移动社交的发展将出现以下五大趋势和三大方向。

**趋势一：微信依旧一家独大**

不可否认的是，微信已经成为手机上占用用户时间最久的社交软件，所有的移动社交软件都需要跟微信来争夺用户的在线时间，但这不意味着其他移动社交软件没有机会，相反，移动社交在国内仍然有突围的机会。这主要是有几个趋势决定的，第一，年轻人追求个性化，需要有新的社交软件满足猎奇的心理；第二，综合移动社交应用功能越来越繁杂，社交属性被弱化，用户需要单一社交的平台；

第三，新兴的社交人群需要不一样的社交空间，以避免诸如父母、领导等熟人的干扰。

**趋势二：匿名社交软件差异化竞争**

匿名社交软件在2015年将不复之前的火爆，这是因为匿名社交软件们未能找到差异化的竞争点。2014年里，由于国外匿名社交软件Secret的走红，国内也出了不少翻版，甚至还上演了真假“秘密”大战。不过，匿名社交软件喧嚣一时，逐渐回归沉寂。在经历了前期火热的概念炒作之后，匿名社交软件进入了常规化的运营阶段，如何创建一个良好的匿名社交环境，并防止匿名社交走向邪路，是每个匿名社交软件需要考虑的重点。

**趋势三：视频社交应用快速增长**

在2014年里，美拍、微视为代表的微视频社交软件有过短时间内的增长高峰，不过，在后半年开始逐渐平淡，甚至就连微信在朋友圈中增加短视频，都并未如期迎来短视频社交的井喷。在用户经过初期的尝鲜体验之后，短视频内容在微信朋友圈当中分享并不多。而在2015年，以视频分享为核心的社交软件将快速增长，但很可能受限于移动网络资费和用户习惯问题，仍然需要一段时间的培育期，短期内难迎增长高峰。

**趋势四：音频社交应用高速增长**

音频社交将迎来爆发机会，这主要取决于移动互联网的普及程度以及音频软件的异军突起。事实上，2014年里，音乐FM领域的已经有一个全面的小爆发，包括网易云音乐，喜马拉雅等音频软件用户都过亿。而这些音乐FM软件如果想要提升用户的活跃和黏性，必然会强调自身的社交属性，增加社交功能，因此在音频社交领域有望实现“曲线救国式”的增长。

**趋势五：陌生人社交或遇冷**

在2014年，陌陌的上市无疑是移动社交领域具有代表性的事件。不过自陌陌上市之后，股价高开低走，甚至一路狂跌，目前股价徘徊在10美元左右，总市值在20亿美元。公开资料显示，陌陌的用户超过2亿，主要的收入模式是会员增值服务及游戏变现，至今未实现盈利。而在2014年里，移动社交领域另一个大事件就是友加由于过火的营销炒作被封，这一事件是一个分水岭，标志着国家对利用色情擦边球营销的炒作将会监管越来越严。这意味着，一方面陌陌的上市将挤压陌生人社交的想象空间，另一方面由于国家对互联网的管制，以“约”为噱头陌生人社交软件将很可能在2015年遇冷。

在2015年里，移动社交领域将会继续诞生若干创业项目，但这些创业项目将不再追求大而全的社交平台，而是走精准细分人群，场景应用更加的垂直。总体来看，应该还是不会超越以下三个主流发展方向的范畴。

**1．陌生人交友**

陌陌、无秘等基于陌生人社交的平台仍然是一个重要发展方向。陌生人社交平台更重视交友的需求，社交属性要远远大于媒体属性。因此，这类平台更容易聚集用户，但是用户的质量可能并不高，也不利于后期的运营变现。

**2．兴趣社交**

基于兴趣的社交平台，这是过去今年百度贴吧、豆瓣等社交平台所精心打造的方向，而陌陌在上市前夕重塑了自身的品牌策略，也希望将自己定位成基于兴趣社交的平台。基于兴趣社交的平台想象力在于能够聚合相同兴趣爱好的人群，社交电商将是它们希望能够实现规模化盈利的方向。

**3．社交媒体**

基于内容分享为主的社交媒体平台也是一个重要的移动社交发展方向，目前基于图片、音频、短视频或视频的移动社交软件，都属于一类型。这类平台主要靠优质的内容聚合人群，最终有可能复制微博的发展之路，成为新的社交媒体平台。

总体来看，2015 年，移动社交软件领域的格局不会有太大的变化，依然是微信一家独大的局面，但是在垂直社交领域，很可能还会陆续诞生不少更新奇好玩的社交软件。而 2015 年，对于一些用户规模上亿的移动社交软件来说，无论是微信还是陌陌，如何找到最合适的盈利模式均将是他们的业务重点。

## 6.11　跨平台移动开发技术

跨平台移动开发技术是现代网络的主流。HTML5 跨平台开发技术为跨平台移动应用的开发打开另一扇大门，促进移动互联网应用产业链快速发展（基于 HTML5 的跨平台移动应用关键技术的研究与实现）。

本节在介绍了跨平台移动开发的基本概念、应用形式、实现方式以及开发框架后，对 HTML5 的历史由来与功能支持情况、应用架构与模式进行了解，再与 HTML4 进行对比，多角度了解 HTML5，最后对 HTML5 的发展趋势继续分析与总结。

### 6.11.1　跨平台移动开发技术基本概念

跨平台概念是软件开发中一个重要的概念，即不依赖于操作系统，也不依赖硬件环境。一个操作系统下开发的应用，放到另一个操作系统下依然可以运行。

移动开发也称为手机开发，或叫做移动互联网开发，业内另一个名字称为无线开发，是指以手机、PDA、UMPC 等便携终端为基础，进行相应的开发工作。

移动应用开发技术是为小型、无线计算设备编写技术。类似于 Web 应用开发，起源于更为传统的软件开发。但关键的不同在于移动应用通常利用一个具体移动设备提供的独特性能编写软件。

而移动互联网的应用形态主要分为原生应用和移动 Web 应用两大类。目前，运行在移动终端上的应用大多都是原生应用，它通过终端操作系统支持的程序语言（如苹果 iOS 系统支持使用 Objective-C 语言，谷歌 Android 系统支持使用 Java 语言，微软 Windows Phone 系统支持使用 C#语言）编写，软件直接运行在操作系统之上。原生应用可以完全利用终端操作系统的 API 和平台特性，具有开发能力强、交互性好、效率高等优点。缺点是：需要依靠厂商提供的特定开发语言和开发工具进行软件开发，跨平台的开发工作量大，存在应用开发周期长、开发门槛高等问题。

移动 Web 应用，简单理解就是针对移动终端优化过的 Web 网站，采用网页语言（HTML、JavaScript、CSS）开发，运行于终端浏览器之上，与原生应用相比，具有开发简单、跨平台适配等优点。缺点是：应用基于浏览器，无法调用系统 API（如手机的重力感器、摄像头等 API）来实现一些高级功能，也不适合高性能要求的场合。

### 6.11.2 跨平台移动开发框架

**1. 开发工具**

最受开发者喜爱的跨平台移动应用开发工具，以 HTML/JS/CSS 开发为众，比如 PhoneGap、Sencha Touch 等，却也包含使用其他语言进行开发的工具，比如 Xamarin，使用 C#，就可以开发出能运行于各大主流移动平台之上的原生 App。

跨平台移动开发实现方式可分为跨平台引擎驱动和跨平台应用编译两种方式。跨平台运行引擎技术需要底层设备加载驱动引擎，用于屏蔽不同移动操作系统之间的差异。开发者按照各系统正常开发，编译打包发布（apk，ipa 等），用户下载应用后由驱动引擎安装完成。利用该技术的移动开发框架主要有：Unity3D 是一个跨平台的综合型游戏开发工具，提供了一个全面整合的专业游戏引擎。Cocos2D 是基于 GNU LGPL v3 协议的跨平台上游戏开发框架，但是跨平台实现的游戏效果并不理想。另外还有一些付费的开发框架。

跨平台应用编译技术是利用一种标准开发语言进行开发。在开发前需要针对不同系统搭建相应环境，发完成后再由编译器编译生成相应的可执行程序。而开发语言又可以分为应用开发语言和 Web 开发语言，应用开发语言包括 Java( android 应用开发)，objective-c（iOS 应用开发）等，Web 网页技术语言则融合 HTML、CSS、JavaScript 等，最新开发技术为 HTML5、CSS3。

### 2．开发框架

随着智能终端的迅速普及推广，进行高效率、低成本的跨平台移动互联网应用开发的需要日益迫切，因而出现了众多跨平台框架。这些框架主要分为两大类：移动 Web 开发框架和跨平台开发框架。通过这两类开发框架的组合运用，可以实现更加快捷高效的跨平台混合应用开发。

移动 Web 开发框架主要用于构建运行于移动终端 Web 浏览器中的跨平台界面（HTML、JavaScript、CSS），包括 jQuery Mobile、Sencha Touch、IWebKit、Safire、WebApp.Net、Dojo Toolkit 等，常用的移动 Web 开发框架包括 jQuery Mobile 和 Sencha Touch，两者均支持 HTML5。

jQuery Mobile 建立在 jQuery 和 jQuery UI 框架之上，为移动设备上的移动互联网应用开发提供 jQuery 核心库和 jQuery 移动 UI 框架。它继承了 jQuery 支持多浏览器的特性，支持 iOS、Android、BlackBerry、Palm WebOS、Symbian、Windows Phone、bada、MeeGo 等主流移动平台。

Sencha Touch 由基于 JavaScript 编写的 Ajax 框架 ExtJS，整合 JQTouch、Raphaël 库而来。它继承了 ExtJS 的优点，提供针对触摸屏的丰富的 UI 布局解决方案，支持复杂交互，目前支持 iOS、Android、BlackBerry、Windows Phone 平台。

与 Sencha Touch 相对比，jQuery Mobile 属于轻量级框架，支持的 UI 复杂度较低，但它开发门槛低，支持更多移动平台。因而，jQuery Mobile 更适合交互较为简单的移动互联网应用的开发，而 Sencha Touch 更适合面向特定行业的有丰富交互需求的产品化应用的开发，如企业办公系统和移动信息化应用。

跨平台开发框架主要用于提供跨平台 API，让开发者不必关心各终端平台的系统 API 和原生开发语言，通过 Web 开发就可以完成跨平台混合应用的开发。国内常用的跨平台开发框架包括 PhoneGap、AppCan、WAC Widget。

PhoneGap 一款能够让开发者使用 HTML、JS、CSS 来开发跨平台移动 App 的开源免费框架。从 iOS、Android、BB10、Windows Phone 到 Amazon Fire OS、Tizen 等，各大主流移动平台一应俱全，还能让开发者充分利用地理位置、加速器、联系人、声音等手机核心功能。在 Native 与 Web 谁主载未来的大论毫无消停之时，PhoneGap 的应用开发框架天然优势在于支持跨平台，后期可扩展性较强，开发周期很短，熟悉 Web 技术的开发者可轻松上手。性能上的确不如 Native，后期还需针对各个版本分别优化开发等。

AppCan 是国产的混合应用开发平台，它着重解决了基于 HTML5 的移动应用不流畅和体验差的问题，使得基于 AppCan 开发的 HTML5 移动应用的用户体验基本接近原生应用的体验。它支持 iOS、Android、Windows Phone 等主流移动平台。

WAC Widget 是一种可运行在移动设备上的 Widget 开发框架，它支持标准 Web 技术开发，支持 iOS、Android、Symbian、Windows Phone 等主流移动平台，通过它定义的一套完整的 API 可以访问移动终端系统和网络侧平台，例如语音呼叫、通信录、文件操作、系统软硬件信息、拍照、重力感应、位置服务等。它是由 W3C 着手制定的一套 Widget 系列规范，获得了全球众多运营商、厂商的广泛支持。

移动 Web 开发框架和跨平台开发框架的跨平台混合应用开发，主要分为移动 Web 开发和原生开发两部分工作，从两者中取优可以进一步提高应用开发效率，显著降低开发成本。移动 Web 开发主要用于构建混合应用的界面和业务逻辑等，而原生开发主要是针对不同终端系统平台进行跨平台 API 的封装，为基于 Web 技术开发的移动应用提供统一的 JavaScript 接口。跨平台混合应用开发框架与移动 Web 开发框架的关系如图 6-14 所示。

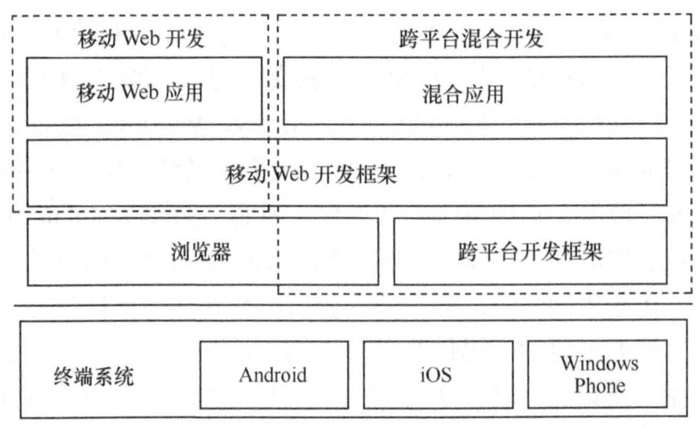


图 6-14　移动 Web 开发与跨平台混合开发的关系

利用 Web 技术而形成的成熟的开发框架主要有 PhoneGap、Titanium、PhoneGap 是唯一一个同时支持 Android、iOS、Windows Phone 等 6 种移动操作系统的开发框架，基于 HTML 语言把一些系统级的 API 封装为 Javascript API 提供给应用开发者，然后启动一个 Web-View 来加载实际应用。PhoneGap 开发平台将 HTML5 程序包裹起来，但仍保留原有的 HTML、CSS 与 JavaScript 的原始调用，通过各系统的浏览器引擎 WebKit 调用 WebView，UIWebView 空见等而执行这些程序代码。PhoneGap 主要特性是提供了 JavaScript 与 Na-tive 应用程序的接口，让 PhoneGap 的应用可以直接调用原有装置平台的应用界面。另一特性是，如果应用界面不足，PhoneGap 也提供使用者自行扩充的接口（Plugin），以取得更多的应用资源。

Titanium 也是用于 Web 类的移动应用开发，而且把部分 UI 组件编译成了 Native Code 在功能实现上，Titianium 内置了一个 JS 脚本引擎，使其成为一种加载页面更高的开发平台。Titanium 是将 HTML、CSS 与 JavaScript 程序代码转换成更底层的 Native Code 原始运算码，无法被浏览器使用。而应用的用户界面、联网功能、文件系统存取是通过该应用程序所在的系统链接库来执行。这种方式的优点是代码执行效率高，缺点则是将程序移动到其它平台上时无法正常使用，须得另外为该平台编译。现阶段 Titanium 可将 HTML 原始码编译至多种平台，包括 Android、iOS、Window Phone 等。

**3．当前开发框架存在的问题与缺陷**

目前最常见的 PhoneGap 是一个基于 Web 开发模式，创建移动多平台移动应用的快速开发工具。其采用 W3C 标准，使用 JavaScript 语言封装系统 API，开发者可以调用智能手机的基本功能，包括通讯录、声音、信息通知等功能，也可以调用设备的核心功能，包括 GPS 地理定位、重力感应、加速器等。这种开发方式不依赖于终端引擎驱动，编译应用程序后直接运行在移动操作系统。但是其开发能力同样受制于网页开发语言的限制。采用 Web 技术开发，是利用浏览器实现跨平台的适配性，但浏览器调用 Mobile OS API 能力较弱。采用 Widget 引擎技术，是利用 Javascript 语言封装应用系统 API 能力向开发者提供统一接口。应用开发语言存在支持的平台数量少、适配性差的问题，目前苹果 App Store 针对跨平台的应用发布设置了诸多的权限问题，限制了开发者对多平台应用的支持。Web 应用和 Widget 应用都受到网页开发语言的限制，因为各系统对网页开发语言的支持标准不一，支持度有限。因此在调用接口的能力上以及呈现的视图效果上都存在一定的缺陷，经常发生黑屏，异常终止，强制关闭等情形。传统的 Web 技术语言开发能力有限，造成代码量大、冗余代码多，对图像处理和动画支持不足，解释执行效率较低的问题。

随着 HTML5 标准的出现，针对 Web 开发语言在多媒体音视频、3D 动画图形、系统 API 调用执行等方面的能力都有很大的提升。HTML5 + CSS3 + JavaScript 越来越受成为移动应用系统开发的首选。

### 6.11.3　HTML5

**1．HTML5 发展历程**

HTML5 是 HTML4、XHTML1、HTML DOM 2 的一个新版本。自 2001 年的 XHTML1.1 后，Web 开发人员要求升级的呼声越来越高。当时的 HTML 和 XHTML 标准以文档为中心的理念无法有效地满足现代 Web 应用的需要。HTML5 主要增强了 XHTML 的功能，同时也解决了已有规范中存在的问题。它是万维网的核心语言、标准通用标记语言下的一个应用超文本标记语言（HTML）的第五次重大修改。

从广义的角度来讨论，HTML5 实际上是指一系列用于开发网络应用的最新技术的集合，它包括：HTML、CSS3、JavaScdpt 以及一系列全新的 API。HTML5 技术希望能够减少浏览器对插件如 Adobe Flash、Microsoft Silverlight 与 Oracle JavaFX 等的依赖，并提供更多的能有效增强网络应用的标准集。

HTML5 并非仅仅用来表示 Web 内容，与从前版本有所不同。整体如图 6-15 所示。

| | | |
|---|---|---|
| HTML5 | Web Workers | CSSOM View Module |
| CSS3 | Web Sockets Protocol/API | Cross-Origin Resource Sharing |
| DOM Level 3 Events | Indexed Database | RDFa |
| SVG 1.1 | File API | Microdata |
| WAI-ARIR 1.0 | Geoloeation | WOFF |
| MathML 2.0 | Server-Sent Events | HTTP 1.1 part 1 to part 7 |
| ECMASeript 5 | Element Traversal | TLS 1.2（updated） |
| 2D Context | Media Fragments | IRI（updated） |
| WebGL | XMLHttp Request | |
| Web Storage | Selectors API | |

图 6-15　整个 HTML5 的体系

HTML5 在中国的草案的前身名为 Web Applications 1.0，于 2004 年被 WHATWG 提出，在 2007 年被 W3C 接纳，并成立了新的 HTML 工作团队。

HTML5 规范的第一版是由在 2008 年发布，有两个不同版。WHATWG 规范和 W3C 规范。版本都来自同一个源出处。

2012 年 12 月 17 日，万维网联盟（W3C）正式宣布凝结了大量网络工作者心血的 HTML5 规范已经正式定稿。根据 W3C 的发言稿称："HTML5 是开放的 Web 网络平台的奠基石。"

2013 年 5 月 6 日，HTML 5.1 正式草案公布。该规范定义了第五次重大版本，第一次要修订万维网的核心语言：超文本标记语言（HTML）。在这个版本中，新功能不断推出，以帮助 Web 应用程序的作者，努力提高新元素互操作性。

本次草案的发布，从 2012 年 12 月 27 日至今，进行了多达近百项的修改，包括 HTML 和 XHTML 的标签，相关的 API、Canvas 等，同时 HTML5 的图像 img 标签及 svg 也进行了改进，性能得到进一步提升。

2014 年 10 月 29 日，万维网联盟宣布，经过几乎 8 年的艰辛努力，该标准规范终于最终制定完成。

### 2．HTML5 功能支持

HTML5 是用于取代 1999 年所制定的 HTML4.01 和 XHTML1.0 标准的 HTML 标准版本，现在仍处于发展阶段，各个浏览器厂商对 HTML5 的关键技术和特性的支持不尽相同。根据 HTML5test 网站的测试情况来看，目前对 HTML5 支持较好的桌面浏览器版本包括 Mexthon 3.3、Chrome 18、FireFox、Opera11.6、Safari 5.1 以及 IE9 等；对 HTML5 支持较好的平板电脑浏览器版本包括 RIM Tablet OS 2.0、Opera Mobile12.00、FireFox Mobile 10、iOS 5.0 & 5.1、Android 4.0 等；对 HTML5 支持较好的手机浏览器包括 Opera Mobile 12.00、FireFox Mobile 10、iOS 5.0&5.1、Blackberry OS 7、Android 4.0 等。在 HTML5 的各项特性中，支持程度较好的包括结构化语义标签对于智能表单特性，音视频特性的支持程度有所不同。

### 3．HTML5 应用架构

通过 HTML5 支持的 Geolocation、Vibration、Battery Status 等跨平台 API，实现对终端硬件的调用，实现部分原来只能通过原生应用才能实现的复杂功能。移动 Web 应用部署于 Web 服务器，移动终端通过浏览器访问应用时，服务器以 HTML5、CSS3 和 JavaScript 形式的数据响应浏览器的请求。应用的 UI 展现及其动态切换效果，是通过 Webkit 内核对 HTML5、CSS3 和 JavaScript 的解析实现的，应用对终端硬件的跨平台调用是通过浏览器提供的 JavaScript 扩展 API 实现的。其架构如图 6-16 所示。

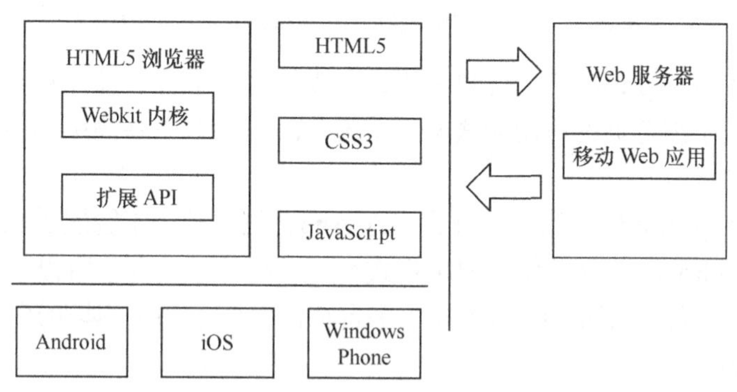


图 6-16　基于 HTML5 的移动 Web 应用架构图

### 4．HTML5 应用模式

HTML5 的应用模式共包括 3 种：Web App、Native App 和 Hybrid App。

Web App 是基于 Web 技术，仍然依赖于浏览器的解析，但和传统的网页不同，它的界面和操作方式直接适配于手机屏幕。同时，借助于 HTML5 的

Application Cache 等新特性，可以使用户获得与本地应用一致的使用体验。目前部分移动浏览器已支持隐藏浏览器的地址栏、状态栏等带有浏览器特征的界面元素，使得 Web App 看起来和一般的本地应用已无差别。Web App 的产生不仅提供给应用开发商一种新的应用模式。同时也改变着移动浏览器和智能终端平台的设计和呈现。

应用商店是移动互联网产业链的关键节点。而 Web App 在应用的发布、版本更新和收费模式上都与本地应用不同。这些将使得应用商店的形态在未来发生变化。HTML5 的成熟将促进 Web App 应用商店的出现。与传统的应用商店相比，Web 应用商店利用 HTML5 的用户交互技术，使广告直接根据用户的需求为用户提供服务。

传统的移动应用安装方法（即原生应用的安装方法）是到应用市场搜索后下载安装。而 HTML5 只需在浏览器打开应用的网址，生成应用的快捷方式后，等待浏览器自动下载。方式更加灵活方便，给用户带来新体验。传统的应用安装方式与 Web App 安装方式的对比参见图 6-17。

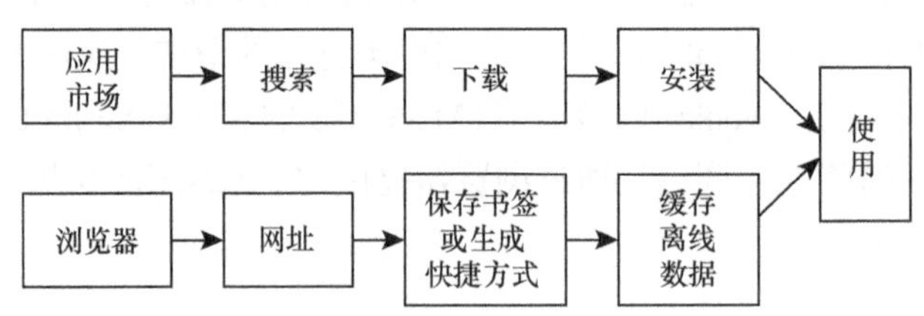


图 6-17　传统的应用安装方式与 Web App 安装方式对比图

优点：Web App 最突出的优势在于，它支持多种平台，且开发成本低。

缺点：基于浏览器的应用无法调用系统 API 来实现一些高级功能，也不适合高性能要求的场合。

Native App 为原生应用，也称为本地 App，是一种基于智能手机本地操作系统如 iOS、Android、WP 并使用原生程式编写运行的第三方应用程序。

优点：可以完全利用系统的 API 和平台特性，无论是用户体验还是交互界面，都是最优质的。

缺点：由于开发技术不同，如果要覆盖多个平台，则要针对每个平台独立开发，无跨平台特性。

Hybrid App 为混合应用，也称为套壳 App。以本地应用的形态出现（用户仍然需要安装应用），应用内部的大量逻辑使用 Web 技术来实现。同时，Web 技术无法实现功能可通过调用本地 API 实现，并可利用 Native App 的发布渠道和盈利模式。目前，一些通用的开发框架（如 Phone Gap）就是采用了这种方案。利用两种技术的优势，意味着越来越多的开发资源正在朝着 HTML5 转变。

## 6.12 智能硬件

随着全球 IT 技术、互联网发展引领产业的变革和跨界融合，智能化的浪潮向家居、可穿戴、汽车、制造领域快速延伸，引起全球高科技企业、投资机构的广泛关注，成为全球经济新的增长点。本节介绍了智能硬件的基本内容与历史发展进程，通过对智能硬件的现状分析确定目前问题，推测未来发展趋势，给学者一个思维引导的作用。

### 6.12.1 智能硬件的定义

智能硬件是继智能手机之后的一个科技概念，作为移动互联网时代的产物，它的出现为现代生活提供最便捷的服务。一些相关企业甚至初创企业，重心大多转到了智能硬件方向。

2014 年 3 月 19 日，嵌入式系统联谊会主题讨论会在上海华东师范大学召开。会上华东师范大学的沈建华副教授对现阶段的智能硬件问题与面临挑战分享了他在报告题目为“IOT&IOE 智能硬件的难点”，提出对智能硬件的定义，“能接入互联网的嵌入式设备”。

智能硬件通过软硬件结合的方式，对传统设备进行改造，进而让其拥有智能化的功能。智能化之后，相对于传统的硬件而言的凭借“互联网思维”来重新打造硬件，硬件具备连接的能力，实现互联网服务的加载，形成“云+端”的典型架构，具备了大数据等附加价值。

在 PC 时代，互联网解决的是连接人和人、连接人和交易、连接人和信息，腾讯、阿里巴巴、百度分别是这三种连接方式的代表。随着手机、平板电脑等移动终端设备的普及，移动互联网成为了第四种连接方式，滴滴打车、大众点评等餐饮领域都成为这种连方式的延续。而可穿戴设备如今成为第五种方式——连接人体，Google Glass、咕咚手环等都是如此。连接物体是第六种。

由于智能硬件在传统硬件下产生，智能硬件的产品属性天生就是要渗透到传统硬件鞭长莫及的领域，包括：医疗、健康、环境、娱乐、衣、食、住、行等方方面面。

### 6.12.2 市场与技术现状

#### 1. 现状与问题

智能硬件一方面需要通过联网之后数据集中处理，甚至更多需要利用到大数据的分析能力。智能硬件首先将线上线下信息升级为共享模式。在利用智能硬件终端所收集到用户行为数据进行加工处理，通过大数据过滤，最终得到硬件服务的进一步优化的信息，提供互相帮助的方式。智能硬件比传统硬件的黏性强很多

在移动互联网时代，PC 互联网访问已不再是刚需，但互联网巨头企业通过智能硬件可将用户重新绑定。巨头企业的这种行为首先表现是客户端化，再是硬件化，当获知用户的行为习惯后，利用大数据就可以进行非常精准的广告、产品推送或营销行为。

2013 年开始，3D 打印、车联网、智能路由、智能手环等产品造就了一波硬件创业的热潮，众多巨头和创业团队纷纷扎进这块沃土耕耘，全球互联网行业及中国各大互联网巨头如 BAT 等都对智能硬件给予极大关注。

聚焦技术和商业模式融合创新，先后推出了智能手机、智能电视、盒子、手环、路由器等系列智能硬件产品，同时孵化培育了一批创新型企业，初步形成了良好的智能硬件产业生态圈。

2014 年 10 月 22 日上午，集合了京东、百度、奇虎、小米等互联网巨头的国内首家智能硬件产业联盟——“中关村智能硬件产业联盟”在中关村示范区成立。据中关村管委会相关负责人介绍，联盟成员今后将在中关村核心区重点建设以智能硬件为主题的“平台+孵化+投资”的创业孵化器，全面建设检测认证、研发合作等五大公共技术和服务平台，推动组建投资智能硬件的产业投资基金和创投资金，谋求将中关村的互联网优势转化为智能硬件创新优势。在联盟成立后，中关村将依靠中关村丰富的创新资源，全面建设检测认证、研发合作、知识产权与标准、大数据服务、电商推广五大公共技术和服务平台，降低创业门槛。其中：京东推出了智能硬件创新加速器的“JD+”计划，整合原有优势，联合创客社区、众筹平台、生产制造商、技术服务商、内容服务商、渠道商等，从深度合作、数据共享、营销支持、供应链服务、技术支持、金融服务及资金支持等全方位为“JD+计划”内的企业提供全方位支持，搭建创新智能产品开放平台。

百度推出了 Bai du I nsi de 创新智能硬件合作计划。在 2014 年 4 月举办的百度智能硬件峰会上，百度与佳能、海尔、联想、华为等多家合作伙伴和中小企业联合发布了涉及智能语音、智能影音、智能健康、智能车载、智能网关多个领域的 20 多款搭载百度技术的智能硬件产品。

小米公司则以小米三大主线产品（即小米手机、电视/盒子、路由器）和相关周边智能产品研发、适配，以及小米投资或入股第三方企业为手段进入智能硬件行业，目前小米已经投资、培育了 20 多家智能硬件企业，构建起小米终端生态圈。

奇虎公司作为专注于安全的公司，过去主要解决互联网和移动互联网的安全问题。随着智能硬件的发展，360 逐步拓展安全的内涵，开始解决物理世界的安

全问题和人身安全与健康问题。在智能硬件领域，奇虎公司聚焦于安全、安防和健康，已推出儿童卫士、安全路由器、空气卫士等产品。奇虎公司还积极通过投资的方式布局国内外优秀企业，主要集中在模组、交互技术等硬件上游领域和云服务、应用等领域。

虽然已经有不少公司开发出智能穿戴产品，但智能穿戴设备设计看似简单，实则不宜，商业成功更难，穿戴设备的设计中的始终存在几个难点：（1）低功耗问题；（2）MCU 与传感器外设接口设计；（3）整合更智能传感器方案；（4）穿戴设备 UI 设计；（5）穿戴设备 OS、协议和软件。

近年来，智能硬件产业方兴未艾，但由于智能硬件产业的生态尚未形成，相对于软件产业，智能硬件创业门槛较高，缺乏硬件优化、样机打版、测试验证、工业设计等公共服务平台，产业链上下游沟通成本高，区域内企业互动不强、龙头企业带动作用有限，产业环节较为分散。还有智能硬件产品创新数量大、种类多、技术多样化，标准不统一，导致产品推广方面遇到问题。

**2. 成功案例**

咕咚网是由成都乐动信息技术有限公司创立的将运动与网络结合，分享运动快乐的新社区，倡导运动，环保，有趣、简单、持续。运用先进的物联网 MEMS 芯片技术以及国际领先运动-饮食-睡眠多维监控系统，通过内置 MEMS 芯片的咕咚电子健身追踪器记录个人运动生活信息，从线下信息同步到线上的咕咚网，对运动量、饮食、睡眠等数据进行分析后，给出专业的运动、饮食建议，提倡乐活生活，帮每个网友养成时尚、快乐、运动、健康生活方式的网络服务社区平台。

咕咚网最近宣布获得由深创投领投的第二轮融资，规模 6000 万元人民币。这个融资数值，在国内智能硬件领域已经是不小的数据。咕咚被认可从手环产品的跟风潮中开始找到了自己的差别化价值。咕咚网第二轮融资消息公布后，在刊名为世界博览的作者国仁第一时间与其 CEO 申波进行了交流。发现经过过去的一年，咕咚网的思路有了很大的变化，不仅是一边尝试做硬件，还一边做软件和服务。申波所讲内容的核心有两点。一是给智能硬件的新参与大公司做用户管理，利用的是其“咕咚运动+”应用现在积累的 1000 多万用户量，还有其云计算平台。华为的 TalkBand 和三星的 Gear 是这样的例子，TalkBand 后端软件和用户管理，完全是咕咚在做，Gear 也内置了咕咚运动的应用。二是为智能硬件的参与者提供条件，简单的讲，是利用他们积累的技术，针对各个领域做一些智能硬件的方案，让愿意参与智能硬件的传统企业能够快速参与到智能硬件行业。李程晟认为，咕咚的核心价值在于，“软件方面有 1 千多万的用户，每个月还在以 40 万～50 万的下载量增长，同时也需要能看到硬件本身的销量收入。”

### 6.12.3 发展趋势

硬件产品是人类生活中不可缺少的一部分。在时代不断地发展与进步下，硬件产品也在不断升级，但硬件两字是永远不能被替代的。在互联网的时代下，智能硬件是传统硬件行业的进一步升级。智能硬件一方面是传统硬件升级，另一方面是为了在互联网时代下嵌入互联网功能优势进行与传统硬件的合力发挥。智能硬件的发现对未来互联网与硬件市场占非常重要的部分，也是未来的主要发展方向。专家认为，如果一个产品没有和硬件相联系，都是可以替代的，包括微信。只有与硬件绑定了，黏性高了，才更能站住脚跟。现在具备这样能力的智能硬件还没有出现，这就是创业公司的机会。

从国内智能硬件的“邯郸学步”、“像素级拷贝”模仿国外的产品，到智能硬件峰会的举办，再到2014“硬蛋展”的成功举办，我们可以看到智能硬件的未来院一个“硬件的复兴时代”即将来临。

“中关村智能硬件产业联盟”的成立，意味着未来中关村将依靠自身丰富的创新资源，全面建设检测认证、研发合作、知识产权与标准、大数据服务、电商推广等五大公共技术和服务平台，降低创业门槛。另外，还将学习西方企业经验，一边研发技术，一边培育市场，一边制定标准。联盟将通过统一各种产品标准，扭转我国在消费电子领域长期跟随的被动局面，把在信息消费领域的市场优势转化为智能硬件创新的标准优势。业内人士认为，中关村智能硬件产业联盟的成立，有望解决智能硬件领域创业门槛较高，缺乏硬件优化、样机打版、测试验证、工业设计等公共服务平台，产业链上下游沟通成本高，区域内企业互动不强、龙头企业带动作用有限，产业环节较为分散，以及产品创新数量大、种类多、技术多样化，标准不统一等一系列问题。

## 6.13 开源软件

### 6.13.1 开源软件的定义

业界公认的开放源代码软件定义来自开源软件促进会即 OSI（Open Source Initiative）。OSI 对开源软件的定义共有十条。简单来说，人们通常把能够自由地获取、修改和重新发布源代码的软件称为开源软件。相对应的，是那些不向公众公开源代码的软件，通常就是商业软件。图 6-18 为 OSI 网络体系结构示意图。

没有商业目的的个人用户可以简单理解开源软件的定义，而企业用户就必须对开源软件的定义和开源软件许可证的内容有更深刻的理解，这样才能尊重他人的权益并合法有效地保护自身利益。

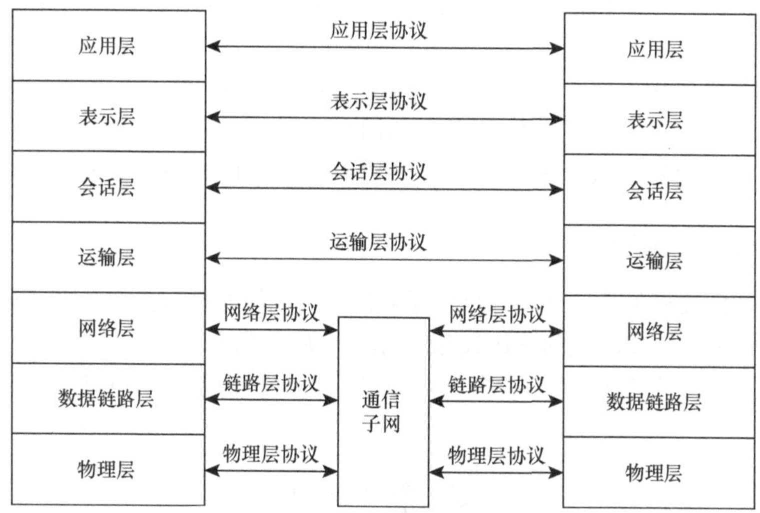


图 6-18　OSI 网络体系结构示意图

1991 年，Linus Torvalds 发布了 Linux 内核，这是开源软件历史上一件具有划时代意义的事件。其实 Linux 的诞生完全是一个偶然。当时年仅 21 岁的“Linux 之父”Linus Torvalds 经常要用他的终端仿真器去访问赫尔辛基大学主机上的新闻组和邮件，然而他并不满意教学所用的闭源的 Minix 操作系统，于是他打算开发一个类似系统。那时的 GNU 操作系统计划可谓“万事俱备，只欠 Linux”。随着二者的结合，史上第一款完全自由开源的操作系统终于面世了。谁也没有想到的是，短短数年间，Linux 聚集了成千上万的计算机狂热分子，他们不计得失的为 Linux 增补、修改，并随之将开源的精神传扬下去。

1995 年，Bob Yang 成立了 Redhat 软件公司，发布了 Red Hat Linux 2.0。Redhat，围绕自己的 Linux 系统，提供 Linux 整合服务，是同类开源企业中规模最大的。它向世人证明，免费内核，照样可以高赢利。1999 年，Redhat 在华尔街上市的第一天，就创下华尔街历史上首日收益最高纪录。

1994 年，Michael Widenius 和 DavidAxmark 两人着手开发 MySQL，并于 1995 年发布第一个版本。MySQL 也和 Redhat 一样证明：开源照样可以做大生意。

1995 年 Apache HTTP Server 发布。Apache 的 HTTP 服务器，让用户充分体验到开发源码软件的稳定性、可靠性和可定制性。2005 年 11 月，Apache HTTP Server 达到接近 70%的市场占有率，虽然该数据后来有所下降，但在短期内其霸主地位还是无法撼动。

1998 年 2 月 Bruce Perens 和 Eric Raymond 等成立开源软件促进会即 OSI。1998 年 4 月，源峰会（Open source summit）召开，会议讨论了源软件的概念和定义，以及当时源软件在业界的使用情况和发展方向。开源软件的提法开始真正流行。

开源软件的历史并未就此结束。相反，随着时间的推移，开源软件运动所带来分享的观念为越来越多的开发者和用户接受，大家逐渐认识到开放源代码的好处，开始更加积极探索一个能更好地平衡开发理念和商业利益的新模式。

### 6.13.2 开源许可证

许可证即授权条款。开源许可证是对源软件的散布授权条款，即若软件再散布，是否需要承认发起人的著作权和所有参与人的贡献。

目前，国际上通行的开源许可证数量繁多，可大致分为以下六种如图 6-19 所示。

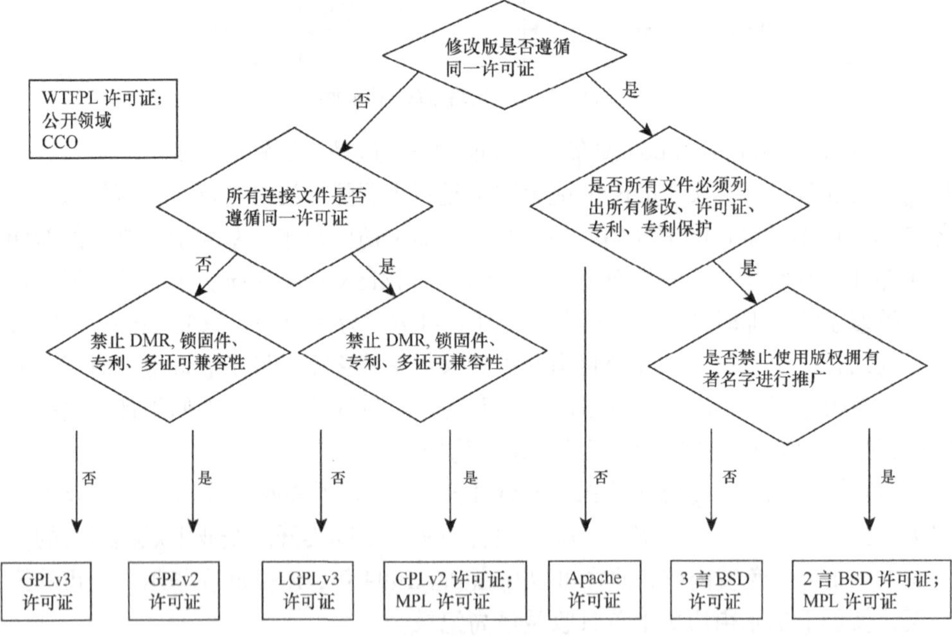


注：乌克兰程序员 Paul Bagwell 对开源许可证做出的分类，翻译者任卫。图中的 DRM 是“Digital Rights Management”的缩写，意为“数字版权管理”。

图 6-19 开源许可证的分类

#### 1. 自由软件基金会颁发的许可证 GPL

在 OSI 出现以前，自由软件基金会（Free Software Foundation）是开放源代码运动的领导者。自由软件基金会提倡“自由软件”。为了让 GNU 项目能够永远公开源代码，并永远免费让人使用，自由软件基金会的创始人和领导者 Richard Stallman 革命性地定义出了第一个自由软件的许可证：GNU 的通用公共许可证（General Public License，简称 GPL）。

**2．高等院校颁发的许可证 BSD**

许多想要通过开源软件展示自己的软件设计算法和编码水平，期望获得他人认可，或有大学主持和维护的开源软件，出于这种目的向公众开放源代码的软件作者可以选择 BSD。这种许可证对被许可人做了最少的限制，被许可人对源代码拥有近乎绝地自由的使用权。只要被许可人尊重源代码编写者，合理标明源代码出处，他可以将这些源代码任意修改编写进自己的程序，这些衍生作品可以仅以目标码的形式发布，也可以继续传承开源的思想，也可以选择自己的开源许可证，这意味着可以从 BSD 中衍生出私有软件或者商业软件。有趣的是，BSD 要求所有进一步开发者将自己的版权资料放上去，所以有时一些小的衍生软件可能会遇到一个小状况，就是这些版权资料许可证占的空间比程序还大。

**3．商业公司颁发的许可证 MPL**

企业通过开源软件谋求获得广泛推广，并通过提供增值的产品或者服务来获得商业收益。这通常是商业企业选择开源软件的原因。如 FireFox、MySQL、Android 等属于这种情形。

MPL 的理念：集开源之力为我所用。MPL 是网景公司的 Mozilla 小组在 1998 年为其开放源代码软件项目设计的软件许可者。它带有强烈的商业化特征，为公司保留了相当的权利。此后，许多公司都模仿它制定了自己的开源许可证。其目的正如 IBM 公共许可证所说，“方便程序的商业使用”。

哲学上说，任何自由都是有限的。我们所追求的自由并不是漫无边际的为所欲为，并不是侵害到其他人的利益而不自知。我们所追求的自由，应该是有底线的，道德底线或是法律底线。同样，开源软件也并非完全自由。最基本的限制，就是开源软件强迫任何使用和修改该软件的人承认源代码编写者的著作权和所有参与者的贡献。而许可证就是这样一个保证这些限制的法律文件。

### 6.13.3　软件的开源与闭源

自由软件崇尚一种完全自由，并不涉及商业利益和收费与否的问题。它强调用户拥有对使用软件的绝对自由，即可以自由地运行、拷贝、修改、再发行。

免费软件是指免费提供给用户使用的软件，免费软件可以是开源的也可以是不开源的，可能是自由软件、源软件、也可能是商业软件。免费软件本身是免费的，可是其硬件或者服务不一定是免费的。

商业软件可以收费，也可以免费，但其根本目标在于获取经济利益。

开源软件是一种平衡自由软件精神和商业软件利益的完美存在，它意味着大家可以共享人类计算机科技成果，也可以以最低的成本获取最大的商业利益。

开源与闭源之争，从计算机科技的产业化之初到今天，一直纷纷扰扰。

支持开源的人认为，软件和代码属于科学知识，是人类共同的精神财富。其最大程度的传播、分享、学习才是符合人类最基本的价值取向，人类发展到今天，不是靠单打独斗，而是协作共赢。开源精神与人类的社会化本性本来就是相一致的。

而支持闭源的人认为软件和代码属于知识财富，可以通过资本价值和交易价值来体现，所以应当确定其所有权及其价值度量，并以法律的形式来保障开发者的一切权益。这两种看似矛盾的观点，其实只是认知角度的不同而已。

随着计算机产业的发展，一流的软件企业在面对开源还是闭源的问题上所持的态度也并非一成不变。

IBM 正在尝试开放式商业软件开发模式，旗下两大产品平台 Rational Jazz 和 WebSphere ProjectZero 的开发人员尝试通过网站和用户紧密沟通。用户可免费下载还处于开发过程中里程碑阶段性版本，可以看到部分或全部源代码，可以追踪开发进度，还可在试用后可通过在线社区提出意见和建议，或是提交缺陷报告和功能需求。无独有偶，一直被开源社区当作头号公敌的 Microsoft 近期在 Windows Azure 云计算系统中加入了两款开源平台，并向 3 个开源项目贡献代码。这是一些知名的大项目，包括 Node.js 和 Hadoop。这种情况在 Microsoft 并非首次。

相反，2010 年，Oracle 公司收购 Sun Microsystems 之后，获得了全球开发者使用最多的数据库 MySQL 的发布控制权。然而，最新版本的 MySQL 修复了一些漏洞，却没有提供所有补丁的相关的测试数据，修订历史也被清除了，开发者们无法弄清楚漏洞是否真的被修补，也搞不清楚哪些问题已经被修复，哪些问题还没有被修复。一切都说明，Oracle 正在将 MySQL 转向闭源。更让人大跌眼镜的是，由于 Linux Kernel 的维护者宣布将 Android 代码从 Linux kernel 代码库中剔除，使得一直宣称开源的 Android 系统也陷入了到底是开源还是闭源的口水战中。有人指出："Google 自己的网站，与微软的网站一样封闭。它开源出来的东西，都是根据 GPL 许可证不得不开源的。"

其实开源并没有道德上的制高点，更加远远没有商业或者品质上的制高点。开源或闭源，取决于行业的发展和企业的实际需求。我们可以看到，以 Linux 为代表的开源，与以 Windows 为代表的闭源，是两种持续碰撞的思潮，而这种碰撞，并没有造成我们想象中你死我活的惨烈景象，而是变得你中有我，我中有你，形成了一个新的状态：混源。

开源闭源之争并不是重点，重点应该是如何创造性地开发开源软件的优势，使它为企业盈利。

### 6.13.4　开源软件市场分析

自从 RichardStallman 在 1985 年发表了著名的 GNU 宣言以来，国际开源软件运动呈现出爆发式发展。尽管开源软件兴起之初并没有太多的商业成分，但是时至今曰，实际的商业利益已经变成了一个主要的动力之一。根据《开源对欧盟软件通信竞争力和创新的影响》报告，目前全球接触和应用开源软件的企业占总数的 50%以上，美国高达 80%。

2011 年至少 80%的商业软件解决方案包含实质性的开源软件。最近几年，云计算、物联网、移动互联网等新一波 IT 浪潮滚滚袭来，开源软件产业又将迎来新一轮高潮。以移动互联网领域举例：最近几年，基于开源软件的智能手机、平板电脑、智能电视等移动终端发展迅速。据统计，2011 年，全球新增加 10000 多个手机开源项目。目前 Android、iOS、WP 操作系统呈显三角鼎立。据 Gartner 统计，“2011 年全球智能手机市场份额：Android 手机占 50.9%，iOS 手机占 23.8%，WP 手机占 1.9%。” Android 是基于 Linux 开源的，iOS 部分开源，在每个苹果手机中都有几百个开源软件。开源已经成为一种主流的计算机软件开发模式和软件行业商业模式。

目前，全世界活跃着数以万计大大小小的开源软件社区，秉承开源精神的计算机软件研究者和爱好者们在此共同学习和分享开放的源代码，下一个 Linux 或 Apache 也许即将诞生。国际著名的开源软件社区有：研究技术的 Linux 公社，AFUL：以软件产品为核心的 PHP、Perl；以项目开发为主的 OSDN，Gforge 和 Silicon Sentier：综合门户性质的有 ChinaUnix、Open Source、LUPA、Software、Adullact 等。

Linux Symposium、linux.conf.au、Linux Kongress 一直被并称为国际性 Linux 三大会议。这三大会议一直被认为是用户参与度最高、话题也最丰富的 Linux 和开源技术相关盛会。O'Reilly 的 OSCON 大会是一个商业 Linux 和开源技术的展会，组织者是计算机科学出版行业的 O'Reilly 公司。此外还有一些地区性质的会展和厂商会展，如美国南加州的 Linux 展会 SCALE、Red Hat Summit、Brain Share 等，专业开源技术会议包括：BSDCon、DebConf、MySQL Conference & Expo 等。这些会议会展对开源技术进行讨论，对开源软件的未来进行预测，也对开源软件的商业化应用进行思考和讨论。

## 6.14　大数据

### 6.14.1　大数据的概念及特点

2008 年开始，移动计算、物联网、云计算等一系列新兴技术相继兴起，这些技术的发展及其在社交媒体、协同创造、虚拟服务等新型模式中的广泛应用，使得全球数据量呈现出前所未有的爆发式增长态势，数据复杂性也急剧增长，客观上要求新的分析方法和技术来挖掘数据价值，大数据技术应运而生，并得到迅速发展和应用，如此，“大数据”时代真正到来。

最早提出“大数据”时代到来的是全球知名咨询公司麦肯锡。麦肯锡称：“数据，已经渗透到当今每一个行业和业务职能领域，成为重要的生产因素。人们对于海量数据的挖掘和运用，预示着新一波生产率增长和消费者盈余浪潮的到来。”互联网公司在日常运营中生成、累积的用户网络行为数据规模是非常庞大，以至于不能用 G 或 T 来衡量。截止到 2012 年，数据量已经从 TB（1024GB=1TB）级别跃升到 PB（1024TB=1PB）、EB（1024PB=1EB）乃至 ZB（1024EB=1ZB）级别。总体而言，大数据具有规模性、多样性、高速性以及高价值的 4V 特性，给企业管理带来新的技术上与管理上的变革。

大数据是一个体量和数据类别都特别大，无法用传统数据库工具对其内容进行抓取、管理和处理的数据集。对其概念的界定有以下几种解释。

麦肯锡对大数据定义是：大数据指的是大小超出常规的数据库工具获取、存储、管理和分析能力的数据集，但并不是说一定要超过特定 TB 值的数据集才算是大数据。

研究机构 Gartner 给出的定义是：大数据指的是无法使用传统流程或工具处理或分析的信息。同时，一些相关科学家及研究学者把它界定为需要新处理模式才能具有更强的决策力、洞察发现力和流程优化能力的海量、高增长率和多样化的信息资产。

互联网周刊对大数据的定义是：大数据通过对海量数据进行分析，让我们以一种前所未有的方式，获得有巨大价值的产品和服务或深刻的洞见，最终形成变革之力。

尽管业界对大数据的概念界定仍是众说纷纭，但是综合相关研究者的说法，大数据的特点可以用以下五个“V”［3］进行总结。通过对表 6-1 大数据的特点总结。

**表 6-1　大数据的特点**

| | | |
|---|---|---|
| Volumes | 数据体量大 | 指代在 10TB 规模左右的大型数据集，但在实际应用中，很多企业用户把多个数据集放在一起，已经形成了 PB 级的数据量。 |
| Variety | 数据类别大（多样性） | 多数据源，数据种类和格式日渐丰富，已冲破了以前所限定的结构化数据范畴，囊括了半结构化和非结构化数据，包括网络日志、视频、图片、地理位置信息等。 |
| Velocity | 数据处理速度快 | 能够对大量多类型的数据进行实时处理，云计算、移动互联网、物联网、手机、平板电脑、PC 以及遍布各地的各种传感器，都是数据来源或其承载方式。 |
| Veracity | 数据真实性高 | 随着数据体量和类型的增大，可获取的信息相对较多，不再是抽样信息而是全局信息，所以数据的真实性能够得到有效保证。 |
| Value | 数据价值密度低 | 由于数据的体量和类别都比较大，那么相对有用的信息可能就会比较少。 |

### 6.14.2　大数据挖掘方法

在网络用户数据激增的大环境下，企业要想更好的了解用户需要，充分发掘数据的价值，有效提升业务营销效果，必须采用相适应的研究方法。数据挖掘相关方法能够从大量的数据中通过算法搜索隐藏于其中信息，发现潜在的知识，是适合于本项目的研究方法。

数据挖掘主要基于人工智能、机器学习、模式识别、统计学、数据库、可视化技术等，高度自动化地分析企业的数据，做出归纳性的推理，从中挖掘出潜在的模式，帮助决策者调整市场策略，减少风险，做出正确的决策。围绕数据挖掘方法，许多企业和研究机构都进行了研究，并且将其应用与商业活动中，目前已经有许多成功的研究案例。例如：沃尔玛超市为了能够准确了解顾客在其门店的购买习惯，对其顾客的购物行为进行购物篮分析，发现尿布一起购买最多的商品竟是啤酒，揭示了常规思维无法发现的“尿布与啤酒”背后的美国人的一种行为模式。

根据数据挖掘的目的不同，可以将数据挖掘分为描述型数据挖掘和预测型数据挖掘两类。前者是以简洁概述的方式表达数据中的存在一些有意义的性质，如决策树分析与关联规则；而后者则通过对所提供数据集应用特定方法分析所获得的一个或一组数据模型，并将该模型用于预测未来新数据的有关性质，主要挖掘方法有回归分析和神经网络。下面就各种数据挖掘方法进行逐一介绍。

**1．决策树分析**

决策树是一种常用于预测模型的算法，可以对未知数据进行分类或预测、数据预处理、数据挖掘等。它通过一系列规则将大量数据有目的分类，从中找到一些有价值的、潜在的信息。决策树算法主要是用来学习以离散型变量作为属性类型的学习方法。连续型变量必须被离散化才能被学习。

决策树算法是聚类分析中一种常用的算法，其优缺点主要表现在以下几个方面。

（1）优点

① 建立速度快、精度高、可以生成可理解的规则、计算量相对来说不是很大。

② 决策树易于理解和实现，能够直接体现数据的特点、可以清晰地显示哪些属性比较重要。

③ 可以处理连续值和离散值属性。

④ 易于通过静态测试来对模型进行评测，可以测定模型可信度。

（2）缺点

① 对连续性的字段比较难预测。

② 对有时间顺序的数据，需要很多预处理工作。

③ 当类别太多时，错误可能就会增加的比较快。

④ 算法分类时只是根据一个字段来分类。

⑤ 决策树技术是一种“贪心”搜索，使用了贪心算法，并不从整体最优考虑，它所做出的选择只是在某种意义上的局部最优选择。

**2．关联规则**

关联规则是根据当前用户过去感兴趣的内容，通过规则推算出用户还没有购买的可能感兴趣的内容，然后根据规则的支持度（或重要程度）将这些内容排序展现给用户。关联规则挖掘的任务是找出所有满足支持度和置信度要求的形如A->B 的关联规则。

目前，关联技术的主要应用领域是商业，它的主要挖掘对象是事务数据库。利用关联技术从交易数据库发现规则的过程称为购物篮分析。通过对商业数据库中的海量销售记录进行分析，提取出反映顾客购物习惯和偏好的有用规则，可以决定商品的降价、摆放以及设计优惠券等。

（1）优点

① 能够发现顾客新的兴趣点。

② 不需要领域知识。

（2）缺点

① 随着规则的数量增多，系统将变得越来越难以管理。

② 随着数据库规模的增大，关联规则数量呈爆炸式增加，并且包含大量冗余规则。

**3．回归分析**

回归分析（regression analysis）是确定两种或两种以上变数间相互依赖的定量关系的一种统计分析方法。按照自变量与因变量之间的关系类型，回归分析可以分为：线性回归和非线性回归。线性回归，根据因变量的数目不同，可以分为一元线性回归、多元线性回归及 Logistic 回归。

回归分析方法被广泛地用于解释市场占有率、销售额、品牌偏好及市场营销效果。把两个或两个以上定距或定比例的数量关系用函数形势表示出来，就是回归分析要解决的问题。

Logistic 回归的优缺点主要表现在以下几个方面。

（1）优点

① Logistic 回归可以用于分析二分类型（如是/否）的自变量及多分类的自变量（如低/中/高），对于因变量的类型没有限制，既可以是连续型变量，也可以是二分类变量。

② Logistic 回归的多因素分析要比多重线性回归的分析丰富的多。因为

Logistic 回归中的自变量大多是分类变量，可以更直观地分析各个自变量之间的关系。

（2）缺点

Logistic 回归不能用于分析连续型的自变量。

**4．神经网络**

人工神经网络（Artificial Neural Networks，简写为 ANNs）也简称为神经网络（NNs）或连接模型（Connection Model），是一种模仿动物神经网络行为特征，进行分布式并行信息处理的算法数学模型。其本质上是一个分布式矩阵结构，通过对训练数据的挖掘，逐步计算（包括反复迭代或累加计算）神经网络连接的权值。神经网络主要分为前馈式神经网络、反馈式神经网络和自组织神经网络。

神经网络方法的优缺点主要表现在以下几个方面。

（1）优点

① 非用户驱动，用户参与少，挖掘层次深。

② 处理变量较多，能处理定性变量，复杂、动态数据，发现的事实或规则是以描述和可视性为主要目的。

③ 分布记忆性和快速的计算能力。

（2）缺点

① 非数值型数据的处理：量化此类数据往往由人的主观经验而定，若该量化不符合实际情况，将影响挖掘结果。

② 神经网络的训练速度：构造神经网络时要求对其训练许多遍，因此获得精确的神经网络需时较长。

③ 实际意义的解释：由于其函数形式复杂，有时其实际意义难以解释。

### 6.14.3　大数据与信息消费

**1．大数据时代的信息消费内涵**

大数据时代，由于数据资源和信息资源的不断累积和迅速膨胀，所有产业都将面临着颠覆性创新（颠覆性创新是指企业从不被主导市场的领先者所看重的边缘、细分或者新兴市场进入相关主流产业并最终占领产业领导者市场的创新，颠覆性创新具有外部性）。大数据打破了信息不对称和物理区域壁垒，使得所有企业能够在同一层面上竞争，加剧了竞争的激烈程度，突破了传统产业格局的限制，形成大数据背景下的新型信息消费。

大数据背景下的信息消费是消费主体快速甄别并处理大量类型多样的、价值密度低而真实性高的数据资产并据此在各种信息产品和服务中做出选择的消费过程。新型信息消费完全模糊了传统概念下的产业边界，信息消费已经渗透到传统的物质消费以及其他消费当中。大数据背景下的信息消费源于传统的信息消费而高于传统的信息消费。它不仅局限于学者对其的三类界定，不再是单纯的消费活动或者消费行为本身，也不是孤立的消费过程。

现今的信息消费大致包括网络游戏、电子商务、通信信息、宽带服务、光纤设备、影视传媒、物联网概念、云计算概念等产业。相应的信息产品包括功能手机、智能手机、平板电脑、微型计算机、智能电视、IPTV 终端等网络化终端产品，尤其是移动终端产品；信息服务主要包括语音服务、互联网接入服务、信息内容服务以及软件应用服务。相比之下，无论是其内涵还是外延都得到充分的扩展。

**2．大数据时代的信息消费特点**

结合国内外学者对信息消费的三类定义：消费活动说、消费行为说、消费过程说。笔者认为大数据驱动下的信息消费除了上文所述的三个特点已经呈现出以下三个新特点，这三个新特点分别从不同的层面，揭示了大数据对信息消费的影响。图 6-20 可以比较清晰的显示相关关系。

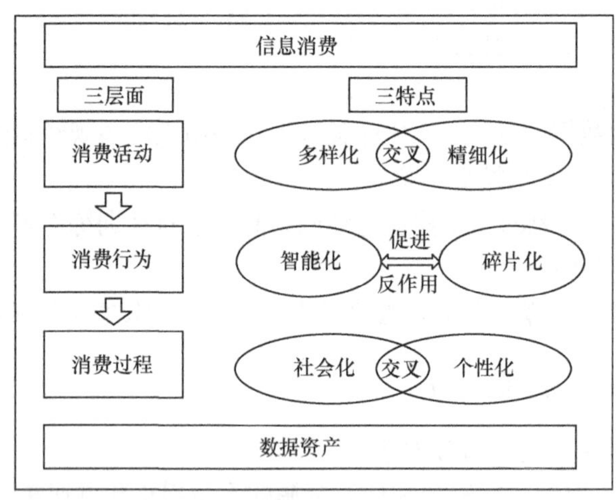


图 6-20　大数据时代的信息消费新特点

（1）信息消费活动：多样化与精细化

从信息消费活动的产品（服务）层面看，信息消费的产品和服务不断趋于多样化和精细化，实现消费种类的多样化与消费领域的精细化。传统的海量搜索数据虽然规模庞大，但结构简单、关联度低，挖掘价值不高；大数据背景下的数据资产量大而且具有明显的多样性，这种多样性突破了结构化数据范畴，使得信息消费更加多样化，不断精细化；而且数据资产属于高真实性而低价值密度的资产，对信息消费的大数据分析及挖掘利用显得格外重要，新的信息产品和服务便在大数据的分析与挖掘中产生。

大数据背景下层层递进的精细化数据分析促进信息消费向多样化和精细化发展。随着电信运营商数据量的激增，信息运营已经成为一种新的业务发展方向，通过详细分析用户的消费习惯、消费类型等信息，发现客户潜在的消费趋势并进行有针对性的营销工作；同时，随着精准化营销及越来越符合客户需求的业务定制，充分挖掘客户信息消费的潜能，提高业务效率，优化用户服务体验，实现互利共赢的良好局面。大数据分析为信息消费提供了一个主动、有针对性的创新的平台，大数据分析的深入应用对于产品、服务众多的信息消费市场来说，已经越来越重要。

（2）信息消费行为：智能化与碎片化

从信息消费的行为层面看，信息消费在智能化的同时，也不断趋于碎片化，呈现出信息消费选择的智能化与随意性。大数据时代，数据体量和类型迅速增长，可获取的信息迅速增多，数据信息全面且可观测，从而保证了数据的真实性，价值自然得以体现。与此同时，智能终端与移动应用的迅速发展，缩短了消费者更换信息终端的周期，明显促进流量消费高速增长，消费者可以随时随地选择可消费的信息产品和服务，消费行为不断趋于碎片化。

再看消费行为，移动互联网迅速发展的数据消费时代，信息消费多在消费者的碎片时间内实现。根据相关调查显示，近 70%的网民在睡前手机上网，40%以上的网民在搭车、排队等时候使用手机上网，39%的网民在卫生间手机上网。地铁、机场、公交站、看手机的人群骤增，而看报纸、杂志等纸媒体的人群骤减。越来越多的消费者正高效的利用碎片时间，这正是智能化带给信息消费迅速发展的契机，也是智能化促进信息消费碎片化的结果。

因此，在某种程度上，信息消费的智能化催生并强化了信息消费的碎片化，从而导致信息消费趋于大众化；反过来，信息消费的碎片化和大众化普及也不断促进信息消费向智能化发展，它们是一个相辅相成、相互促进的过程。

（3）信息消费过程：社会化与个性化

从信息消费的过程层面看，信息消费既是社会化的，又是个性化的。一方面，社会化强调信息消费的普遍性，由于数据资产的快速增长，消费者能在极短的时间内快速获取对于消费有用的相关信息，并且迅速做出消费决策，不知不觉，信息消费已经成为一种习惯。由此，基于移动互联网的位置服务迅速发展，消费者可以通过快速查询迅速了解到周边的消费信息，这些都是基于数据资产的迅速膨胀而实现的，这其中 80%的信息都跟地理位置和地理信息系统（GIS）技术有关。

另一方面，个性化强调信息消费的精准性，即消费者的信息消费已经由传统的 push 型消费模式（消费者接收到的信息量是有限的，只能被迫接受相关信息，即使是主观上不情愿的）转向 pull 型消费模式（数据资产的极大丰富，消费者可以了解到比较全面的信息，从而主动要求得到适合自己的信息而排除其他信息），这一转变是大数据时代数据资产的极大丰富所引起的。例如，某制药公司为了推出一种新药，过去是针对所有人，如果在试验中有20%的人有不良反应，这个药就不能推出；现在，通过数据分析，如果能找出80%的适合者，就可以对这些没有不良反应的人推出这种新药。信息消费是针对特定人群的个性化消费；而对于每一类特定消费群，总能找到适合他们的信息产品或服务。

综上所述，以上三个特点是对传统信息消费特点的延续与整合，并随着消费者消费特点的变化而改变。大数据背景下的信息消费与传统的信息消费既有联系又有区别，它源于传统的信息消费而高于它；它兼具传统特点和大数据时代新特点。它们最重要、最本质的区别在于大数据背景下的信息消费呈现的是信息泛化、数据资产化与决策的智能化。借助互联网平台，信息消费在大数据时代表现出的是：更多的数据信息（网络大数据），更好的信息组织（云计算技术），更高的可行度（身份认证机制）。

# 第 7 章

# 移动互联网 2.0 技术

发展移动互联网对于推进信息服务业有着举足轻重的作用，对未来移动互联网、互联网乃至移动通信和电信业的发展也会产生深远影响。移动互联网正在飞速发展，终端、网络、服务、行业等各方面都产生了巨大的变化；移动游戏、移动即时通信、移动 SNS、移动购物、移动支付等业务都进步飞速。无论是网络技术、应用技术还是业务应用与商业模式均不断趋于成熟。

## 7.1 移动互联网 2.0 简介

### 7.1.1 移动互联网 2.0

曾经有一种说法认为 Mobile 2.0 就是 Web 2.0 的移动版本。毫无疑问，在 Mobile 2.0 和 Web 2.0 之间存在着千丝万缕的联系，这不仅是因为它们几乎是同时出现在当前互联网巨大的变革阶段，也不仅是因为 Mobile 2.0 的倡导者们同时也是 Web 2.0 的实践者，更主要的是因为 Web 2.0 和 Mobile 2.0 所描述的 PC 互联网和 Mobile 互联网本身已经出现越来越紧密的融合关系，在某种程度上二者已经密不可分。因此，我们不可避免地要将二者结合起来，以 Web 2.0 为参照探讨 Mobile 2.0 的定义和特征。最初人们在开始探讨 Mobile 2.0 的时候，将之命名为 Mobile Web 2.0，认为 Mobile Web 2.0 的根本特征是："通过一定的移动设备利用集体智慧，也就是说通过便携移动设备使人们成为报道者而不仅是消费者；由互联网驱动——但无须基于端对端的网络协议；在选择和安装服务的时候，PC 作为一个本地储存和配套设备。”

随着 Mobile 2.0 的逐渐发展，它已不再单纯地被认为是 Web 2.0 的移动版。Mobile 2.0 的要素主要被归纳如下。

- 开放性：开放标准、开放源代码和开放接口，为用户提供更多选择，而不是使用户仍然接入电信业的“围墙花园”。
- 接入网络的情景和相关网络服务需要积极的用户体验。例如对于移动搜索而言，情景包括浏览器类型、不同设备的功能、安全问题、在小屏幕上的显示、地理位置、如何插入广告等。与此相关的是设备、应用和服务及其他要素的使用体验。
- 使用网络接收内容和服务的可以承受的价格。
- 在与他人通信和分享体验的方式上更多地由用户选择（社会交互性）。
- 智能识别应用：移动设备可以知道你身处何处；位置识别应用的无缝整合。
- 新的商业机会将获得市场，可以也可不与运营商网络进行连接：例如移动 RSS 阅读、蓝牙和 Wi-Fi 娱乐下载区域及接入场合、向电视的视频呼叫、移动博客、移动播客和媒体分享应用、点击呼叫（嵌入移动网络和 WAP 页面的电话号码）、移动搜索、VoIP 工具和服务等。

也就是说，在 Mobile 2.0 理念下，移动产业现有的垄断性、封闭性终将被打破，开放性将成为移动互联网服务的基本标准，更多新颖的服务将出现在移动终端上而不必然要依靠现在的移动运营商网络，用户将具有更大的自主性和更多选择，用户角色将由被动的信息接受者转变成为主动的内容创造者，移动终端的智能性将进一步增强，用户之间的通信和内容体验将更具有交互性。这将是一个以用户为核心而不是以现在的移动运营商为核心的移动互联网时代！

经过前一段时期的迅猛发展，我国移动互联网产业竞争的焦点已经悄然转移。如果说以智能手机的广泛普及、企业的优先“做大”用户规模战略作为 1.0 时代标志，那么围绕企业软实力、商业化进程的竞争则意味着移动互联网 2.0 时代的开启。面对移动互联网产业新的发展，我们应理清其发展新特征，并采取有效策略积极应对。

从发展模式上看，“开放平台+大数据”模式正逐渐演化为移动互联网特有的商业模式。腾讯的微信除了聚集了 4 亿多个人用户外，还通过“微信开放平台”、“微信公众平台”等方式向第三方开发者、银行、企业、媒体、政府部门等开放。各方在开放平台上发布应用软件、新业务信息、新闻、政务信息。而微信则通过大数据技术挖掘积累的海量数据，为企业提供数据管理服务，企业登录后台可清楚地看到该企业的整体销售情况和（或）会员增长情况。此类数据服务解决了企业数据库管理、会员关系管理、会员精准营销等问题，使企业能够实时把控商机和运营情况。

从创新方式上看，单点扩散式创新正朝移动互联网的参与型协同创新方式转变。小米公司在研发 MIUI 操作系统时采取了与用户互动方式。MIUI 操作系统哪些功能受欢迎、新功能开发的优先级，全由小米论坛上的约 50 万粉丝投票产生，小米公司据此每周快速更新版本，尽可能满足用户需求，而操作系统也快速得到了优化，整个 MIUI 相比 Android 原生系统的改进有 100 多项（MIUI 是在开源 Android Rom CyanogenMod 的基础上开发的）。

从扩张方向上看，O2O 爆发式发展正引领移动互联网产业与传统服务行业跨界融合。O2O（Online To Offline）将移动互联网站与线下服务体验结合在一起，让移动互联网站成为线下服务的交易前台。这样线下服务就可以用移动互联网站招揽顾客，顾客可以通过移动互联网筛选服务，交易可以在线结算，很快达到规模。因此，O2O 的快速发展使得移动互联网产业链条延伸到线下传统服务业。

从应用特征上看，需求的碎片化正牵引移动互联网应用向短、快、精、微方向发展。短、快、精、微的应用其中一种是内容本身的短、平、快，例如新浪微博通过订阅功能提供的新闻快讯。又如各大网络视频公司大力推出的“微视频”，视频反映某一方面事情，但本身非常简短，而且时效性强。在另一种类型中，移动互联网应用利用人际关系节点将海量信息筛选出所需内容。例如，移动社交媒体可向用户提供其感兴趣的人，从而提供有效需求信息，用户也可以随手记录、拍照、编辑信息，然后把这些内容分享到移动社交媒体上，其他同爱好者通过关键词找到所需信息。

Mobile 2.0 可以简单地被定义为面向移动关联设备的下一代数据服务。Mobile 2.0 并不是在“未来”，而是早已经存在于我们周围的一些服务。这些服务正在以惊人的速度走向成熟，它们是将 Web 2.0 与移动平台有效地编织在一起来创造某种新产物：一种以移动性为基准的新的服务类型，也一定程度上预示着未来移动互联网的发展方向。因此本节首先将简要地对 Mobile2.0 进行介绍，然后对未来移动互联网技术的发展趋势进行分析说明。

### 7.1.2 移动终端的优势

未来的通信时代，“移动+互联网”是时代发展的必然趋势，而在便捷的移动世界里，移动终端可以说是用户通向无线世界最重要的媒介。移动终端不等于手机终端，而应该是泛指所有基于移动网络应用的设备终端，包括手机和无线上网卡等通信终端，具有无线上网功能的便携电脑、游戏机、MP4 等设备，以及无线定位、无线监控等终端。移动终端通过移动的接入手段，可以获得丰富的互联网的信息、业务和应用。也就是说，移动终端使得人们可以随时随地、方便快捷地获得互联网服务。显然，移动终端有以下几方面的优势。

1．移动性

移动终端体积小易于携带。利用移动终端可以获得移动互联网上适合移动应用的各类信息，用户可以随时随地进行交流、交易、咨询、决策等各类活动。移动性带来接入便捷、无所不在的连接以及精确的位置信息，而位置信息与其他信息的结合蕴含着巨大的业务潜力。

2．个性化

移动互联网为移动终端创造了一种全新的个性化服务理念和商业运作模式。针对不同用户群体和个人的不同爱好和需求，为他们量身定制出多种差异化的服务，并通过不受时空限制的渠道，随时随地传送给用户。终端用户可以自由自在地控制所享受服务的内容、时间和方式等，移动互联网充分实现了个性化的服务。

3．私密性

移动通信终端的私密性是与生俱来的，同时，移动通信技术本身具有安全性和保密性。

4．融合性

手机终端趋向于变成人们随身携带的唯一的电子设备，其功能的集成度越来越高，这样便促使了移动话音和移动互联网业务的一体化。

对于重要的移动终端——手机来说，操作系统是手机软件的最底层，是所有手机软件开发的基础；中间件是位于操作系统、数据库管理系统之上，网络应用层之下的一种支撑软件；浏览器是移动互联网的入口，也是一个重要的平台。控制了移动终端平台，就意味着很多内容都要遵循平台的规范，平台的拥有者就是标准的制定者。可以看出，加强在移动互联网终端方面的研发能力、应用实力以及标准化工作，将有力地推动在移动通信领域，特别是移动互联网业务发展的国际竞争力。

## 7.2　移动互联网 2.0 平台技术

除了终端软件技术和网络技术外，移动互联网共用性技术研究还包括应用程序软件技术研究，通过其带动移动互联网业务创新。本节将介绍移动互联网领域业务创新技术中最为重要的几种。

### 7.2.1　Java/J2ME

对于移动终端而言，终端软件是影响移动终端业务提供能力和业务多样性的关键因素。随着移动业务的重点从话音业务向数据业务转移，手机软件将成为业务发展的关键。目前国内手机软件是“技术短板”，比如手机操作系统、手机中间件等都同国际水平有明显的差距，在国际市场份额中几乎为零。

**1．中间件**

“中间件”这一术语最早出现在20世纪80年代后期，但它并没有很严格的定义，目前普遍认为中间件是介于操作系统和应用软件之间的软件层，提供身份认证、鉴权、定向和安全等通用功能，管理计算资源和网络通信。中间件必须具有以下特点：

- 支持标准的协议和接口；
- 支持分布式计算，提供跨网络、硬件和操作系统的应用或服务的透明性交互；
- 满足大量应用的需要；
- 运行于多种硬件和操作系统平台。

作为操作系统和应用系统界面之间的支撑软件，中间件可以屏蔽硬件、软件、协议和算法的复杂性和差异，便于业务能力的升级和扩充，从而缩短应用的开发周期、节约应用的开发成本、减少系统初期的建设成本、降低应用开发的失败率、保护已有的投资、简化应用集成、减少维护费用、提高应用的开发质量、保证技术进步的连续性，并增强应用的生命力。另外，中间件作为新层次的基础软件，其主要作用是将不同时期、在不同操作系统上开发的应用软件集成起来，使彼此能作为一个整体协调工作，这是操作系统、数据库管理系统本身做不了的。

**2．J2ME**

J2ME(Java 2 MICRO EDITION)是由SUN公司主推的Java语言的精简版本，能够加载运行以Java语言编写的应用程序。缺点是由于J2ME通过软件虚拟机运行Java程序，对目标平台的处理器、ROM和内存的需求较大，这对内存资源有限的手机而言是一个瓶颈。

J2ME是Java 2的一个组成部分，是一种高度优化的Java运行环境，主要针对消费类电子设备，例如蜂窝电话和可视电话、数字机顶盒、汽车导航系统等。J2ME技术在1999年的JavaOne Developer Conference大会上正式推出，它将Java语言的与平台无关的特性移植到小型电子设备上，允许移动无线设备之间共享应用程序。

在设计J2ME及其规格的时候，遵循着“对于各种不同的装置造出一个单一的开发系统是没有意义的事”这个基本原则。于是 J2ME 先将所有的嵌入式装置大体上区分为两种：一种是运算功能较准、电力供应有限的嵌入式装置（比如 PDA、手机）；另一种则是运算能力相对有限，但在电力供应上相对比较充足的嵌入式装置（如空调、电冰箱、电视机顶盒）。针对这两种型态的嵌入式装置，Java 引入了 Configuration 概念，然后把上述运算功能有限、电力有限的嵌入式装置定义在 Connected Limited Device Configuration（CLDC）规格之中；而另一种装置则规范为 Connected Device Configuration（CDC）规格。也就是说，J2ME 利用 Configuration 的概念把所有的嵌入式装置区隔成两种抽象的型态。

J2ME 与 J2SE、J2EE 并称，但与 J2SE 和 J2EE 相比，J2ME 总体的运行环境和目标更加多样化，但其中每一种产品的用途却更为单一，而且资源限制也更加严格。为了在达到标准化和兼容性的同时尽量满足不同方面的需求，J2ME 的架构分为 Configuration、Profile 和 Optional Packages（可选包）。它们的组合取舍形成了具体的运行环境。

### 7.2.2 Widget

#### 1. Widget 简介

Widget是由雅虎推出的免费并开放源码的桌面应用程序平台，可称为“微件”。它由 Widget 引擎和 Widget 工具两部分组成，能够极大地便利网络操作和完善桌面应用。Widget 引擎提供了一个 Ajax 应用程序平台，在 Windows 和 Mac OS X 的操作系统环境下都可以使用。安装引擎后就能在此平台上运行各式各样的 Widget 工具了。

#### 2. Widget 的类型

目前，Widget 主要有 5 个分类：

- 操作系统 Widget（如苹果、Windows 等）；
- 网页 Widget（如博客、Facebook 等）；
- 个性化首页 Widget（如 iGoogle）；
- 客户端 Widget（如 Yahoo Widget）；
- 手机 Widget（诺基亚 Widsets）。

#### 3. Widget 的特征

（1）体积小：它们一般都很小，在终端上嵌入非常方便，运行快速。

（2）形式多：Widget 可以以多种形式呈现出来，如幻灯秀、视频、地图、新闻、小游戏。

（3）功能巨：Widget 可将新闻播报、购物、音乐、视频、天气预报等诸多种类的服务主动推送给用户。

（4）姿容丽：Widge通常基于浏览器框架，注重用户体验，可以把它变成任何你想要的样子。

（5）个性化：Widget 更像一个属于我们每个人的魔方，任由用户聚合。你可以根据自己喜好，将多个 Widget 随心所欲地精心组装成你的网络世界。通过Widget，用户可以把在“网”中的一切内容打乱重来，并按照希望看到的样子重新排列组合成一个属于自己的互联网。比如说一个由微件搭建的个人空间，可以包括来自新浪的体育新闻、来自论坛的一个板块、来自权威财经网站的一则随时更新的股票信息——这些以往需要用户同时分别进入几个网站才能看到的信息，现在由一个个微件将其转变为用户个人空间的一部分，从而可以直接在同一个页面中并存。传统互联网的访问方式处于分裂状态的后 Web2.0 时期，多样性、炫酷且更具个性化的 Widget 流行，或许能引领一个新的潮流。

（6）易制作：制作 Widget 部件并不复杂，只需要熟悉三方面的知识：图像处理、HTML/XML、Java，就可以按照开发站点里的免费教程做出漂亮的部件来。Widget 能够流行的一个要点在于开放制作为 UGC 应用带来爆炸式的增长。

从技术发展的角度来看，目前 Widget 技术在固网已经得到了很好的运用，例如 Yahoo，它不仅提供了 Widget 发布和展现平台，同时还提供了开发工具，允许用户自行设计开发。在移动互联网方面，诺基亚对此做过大量尝试，几年前在欧洲推出了维信服务，并发展了约 100 万用户。诺基亚的 Widsets 就是移动 Widget 平台，用户可以一键进入并阅读实时在线内容，而不需要使用手机浏览器。手机上的 Widget 应用，可以利用手机自身的特点，给用户提供更独到的服务，具有良好的发展前景。

### 7.2.3　Mashup

#### 1. Mashup 简介

Mashup 是一种新型的基于 Web 的数据集成应用程序，它将多个不同的支持 Web API 的应用堆叠，形成新型 Web 服务。Mashup 最初源于流行音乐，可以从两首不同的歌曲中混合演唱和乐器的音轨而构成一首新歌。如今，Mashup 代表一种交互式 Web 应用程序，它利用从外部数据源检索到的内容来创建一个全新的创新服务，即将两种以上使用公共或者私有数据库的 Web 应用加在一起，形成一个整合应用。

#### 2. Mashup 的分类

现今涌现的 Mashup 应用大致由以下几类构成。

（1）视频和图像 Mashup。图像主机和社交网络站点的兴起导致出现了很多有趣的 Mashup。内容提供者拥有与图像相关的元数据（例如照片的作者、照片的内容、拍摄的时间地点等），Mashup 的设计者可以将这些照片和其他与元数据相关的信息放到一起。例如，对歌曲或诗词进行分析，从而将相关照片拼接在一起，或者基于相同的照片元数据（标题、时间戳等）显示社交网络图。

（2）地图 Mashup。人们搜集的大量有关事物和行为的数据，常具有位置注释信息。所有这些包含位置信息的不同数据集均可利用地图通过图形化方式呈现出来。Mashup 蓬勃发展的一种主要动力就是 Google 公开了 Google Maps API，让 Web 开发人员（包括爱好者、修补程序开发人员等）可以在地图中包含所有与位置相关数据（从原子弹灾难到波士顿的 CowParade 奶牛都可以）。此外，Microsoft（Virtual Earth）、Yahoo（Yahoo Maps）和 AOL（MapQuest）也相继公开了自己的 API。

（3）搜索和购物 Mashup。搜索和购物 Mashup 在 Mashup 这个术语出现之前就已经存在很长时间了。在 Web API 出现之前，有相当多的购物工具，例如 BizRate、PriceGrabber、MySimon 和 Google 的 Froogle，都使用了 B2B 技术或屏幕抓取的方式来累计相关的价格数据。为了促进 Mashup 和其他有趣的 Web 应用程序的发展，eBay 和 Amazon 等的消费网站已经为通过编程访问自己的内容发布了自己的 API。

（4）新闻 Mashup。新闻源（例如纽约时报、BBC 或路透社）已从 2002 年起使用 RSS 和 Atom 之类的联合技术来发布各个主题的新闻提要。以联合技术为基础的 Mashup 可以聚集一名用户的需要，并将其通过 Web 呈现出来，创建个性化的报纸，从而满足读者独特的需求。Diggdot.us 合并了 Digg.com、Slashdot.org 和 Del.icio.us 上与技术有关的内容。

### 3. Mashup 的技术架构

Mashup 架构包括 Mashup 站点、API 内容提供者以及客户机的 Web 浏览器，如图 7-1 所示。

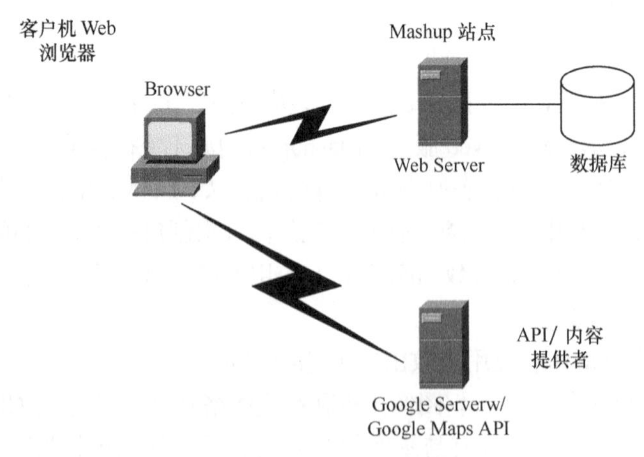


图 7-1 Mashup 的架构

过程是这样的：来自客户机 Web 浏览器的请求传向 Mashup 站所在的 Web 服务器，请求的页面包括 HTML 和 JavaScript。JavaScript 调用一个或多个 API 内容提供者提供的服务后，按照该 Mashup 的逻辑进行内容组合——RIA 方法。

Web 站点的构造有两种方法。方法一，在服务器端通过 Web 服务器技术（Java servlets、CGI、PHP 或 ASP）构造；方法二，即 RIA 方法，在客户端通过 JavaScript/Applet 等构造。

API 的提供者为了方便外界的获取和使用，将自己的内容通过 Web 协议对外提供（例如 Test、Web 服务和 RSS/Atom）。Web 协议可以分为两组，第一组处理消息传递、接口描述、寻址和交付的问题；第二组协议规范定义了服务如何公开它们自己以及如何在网络上相互发现。

就目前的发展情况来看，Mashup 在国外应用已经比较广泛，从研发平台和工具的提供，从 API 能力资源的开放，到具体应用的提供，各个环节均有涉及。从提供的应用角度来看，目前基于 Mashup 的应用服务已经有很多是家喻户晓的，例如 googlemaps、del.icio.us 等；从开放的 API 角度看来，包括 Google、Yahoo、Ebay、Microsoft、Amazon 等在内的互联公司企业均不同程度地开放了相应的 API，允许用户进行 Mashup 创新。

### 7.2.4　Ajax

#### 1．Ajax 简介

首先，我们先来看一下为什么需要 Ajax，如图 7-2 所示。

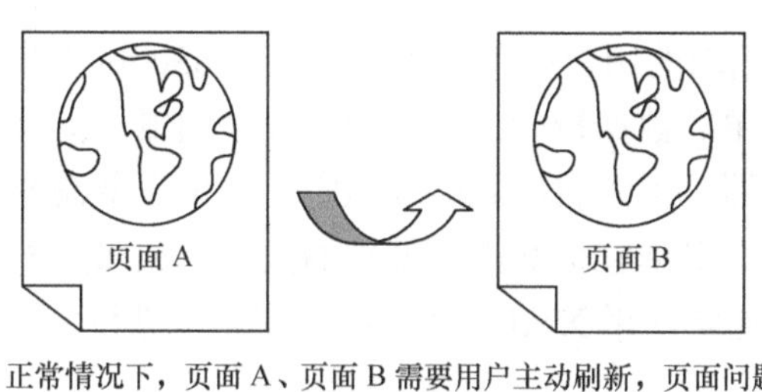


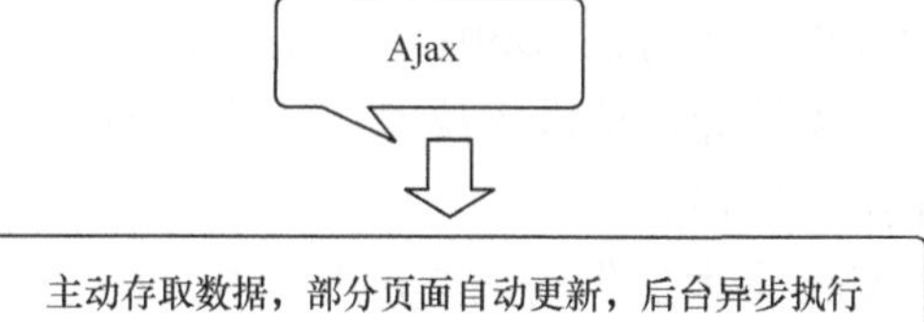


图 7-2　Ajax 示意图

Ajax 实际上不是一种技术，而是由以下几种蓬勃发展的技术以新的强大方式组合而成的。基于 XHTML 和 CSS 标准的表示；使用 Document Object Model（DOM）进行动态显示与交互；使用 XMLHttpRequest 与 Web 服务器进行异步通信；使用 JavaScript 绑定一切（CSSL）。图 7-3 解释了 Ajax 的结构关系。

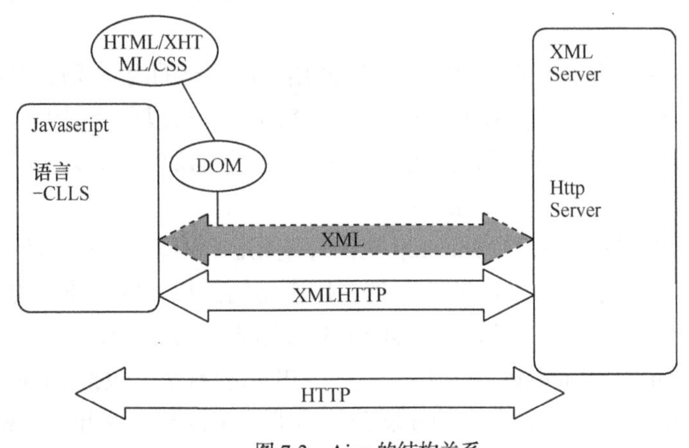


图 7-3 Ajax 的结构关系

### 2. Ajax 的工作原理

Ajax 引擎位于用户与服务器之间，它采用 JavaScript 编写并通常在一个隐藏的 frame 中，允许用异步的方式实现用户与程序的交互，不用等待 Web 服务器的通信。当会话开始时，浏览器加载 Ajax 引擎，这个引擎负责绘制用户界面以及服务器端的通信。

通常产生 HTTP 请求的用户动作，现在通过 JavaScript 调用 Ajax 引擎来代替。任何用户动作例如简单的数据校验，内存中的数据编辑，甚至一些页面导航，不再要求直接传到服务器，引擎自己就能处理它。如果引擎需要从服务器读取数据来响应某些用户动作，例如它提交需要处理的数据，载入另外的界面代码，或者接收新的数据，引擎通常使用 XML，让这些工作异步进行，不用再担心用户界面的交互。

Ajax 的核心是 JavaScript 对象 XmlHttpRequest。该对象在 Internet Explorer5 中首次引入，它是一种支持异步请求的技术，可以使 JavaScript 向服务器提出请求并处理响应，而不阻塞用户。

由此可以看出，Ajax 最大的作用是提升用户体验，这对 Web2.0/Mobile2.0 应用至关重要。

### 3. Ajax 的模式

许多重要的技术和 Ajax 开发模式可以从现有的知识中获取。例如，在一个发送请求到服务端的应用中，必须包含请求顺序、优先级、超时响应、错误处理及回调等，其中许多元素已经在 Web 服务中包含了，就像现在的 SOA。Ajax 开发人员拥有一个完整的系统架构知识。同时，随着技术的成熟还有许多地方需要改进，特别是 UI 部分的易用性。

Ajax 开发与传统的 C/S 开发有很大的不同。这些不同引入了新的编程问题，最大的问题在于易用性。由于 Ajax 依赖浏览器的 JavaScript 和 XML，浏览器的兼容性和支持的标准也变得和 JavaScript 运行时的性能一样重要了。这些问题中的大部分来源于浏览器、服务器和技术的组合，因此必须理解如何才能最好地使用这些技术。

综合各种变化的技术和强耦合的客户服务端环境，Ajax 提出了一种新的开发方式。Ajax 开发人员必须理解传统的 MVC 架构，这限制了应用层之间的边界。同时，开发人员还需要考虑 CS 环境的外部和使用 Ajax 技术来重定型 MVC 边界。最重要的是，Ajax 开发人员必须禁止以页面集合的方式来考虑 Web 应用，而需要将其认为是单个页面。一旦 UI 设计与服务架构之间的范围被严格区分开来后，开发人员就需要更新和变化的技术集合了。

### 7.2.5　AR

#### 1．基本概念

AR 的全称是 Augmented Reality，直译过来就是扩增现实或增强现实。作为当前机器视觉领域的研究热点，是一种用计算机产生的附加信息对真实世界的景象进行增强或扩张的技术，它通过将虚拟图像与真实物体高度融合来增强使用者对现实环境的理解与感知。随着随身电子产品运算能力的提升，预期增强现实的用途将会越来越广。

增强现实有一个特殊的分支，称为空间增强现实（spatially augmented reality），或投影增强模型（projection augmented model），将计算机生成的图像信息直接投影到预先标定好的物理环境表面，如曲面、穹顶、建筑物、精细控制运动的一组真实物体等。本质上来说，空间增强现实是将标定生成的虚拟对象投影到预设真实世界的完整区域，作为真实环境对象的表面纹理。与传统的增强现实由用户佩戴相机或显示装置不同，这种方式不需要用户携带硬件设备，而且可以支持多人同时参与，但其表现受限于给定的物体表面，而且由于投影纹理是视点无关的，在交互性上稍显不足。实际上，我国现在已经很流行的柱面、球面、各种操控模拟器显示以及多屏拼接也可以归为这一类。最著名的投影增强模型的是早期的 “shader lamps”。

#### 2．AR 系统

一个完整的增强现实系统是由一组紧密联结、实时工作的硬件部件与相关的软件系统协同实现的，常用的有如下三种组成形式。

（1）Monitor-Based 增强现实系统

在基于计算机显示器的 AR 实现方案中，摄像机摄取的真实世界图像输入到计算机中，与计算机图形系统产生的虚拟景象合成，并输出到屏幕显示器。用户从屏幕上看到最终的增强场景图片。它虽然简单，但不能带给用户多少沉浸感。

（2）光学透视式增强现实系统

头盔式显示器（Head-mounted displays，简称 HMD）被广泛应用于虚拟现实系统中，用以增强用户的视觉沉浸感。增强现实技术的研究者们也采用了类似的显示技术，这就是在 AR 中广泛应用的穿透式 HMD。根据具体实现原理又划分为两大类，分别是基于光学原理的穿透式 HMD（Optical See-through HMD）和基于视频合成技术的穿透式 HMD（Video See-through HMD）。

光学透视式增强现实系统具有简单、分辨率高、没有视觉偏差等优点，但它同时也存在着定位精度要求高、延迟匹配难、视野相对较窄和价格高等不足。

（3）视频透视式增强现实系统

视频透视式增强现实系统采用的基于视频合成技术的穿透式 HMD（Video See-through HMD）。

### 3．基于手机的增强现实

手机增强现实的结构增强现实系统不仅可以使用户看到周围的真实环境，还可看到计算机产生的虚拟物体或非几何信息。增强现实系统主要由摄像与处理模块、注册定位模块、融合渲染模块、显示模块等几个关键部分组成，如图 7-4 所示。

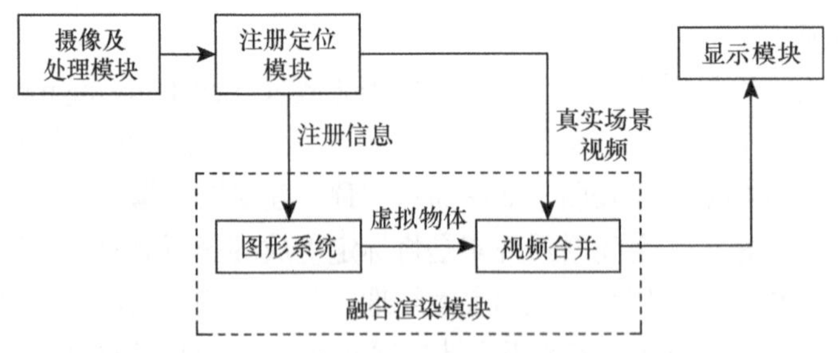


图 7-4　基于手机的增强现实

系统的工作流程：首先，摄像与处理模块通过图像采集设备获取真实场景，并通过一定的算法降低噪声；其次，注册与定位模块通过硬件或者软件计算出观察者当前的位置和姿态即注册信息；再次，融合渲染模块在获得观察者精确的注册信息后，由计算机图形系统根据注册信息生成虚拟场景或物体，并通过视频信号融合器实现计算机生成的虚拟场景与真实场景融合；最后，通过显示设备输出，使观察者"浸没"在增强后的场景中。

目前常用的增强现实系统的硬件一般主要包括 PC 机、摄像头、头盔显示器和硬件跟踪设备等。基于此构架的增强现实系统，由于存在体积庞大笨重、成本高、易损坏以及难以维护等缺点，因此对用户的实际使用及操作带来诸多不便。目前，小型移动设备如智能手机、掌上电脑（PDA）等，已经具备了接近普通 PC 机的运算能力，而且还内置了摄像头、红外通信接口、蓝牙无线接口及 GPS 定位设备等，因此选择智能手机作为增强现实技术的新载体，将增强现实技术移植到智能手机上，能够使增强现实系统突破以往的体积庞大的限制，在便携性、移动性以及人机交互性等方面具有更大的优势，也因而使增强现实技术能应用于更加广泛的领域。由于手机的计算能力及图形显示能力相对还比较弱，为了减轻手机端的计算负担，基于手机的增强现实目前大都还采用 C/S 的系统结构，让手机端与服务器共同承担计算处理任务，将部分计算工作放在服务器端，通过无线互联网将计算结果返回，在手机屏幕上进行增强现实效果如图 7-5 所示。

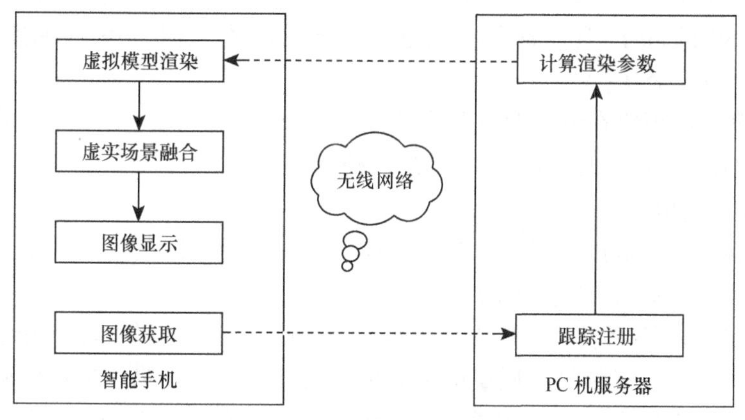


图 7-5　基于手机的增强实效图

该系统的工作过程：首先，手机通过摄像头捕捉真实场景视频，并通过无线网络传送给服务器；其次，服务器端实现三维跟踪注册，并且根据三维跟踪注册结果，先计算出虚拟模型的渲染参数，再将渲染参数通过无线网络连接传给手机；最后，手机根据渲染参数，进行虚拟场景渲染绘制，接着将虚拟场景叠加到真实场景视频中，并且将虚实融合的增强场景图像显示在手机的屏幕上。

尽管手机增强现实系统的研究需涉及许多关键技术，但让虚实准确结合的跟踪注册技术是最为关键的技术。手机增强现实系统的跟踪注册一般可分为两种：一种是采用跟踪传感器进行注册，简称跟踪器法；另一种是采用计算机视觉系统结合特定算法来实时得到，简称视觉法。其中，视觉法或基于视觉的方法又可分为基于标志的方法和基于自然特征的方法。

跟踪器的注册方法常采用磁力跟踪、超声跟踪、光学式跟踪、惯性跟踪、机械式跟踪、全球卫星定位系统（GPS）等方法进行跟踪注册。由于不同的跟踪器方法各有利弊，各自适合于不同的应用范围，且容易受到外界的干扰，以至于单一使用某种传感器进行跟踪注册，在精度和使用范围上难于满足实际应用的需要。因此，为了得到更广泛的适应性和更好的性能，许多系统采用跟踪器法与视觉法相结合的复合方法，以有效提高增强现实系统的跟踪性能和注册精度。

手机增强现实具有三种主要功能特点：1. 扩张真实环境；2. 高度交互性；3. 定位信息服务。其中，扩张真实环境中认为增强现实则致力于将计算机产生的虚拟物体或信息与真实环境融为一体，使其成为真实环境中的一个组成部分，以此来增强使用者对现实世界的理解。Milgram 等人的研究把虚拟环境和现实环境看成是一个连续的统一体，称为混合现实。因此，增强现实是补充现实而不是替代现实，它为学习者呈现一个虚拟物体与真实环境自然融合的学习环境，让他们可以在看到周围真实环境的同时，还能看到计算机产生的虚拟物体，并且还可以在真实环境中与虚拟物体进行交互。

把现实中的事物在电子设备中进行加工，实现一种三度空间，空间内同时存在虚拟事物并可以与其内容进行互动的一种虚拟技术。

**4．技术应用**

作为新型的人机接口和仿真工具，AR 受到的关注日益广泛，并且已经发挥了重要作用，显示出了巨大的潜力。

随着技术的不断发展，其内容也势必将不断增加。而随着输入和输出设备价格的不断下降、视频显示质量的提高以及功能很强大但易于使用的软件的实用化，AR 的应用必将日益增长。AR 技术在人工智能、CAD、图形仿真、虚拟通信、遥感、娱乐、模拟训练等许多领域带来了革命性的变化。这项技术有数百种可能的应用，其中游戏和娱乐是最显而易见的应用领域。可以给人们提供即时信息的不需要人们参与任何研究的任何系统，在相当多的领域对所有人都是有价值的。增强现实系统可以立即识别出人们看到的事物，并且检索和显示与该景象相关的数据。增强现实可以将游戏映射到周围的真实世界中，并可以真正成为其中的一个角色。澳大利亚的一位研究人员创作了一个将流行的视频游戏 Quake 和增强现实结合起来的原型游戏。他将一个大学校园的模型放进了游戏软件中。

增强现实在军事方面的应用从未停止过。国防先进技术研究计划署（DARPA）已经投资了 HMD 项目来开发可以配有便携式信息系统的显示器。其理念在于，增强现实系统可以为军队提供关于周边环境的重要信息，例如显示建筑物另一侧的入口，这有点像 X 射线视觉。增强现实显示器还能突出显示军队的移动，让士兵可以转移到敌人看不到的地方。

国外典型的应用有网上虚拟试衣、谷歌眼镜等。而城市镜头是国内首款聚合了目前移动互联最新 AR（增强现实）技术的智能手机应用。并致力打造全新的城市导游、导览、导购，景点与游客、商户与用户无缝链接全新的移动互联多资源整合平台。应用整合了各城市旅游、餐饮、娱乐、购物、生活、媒体等人们生活中所需的一切信息，并有精准的 AR（增强现实）朝向数据导航，为用户轻松定位、准确指引，从而方便、快捷、有效的帮助人们对所需品的选择，提高城市生活质量。该软件还提供了全面的城市室内导航、景点园区导航等攻略：如城市概况、景点园区导航（游览项目介绍、距离、等待时间等）、商圈室内导航、城市特色及文化推荐等，让用户轻松感受本地精华，做最好最全面的城市导游、导览、导购新平台。

## 7.3　移动互联网的内容运营模式

本节将介绍移动互联网内容运营的 2U 模式。

### 7.3.1　UGC

UGC 是“User Generated Content（用户生成内容）”的缩写。UGC 的概念最早起源于互联网领域，即用户将自己原创的内容通过互联网平台进行展示或者提供给其他用户。UGC 是伴随着以提倡个性化为主要特点的 Web 2.0 概念兴起的。UGC 并不是某一种具体的业务，而是一种用户使用互联网的新方式，即由原来的以下载为主变成下载和上传并重。YouTube、MySpace 等网站都可以看作是 UGC 的成功案例，社区网络、视频分享、博客和微博等都是 UGC 的主要应用形式。移动 UGC 模式如图 7-6 所示。

在移动互联网上，UGC 有着其独到的优势。

（1）庞大的手机用户基数是移动互联网内容的最大源泉，每个人都有创作与表达的需求，人们将更倾向于用手机记录真实的生活，表达自己的感受。而在这庞大的用户群中存在着各行各业的人士，他们有科学家、管理者、作家、音乐家、销售人员等，这些人不仅口袋里有钱，脑袋里更有智慧！整合手机用户的智力资源将是运营商内容生产与整合的最佳境界。

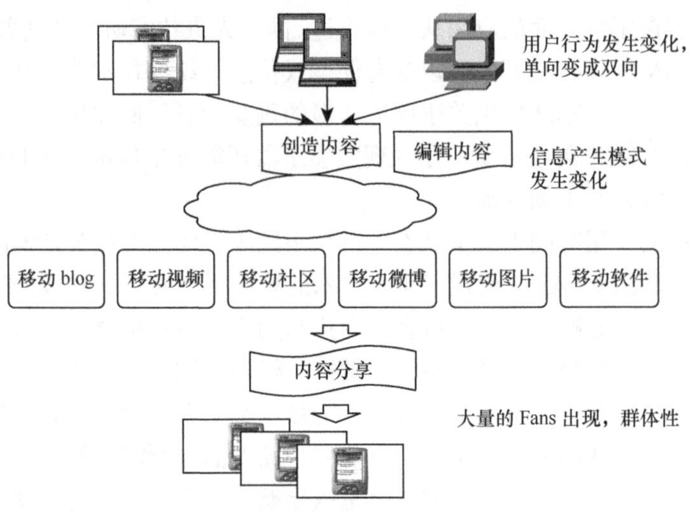


图 7-6　移动 UGC 模式

（2）UGC 将有利于运营商更深度地挖掘客户的需求，使内容更加的“客户化”，没有谁比用户更清楚自己的需求，UGC 让用户参与到内容的设计、开发等环节，将使内容更加的客户化。

（3）丰富、活跃的 UGC 内容恰恰能够满足手机用户多样化、个性化、快速变化的需求，在满足用户需求的情况下又降低了运营商内容生产的成本、生产周期与生产风险。

### 7.3.2　USC

如何将 UGC 的潜能最大地发挥出来呢？如何打造运营商最庞大的内容分销网络呢？这就需要 USC。

USC 是 User Sales Content 的缩写，即用户销售内容，简称“众销”。它用于解决内容分销问题，解决内容生产动力源的问题，以进一步促进 UGC 的发展。USC 实现消费者在消费的同时也能够获得回报，让消费者分享他所忠诚的产品的价值成长，让消费者加入产品设计、开发、销售、服务等环节中来，实现真正的客户创造、以客户为中心的产品研发与销售。

USC 消费者销售内容，可分为两类。

（1）众销模式一，针对 UGC 者：消费者既是内容的消费者又是内容的生产者，并通过内容生产获得回报，以回报为主要目标，积极主动地推广内容。让 UGC 者不仅是生产者，同时也是销售者，移动运营商只是他的代理商而已。如此，UGC 者将产生更高的创作以及推广积极性以获得更高的回报，移动运营商则将获得更高的流量收入与内容消费收入。

（2）众销模式二，针对非 UGC 者：消费者在消费内容的同时又能够销售内容并获得一定回报，这是一种“移动推荐式营销”，消费者通过自身的内容消费后，对内容形成良好的感知，自愿推荐给他的朋友，如果他的朋友也产生了消费，那他将获得一定的分成。这种模式在互联网因为其激励的准确性和及时性瓶颈问题而没有能得到很好的发展，但在移动互联网上，运营商强大的运营支撑系统，使得激励结算具有很强的准确度和及时性，在移动互联网上一定会得到快速的发展。移动运营商关键的任务就是开发出激励系统，激励消费者生产与推广内容。

USC 消费者生产内容需要有 3 种力量。

- 生产工具的普及，实现廉价的生产，比如博客系统、播客系统等就是一种廉价的生产工具。
- 传播工具的普及，互联网与移动互联网以及所衍生的传播工具是实现 UGC 与 USC 的基础。
- 连接供给与需求，实现供需两大系统的良性循环。

采用众销模式，运营商企业将获得很大的效益：

- 让企业的销售业绩实现级数增长的突破；
- 营销成本大幅度降低，包括人员成本、渠道费用、广告费用、礼品等；
- 减少产品研发成本，并使产品更加地客户化，产品持续创新；
- 提升消费者忠诚度，建立更紧密的客户关系；
- 社会贡献，创造更多的“创业者”，使更多消费者分享企业的价值成长。

说白了，UGC 就是消费者创造内容，这是 Web 2.0 的显著特征，这也将会是移动 2.0 的最大特点。而 USC 解决了内容分销问题、内容生产动力源等问题，进一步促进了 UGC 的发展。

## 7.4　Web 2.0 的技术应用

### 7.4.1　IM

IM 是 Instant Messaging（即时通信、实时传讯）的缩写，这是一种可以让使用者在网络上建立某种私人聊天室（Chatroom）的实时通信服务。大部分的即时通信服务提供了状态信息的特性——显示联络人名单、联络人是否在线及能否与联络人交谈。目前在互联网上受欢迎的即时通信软件包括 QQ、MSN Messenger（Windows Live Messenger）、AOL Instant Messenger（AIM）、Yahoo！Messenger、Jabber、ICQ、飞信、Skype、新浪 UC、网易泡泡、Google Talk、阿里旺旺等。

通常 IM 服务会在使用者联系人清单（类似电话簿）上的某人连上 IM 时发出

信息通知使用者，使用者便可据此与此人通过互联网进行实时通信。除了文字外，在频宽充足的前提下，大部分 IM 服务事实上也提供视频通信的能力。实时传送与电子邮件最大的不同在于不用等候，不需要每隔两分钟就按一次“传送与接收”，只要两个人都同时在线，就能像多媒体电话一样，传送文字、档案、声音、影像给对方，只要有网络，无论对方在天涯海角都没有时间差和距离感。

### 7.4.2 SNS

SNS（Social Networking Services，社区性网络服务）专指旨在帮助人们建立社会性网络的互联网应用服务，也应加上目前社会现有已成熟普及的信息载体，如短信 SMS 服务。SNS 的另一种常见解释：全称 Social Network Site，即“社交网站”或“社交网”。

社会性网络（社区网络，Social Networking，SN）是指个人之间的关系网络，这种基于社会网络关系系统思想的网站就是社区网站（SNS 网站）。现在许多 Web2.0 网站都属于 SNS 网站，如网络聊天（IM）、交友、视频分享、博客、网络社区、音乐共享等。社会性网络的理论基础源于六度理论（六度分隔理论，Six Degrees of Separation）和 150 法则（Rule Of 150）。现在不仅一些大公司网站开始了一些 SNS 应用，一些垂直领域的行业站点也开始了 SNS 的尝试，并且效果不错，例如以华人视觉艺术家为目标用户群体的蜂巢网（http://www.artcomb.com）、以情感与音乐为主的漂泊一族（http://www.piaoboyizu.com）以及基于 Manyou 开放平台的社交游戏推广平台社交游戏（http://www.shejiao.com）。

### 7.4.3 Wiki

Wiki（维基）指一种超文本系统。这种超文本系统支持面向社群的协作式写作，同时包括一组支持这种写作的辅助工具。有人认为，Wiki 系统属于一种人类知识网格系统，我们可以在 Web 的基础上对 Wiki 文本进行浏览、创建、更改，而且创建、更改、发布的代价远比 HTML 文本小；同时 Wiki 系统还支持面向社群的协作式写作，为协作式写作提供必要帮助；最后，Wiki 的写作者自然构成了一个社群，Wiki 系统为这个社群提供简单的交流工具。与其他超文本系统相比，Wiki 有使用方便及开放的特点，所以 Wiki 系统可以帮助我们在一个社群内共享某领域的知识。

Wiki 可以调动最广大的网民的群体智慧参与网络创造和互动，它是 Web 2.0 的一种典型应用，是知识社会条件下创新 2.0 的一种典型形式。

Wiki 是任何人都可以编辑的网页。在每个正常显示的页面下面都有一个编辑按钮，单击这个按钮就可以编辑页面了。有些人要问：任何人都可以编辑，那不是乱套了吗？其实不然，Wiki 体现了一种哲学思想："人之初，性本善"。Wiki 认为不会有人故意破坏 Wiki 网站，大家来编辑网页是为了共同参与。虽然如此，还是不免有很多好奇者无意中更改了 Wiki 网站的内容，那么为了维持网站的正确性，Wiki 在技术上和运行规则上做了一些规范，做到既坚持面向大众公开参与的原则又尽量降低众多参与者带来的风险。这些技术和规范如下。

（1）保留网页每一次更动的版本：即使参与者将整个页面删掉，管理者也会很方便地从记录中恢复最正确的页面版本。

（2）页面锁定：一些主要页面可以用锁定技术将内容锁定，外人就不可再编辑了。（虽然 Wiki 有这个功能，但使用它的甚少，这可能跟 wiki 倡导的精神相违背）。

（3）版本对比：Wiki 站点的每个页面都有更新记录，任意两个版本之间都可以进行对比，Wiki 会自动找出它们的差别。

（4）更新描述：你在更新一个页面的时候可以在描述栏中写上几句话，如你更新内容的依据或是跟管理员的对话等，这样，管理员就知道你更新页面的情况了。

（5）IP 禁止：尽管 Wiki 倡导"人之初，性本善"，人人都可参与，但破坏者、恶作剧者总是存在的，Wiki 有记录和封存 IP 的功能，将破坏者的 IP 记录下来他就不敢再胡作非为了。

（6）Sand Box（沙箱）测试：一般的 Wiki 都建有一个 Sand Box 的页面，这个页面就是让初次参与的人先到 Sand Box 页面做测试。Sand Box 与普通页面是一样的，这里你可以任意涂鸦、随意测试。

（7）编辑规则：任何一个开放的 Wiki 都有一个编辑规则，上面写明大家建设维护 Wiki 站点的规则。没有规矩不成方圆的道理任何地方都是适用的。

### 7.4.4　Blog

Blog 的全名应该是 Web log，中文意思是"网络日志"，后来缩写为 Blog，而博客（Blogger）就是写 Blog 的人。从理解上讲，博客是"一种表达个人思想、网络链接、内容按照时间顺序排列，并且不断更新的出版方式"。简单地说，博客是一类人，这类人习惯于在网上写日记。

Blog 是继 E-mail、BBS、IM 之后出现的第 4 种网络交流方式，是网络时代的个人"读者文摘"，是以超级链接为武器的网络日记，代表着新的生活方式和新的工作方式，更代表着新的学习方式。具体来说，博客（Blogger）这个概念解释为使用特定的软件，在网络上发表和张贴个人文章的人。

简而言之，Blog 就是以网络作为载体，简易迅速便捷地发布自己的心得，及时有效轻松地与他人进行交流，再集丰富多彩的个性化展示于一体的综合性平台。

Wiki 与 Blog 的区别如下。

Wiki 站点一般都有着一个严格的共同关注点，Wiki 的主题一般是明确的、坚定的。Wiki 站点的内容要求高度相关性。其确定的主题，任何写作者和参与者都应当严格遵从。Wiki 的协作是针对同一主题作外延式和内涵式的扩展，将同一个问题谈得很充分很深入。而 Blog 是一个简易便捷地发布自己的心得，关注个性问题的展示与交流的综合性平台。一般的 Blog 站点都会有一个主题，这个主题往往都是很松散的，而且一般不会去刻意地控制内容的相关性。

Wiki 非常适合于做一种“All about something”的站点。个性化在这里不是最重要的，信息的完整性和充分性以及权威性才是真正的目标。Wiki 由于其技术实现和含义的交织与复杂性，如果你漫无主题地去发挥，最终连建立者自己都会很快地迷失。Blog 注重的是个人的思想（不管多么不成熟，多么地匪夷所思），个性化是 Blog 的最重要特色。Blog 注重交流，一般是小范围的交流，通过访问者对一些或者一篇 Blog 文章的评论进行交互。

Wiki 使用最多也最合适的就是去共同进行文档的写作或者文章/书籍的写作。特别是技术相关的（尤以程序开发相关的）FAQ，更多的也是更合适以 Wiki 来展现。Blog 也有协作的意思，但是协作一般是指多人维护，而维护者之间可能着力于完全不同的内容，这种协作对于内容而言是比较松散的。任何人、任何主体的站点，都可以以 Blog 方式展示，都有它的生机和活力。从目前的情况看，Wiki 的运用程度不如 Blog 的广泛，但以后会怎样发展还有待观察，毕竟 Wiki 是一个共享社区。

### 7.4.5 RSS

RSS 是一种用于共享新闻和其他 Web 内容的数据交换规范，起源于网景通讯公司 netscape 的推“Push”技术，将订户订阅的内容传送给他们的通讯协同格式（Protocol）。它的主要版本有 0.91、1.0 和 2.0。广泛用于 Blog、wiki 和网上新闻频道。借助 RSS，网民可以自由订阅指定 Blog 或是新闻等支持 RSS 的网站（绝大多数的 Blog 都支持 RSS），也就是说读者可以自定义自己喜欢的内容，而不是象 Web 1.0 那样由网络编辑选出读者阅读的内容。世界多数知名新闻社网站都提供 RSS 订阅支持。它的核心价值在于颠覆了传统媒体中心的理念。雅虎首席运营官丹尼尔·罗森格告诉记者：“（对传统媒体的）颠覆倒不敢说，但 RSS 重新定义了信息分享的方法，颠覆了未来信息社会必须有一个核心的理念，虽然 RSS 眼下并不会为网络广告带来什么帮助，但是却能让所有人更好地分享信息。”

RSS 是自早期计算机高手们认识到 CGI（公共网关接口）可用来创建以数据

库为基础的网站以来，在互联网根本结构方面最重要的进步。RSS 使人们不仅链接到一个网页，而且可以订阅这个网页，从而每当该页面产生了变化时都会得到通知。斯格仁塔将之称为“增量的互联网”（incremental web）。其他人则称之为“鲜活的互联网”（live web）。

当然，所谓“动态网站”（即具有动态产生的内容、由数据库驱动的网站）取代了静态网站。而动态网站的活力不仅在于网页，而且在链接方面。一个指向网络博客的链接实际上是指向一个不断更新的网页，包括指向其中任何一篇文章的“固定链接”（permalinks），以及每一次更新的通知。因此，一个 RSS 是比书签或者指向一个单独网页的链接要强大得多。

RSS 同时也意味着网页浏览器不再只是限于浏览网页的工具。尽管诸如 bloglines 之类的 RSS 聚合器（RSS aggregators）是基于网络的，但其他的则是桌面程序，此外还有一些则可以用在便携设备上来接受定期更新的内容，如在线的阅读工具雅蛙网，本身 RSS 属于个人定制的范畴，雅蛙网进一步加以强化。

RSS 不仅用于推送新的博客文章的通知，还可以用于其他各种各样的数据更新，包括股票报价、天气情况、图片。这类应用实际上是对 RSS 本源的一种回归：RSS 诞生于 1997 年，是两种技术的汇合：一种是戴夫·温纳（Dave Winer）的“真正简单的聚合”（Really Simple Syndication）技术，用于通知博客的更新情况；另一种是 Netscape 公司提供的“丰富站点摘要”（Rich Site Summary）技术，该技术允许用户用定期更新的数据流来定制 Netscape 主页。后来 Netscape 公司失去了兴趣，这种技术便由温纳的一个博客先驱公司 Userland 承接下来。不过，在应用程序实现中，我可以看出两者共同的作用。

但是，RSS 只是令博客区别于同普通网页的一部分原因。汤姆·科特斯（Tom Coates）这样评论固定链接的重要性。

在许多方面，RSS 同固定链接的结合，为 HTTP（互联网协议）增添了 NNTP（新闻组的网络新闻协议）的许多特性。所谓“博客圈”（blogosphere），可以将其视作一种同互联网早期的、以对话方式来灌水的新闻组和公告牌相比来说，新型的对等（peer-to-peer）意义上的等价现象。人们不仅可以相互订阅网站并方便地链接到一个页面上的特定评论，而且通过一种称为引用通告（trackbacks）的机制，可以得知其他任何人链接到了他们的页面，并且可以用相互链接或者添加评论的方式来做出回应。

### 7.4.6 TAG

标签是一种灵活、有趣的日志分类方式，可以让你为自己所创造的内容（Blog

文字、图片、音频等）创建多个用作解释的关键字。比如一副雪景的图片就可以定义“雪花”、“冬天”、“北极”“风景照片”这几个。雅虎刚刚收购的图片共享网站 Flickr 就对此提供支持。Tag 类似于传统媒体的“栏目”，它的相对优势则在于创作者不会因媒体栏目的有限性而无法给作品归类，体现了群体的力量，使得日志之间的相关性和用户之间的交互性大大增强，其核心价值是社会化书签 SocialBookmark，用于分享多人的网络书签。美味书签是一个使用“分众分类”社会化书签。

## 7.5 移动互联网技术的发展趋势

移动互联网是电信、互联网、媒体、娱乐等产业融合的汇聚点，各种宽带无线通信、移动通信和互联网技术都在移动互联网业务上得到了很好的应用。从长远来看，移动互联网实现技术多样化是一个重要趋势，主要表现在以下几个方面。

➲ 网络接入技术多元化

目前能够支撑移动互联网的无线接入技术大致分成 3 类：无线局域网接入技术 Wi-Fi、无线城域网接入技术 WiMAX 和传统 3G 加强版的技术，如 HSDPA 等。不同的接入技术适用于不同的场所，使用户在不同的场合和环境下接入相应的网络，而不再是传统单一的网络接入服务。

➲ 移动终端的发展趋势

终端支持是业务推广的生命线，随着移动互联网业务逐渐升温，终端成为移动互联网发展的重点之一。围绕移动互联网发展的需求，移动互联网时代终端的发展呈现出 3 个明显的发展趋势；一是紧紧围绕用户需求，为用户提供全方位的服务和体验，趋向终端与服务一体化；二是实现终端多样化，拥有大屏幕的移动智能终端成为主流；三是代表着 3G 竞合时代终端融合的必然趋势。

➲ 注重用户体验

在移动互联网发展的今天，用户体验已经逐渐成为终端发展的至高追求。基于用户体验的移动终端发展中有 3 点非常值得我们关注。第一，支撑网络浏览器的移动终端将越来越普及，用户的所有基于 PC 的习惯都可以衍生到手机的习惯上。第二，满足用户各类娱乐需求的手机不断诞生，向着满足多种阅读需求、游戏需求以及视频和影视需求等方向发展。第三，位置服务功能会成为手机的标准配置，从而为用户提供更实际的应用服务。

➲ 终端实现多样化

在移动互联网时代，终端多样化成为移动互联网发展的一个重要趋势。同时，3G 竞合时代的合作发展之路决定了 3G 发展的多样性，最终以满足个人、家庭、企业、政府各类需求为目的。固定互联网的终端仅局限于计算机，而移动互联网的终端除手机之外，还正在向 MID、Tablet PC（如 iPad）上网本等满足用户差异化需求的便携式终端扩展。

➲ 融合是必然

移动互联网继承了固定互联网的很多技术，并在位置信息、漫游信息以及业务创新模式等方面进行了拓展。移动互联网实际是把传统互联网与移动通信相结合，进而也带动手机终端与 PC、电子消费终端的融合。电信、互联网行业的界限已经日益模糊，未来运营商提供的将是集信息化、多媒体、娱乐、广告内容于一体的综合信息服务。

➲ 网关技术推动内容制作的多元化

移动和固定互联网互通应用的发展使得有效连接互联网和移动网的移动互联网网关技术受到业界的广泛关注。采用这一技术，移动运营商可以提高用户的体验并更有效地管理网络。移动互联网网关实现的功能主要是通过网络侧的内容转换等技术适配 Web 网页、视频内容到移动终端上，使得移动运营商的网络从“比特管道”转变成“智能管道”。随着大量新型移动互联网业务的发展，移动网络上的流量越来越大，在移动互联网网关中使用深度包检测技术，可以根据运营商的资费计划和业务分层策略，有效地进行流量管理。网关技术的发展必将极大地丰富和发展移动互联网的内容来源和制作渠道。

# 参考文献


［1］ Mark de Reuver, Timber Haaker.designing viable business models forcontext-aware mobile services[J]. Telematics and Informatics (26):240-248, 2009.

［2］ PETRI ASUNMAA, SAMI INKINEN, PETRI NYKÄNEN, et al.Introduction to Mobile Internet Technical Architecture[J]. Wireless Personal Communications (22): 253-259, 2002.

［3］ Toshihiko Yamakami.mobile web 2.0: lessons from web2.0 and past mobile internet development[J]. In Proc. MUE:886-890, 2007.

［4］ Toshihiko Yamakami .Toward understanding the mobile Internet user behavior: a methodology for user clustering with aging analysis[J]. Parallel and Distributed Computing, Applications and Technologies: 85-89, 2003.

［5］ Sami Petäjäsoja, Ari Takanen, MikkoVarpiola, et al Case Studies from Fuzzing Bluetooth[J]. Securing Electronic Business Processes, Vieweg:188-195, 2007.

［6］ W. Lemstra, V. Hayes. License-exempt: Wi-Fi complement to 3G[J]. Telematics and Informatics(26): 227－239, 2009.

［7］ E. M. Macías, A. Suárez, and J. Martín. Corrective Actions at the Application Level for Streaming Video in Wi-Fi Ad Hoc Networks[J]. Innovations and Advanced Techniques in Computer and Information Sciences and Engineering: 525-530, 2007.

［8］ Benjamin Bappu and June Tay. Improving Uplink QoS of WifiHotspots[J]. Lecture Notes in Computer Science:353-355， 2005.

［9］ Dr. Jan U. Becker, Prof. Dr. Michel Clement, Dipl.-Kffr. Ute Schaedel. Shared WiFi-Communities – User Generated Infrastructure am Beispiel von FON[J].WIRTSCHAFTSINFORMATIK(6):482-488, 2008.

［10］ W. Lemstra, V. Hayes. License-exempt: Wi-Fi complement to 3G[J].Telematics and Informatics 26 :227–239, 2009.

［11］ 高平. 国际互联网标准化综述[J]. 世界标准化与质量管理(4):37-40, 2003.

[ 12 ] 张彦. 互联网的新热点——威客模式[J]. 四川工程职业技术学院学报 (5):29-31, 2006.
[ 13 ] 丁龙刚，马虹. 未来的移动互联网中 OFDM 技术浅析[J]. 湖北生态工程职业技术学院学报(1):32-34, 2007.
[ 14 ] 刘传相. 移动互联网：长路漫漫待求索[N]. 人民邮电出版社. 2008.
[ 15 ] 苏菁，徐乔鹏. 移动互联网_构筑未来信息社会生活新时尚[J]. 移动通信(01):53-55, 2001.
[ 16 ] 宋俊德. 移动互联网的五大热点[J]. 新电信(6):39-39, 2005.
[ 17 ] 赵慧玲. 移动互联网的现状与发展方向探索[J]. 移动通信(01):58-61, 2009.
[ 18 ] 向文杰. 移动互联网发展的回顾与展望[J]. 电信技术(01):66-69, 2009.
[ 19 ] 张力军. 移动互联网概述[J]. 当代通信(23):26-29, 2004.
[ 20 ] 张静. 移动互联网时代大猜想[J]. 互联网周刊(02):28-29, 2009.
[ 21 ] 魏亮. 下一代互联网标准化现状[J]. 电信科学(08):41-45, 2005.
[ 22 ] 邓庆林. 中国移动互联网业务的现状与发展[J]. 中国数据通信(4):22-25, 2004.
[ 23 ] 张明. 中国移动互联网业务经营预瞻[J]. 通信世界(19):31-32, 2003.
[ 24 ] 李丹丹，靳浩. 多跳网络技术在 WiMAX 网络中的应用[J]. 数据通信(3) :18-23, 2008.
[ 25 ] 裴一帆，张轮. 基于 WiFi 的无线网状网[J]. 科技情报开发与经济(12): 224-226, 2005.
[ 26 ] 熊辉. 浅谈 WIFI 技术及其应用[J]. 通信与信息技术(04):98-101, 2007.
[ 27 ] 张昱. IP 多媒体子系统_IMS_及其在固网移动融合_FMC_中的应用[J]. 山东通信技术 27(2):25-28, 2007.
[ 28 ] R. Brough Turner. 固网和移动网的融合应用——谁？怎样？何时?[J]. 通讯世界(138):80-80, 2006.
[ 29 ] 鲍轩，鲍宁远. 固网与移动网的融合演进策略[J]. 通信世界(03):23-23. 2008.
[ 30 ] 冯迪，赵建辉. 浅析智能移动电话与移动智能网的发展[J]. 中小企业管理与科技(12):245-246, 2008.
[ 31 ] 李儒金. 谈当今智能网[J]. 合作经济与科技(22):73-74, 2006.
[ 32 ] 廖建新. 移动智能网的发展趋势[J]. 现代电信科技(4):25-28, 2006.
[ 33 ] 刘妍芳. 智能网及智能网业务[J]. 内蒙古科技与经济(1):103-105, 2005.
[ 34 ] 刘健. 浅谈 WAP[J]. 山西经济管理干部学院学报(2):56-57, 2000.
[ 35 ] 陈若州，王建宣. WAP 的技术与应用[J]. 广东自动化与信息工程(3):34-37, 2000.
[ 36 ] 杨军. WAP 技术综述及展望[J]. 中山大学学报（自然科学版）(40):139-142, 2001.
[ 37 ] 孟涛. WAP 网站的设计与应用研究[J]. 科技信息（学术研究）(18):536-537, 2008.
[ 38 ] 刘洁. WAP 业务技术应用及展望[J]. 通信与信息技术(1):54-59, 2009.
[ 39 ] 李北金，张力. 基于 WAP 的电子支付的安全性研究[J]. 微计算机信息(2):7-9, 2008.
[ 40 ] 滕莉. GPRS: 随身“携带”互联网[J]. 微电脑世界(2):11-12, 2001.
[ 41 ] 苏金泷. GPRS 技术构成和发展[J]. 福建电脑(12):16-17, 2005.
[ 42 ] 张迎华，赵刚，孙建明，王玉梅. GPRS 无线业务的研究及应用[J]. 计算机与信息技术

(7):59-62, 2007.
[ 43 ] 曹东. GPRS 在监控系统中的组网方式及应用[J]. 安徽冶金科技职业学院学报 15(1):55-57, 2005.
[ 44 ] 王科峰. 浅谈 GPRS 时代的无线互联[J]. 内蒙古科技与经济(20):88-89, 2004.
[ 45 ] 李晓莺. EDGE——增强型 GSM 演进数据业务介绍[J]. 通信世界(22):47-47, 2004.
[ 46 ] 李晓莺. EDGE 技术及应用[J]. 电信科学(7):84-85, 2004.
[ 47 ] 徐玉，赵庆. EDGE 技术未来市场定位与走向分析[J]. 移动通信(9):37-39, 2004.
[ 48 ] 冯敏. EDGE 技术研究与应用[D]. 北京邮电大学[学位论文]. 2006.
[ 49 ] 刘衡萍. EDGE 在全球范围内的应用及前景[J]. 通信世界(3):25-27, 2004.
[ 50 ] 李斌，倪燕. 基于 IMS 的移动终端业务平台搭建[J]. 移动通信(1):80-83, 2009.
[ 51 ] 朱大新，张万强. IMS 中的业务提供[J]. 电信技术(8):105-108, 2006.
[ 52 ] 刘继胜，刘锬. 分布式网络化 IMS 的探讨与研究[J]. 精密制造与自动化(2):38-39, 2003.
[ 53 ] 于凤英. 下一代通讯网络技术 IMS 简介[J]. 电脑知识与技术(学术交流)(1):81-82, 2007.
[ 54 ] 郑有强. HSPA 数据通信[J]. (1):25-26, 2008.
[ 55 ] 朱红梅，李宝荣. HSPA+技术及系统分析[J]. 通信世界(28):16-17, 2007.
[ 56 ] 马小丽，李锦仪. HSPA 关键技术解析[J]. 通信世界(13):21-21, 2008.
[ 57 ] 肖哗. 打造高品质的 HSPA 网络[J]. 电信网技术(2):39-43, 2009.
[ 58 ] 徐菲. TD-SCDMA HSPA 技术及发展[J]. 电信网技术(2):1-4, 2009.
[ 59 ] 孙震强. Wi-Fi WiMAX WBMA 与 3G[J]. 中国无线电(4):20-23, 2004.
[ 60 ] 雷震洲. Wi-Fi 的下一步[J]. 中国电信业(7):62-64, 2003.
[ 61 ] 郎为民，焦巧，祈向宇，张颀. WiMAX 标准体系研究[J]. 商品储运与养护(9):23-24, 2008.
[ 62 ] 郎为民. WiMAX 技术讲座第 1 讲 WiMAX 技术概述[J]. 中国新通信(1):76-81, 2009.
[ 63 ] 付晓. LTE——3G 技术的未来发展[J]. 邮电设计技术(1):39-41, 2006.
[ 64 ] 林辉. LTE-Advanced 的标准化情况[J]. 电信科学(1):14-16, 2009.
[ 65 ] 杨鹏，李波. LTE 的关键技术及其标准演进[J]. 电信网技术(1):40-42, 2009.
[ 66 ] 胡海波，崔尧. LTE 技术热点分析[J]. 世界电信(7):53-56, 2007.
[ 67 ] 谢伟良，杨峰义. 从 CDMA 到 LTE 的移动网络技术演进[J]. 电信科学(1):27-31, 2009.
[ 68 ] 龙燕，孙旭，陈选育. 后 3G 时代，LTE 异军突起[J]. 广西通信技术(2):14-17, 2007.
[ 69 ] 胡海宁，林奇兵. 下一代无线网络 LTE 介绍[J]. 通信世界(20):B19-19, 2006.
[ 70 ] 鲁义轩. WiiSE 说明运营商不再等待[J]. 通信世界(14):A11-11, 2008.
[ 71 ] 范正伟. 浅析中国移动 WiiSE 计划[J]. 通信世界(32):A17-17, 2008.
[ 72 ] 何廷润. 移动门户：发展移动数据业务的关键因素[J]. 中国数据通信.2005(4):21-24.
[ 73 ] 姚群峰. 移动门户发展趋势—多接入门户[J]. 世界电信.2003(10):20-22.
[ 74 ] 赵庆. 移动门户现状浅析[J]. 世界电信. 2002(9):24-30.

[ 75 ] 张峰. 论移动搜索[J]. 情报杂志. 2008(3):115-117.
[ 76 ] 王静，崔路. 世界移动搜索发展现状与趋势[J]. 中国信息界. 2007(16):38-41.
[ 77 ] 马大强. 搜索引擎的发展前景[J]. 中国高新技术企业. 2004(4):64-68.
[ 78 ] 高东升. 新一代搜索引擎—上下五千年搜索新时代[J]. 网络与信息. 2000(12):30-31.
[ 79 ] 管黛. 移动搜索：蕴含巨大市场潜力[J]. 通讯世界. 2007(7):31-32.
[ 80 ] 焦健. 移动搜索发展方向简析[J]. 技术与市场. 2008(3):4-4.
[ 81 ] 毕新华，李海莉，张贺达. 基于价值网的移动商务商业模式研究[J]. 商业研究. 2009(1):206-210.
[ 82 ] 章勤俭，张丽云. 移动商务：企业面临的一次机遇和挑战[J]. 商场现代化. 2005(4):87-87.
[ 83 ] 冯清. 银行业移动商务应用综述[J]. 经济师.2007(7):253-254.
[ 84 ] 汪应洛. 中国移动商务研究和应用的回顾与展望[J]. 信息系统学报 2008, 2(2):1-9.
[ 85 ] 顾理琴. 浅谈云计算——未来网络趋势化[J]. 电脑知识与技术. 2008(S2):11-12.
[ 86 ] 孙颜珍. 新型网络模式——云计算初探[J]. 电脑知识与技术. 2008(S2):126-127.
[ 87 ] 葛慧. 云计算的信息安全[J]. 硅谷. 2009(2):42-43.
[ 88 ] 张健. 云计算概念和影响力解析[J]. 电信网技术. 2009(1):15-18.
[ 89 ] 袁鸿剑. 云计算就是未来[J]. 商务周刊. 2009(1):42-42.
[ 90 ] 潘春燕. 云计算实战：把数据中心迁移到云环境[J]. 信息通信工程. 2009(2):30-31.
[ 91 ] 陈建明. 云计算与有线行业增值业务平台建设[J]. 中国有线电视. 2009(1):52-55.
[ 92 ] 安华萍，贾宗璞. 3G 移动网络的安全问题[J]. 科学与技术工程. 2005,5(6):375-381.
[ 93 ] 张级华. 第三代移动通信系统的网络安全[J]. 现代电信科技. 2007(4):56-59.
[ 94 ] 杨光辉，李晓蔚. 现代移动通信网络安全关键技术探讨[J]. 长沙通信职业技术学院学报. 2007, 6(2):29-35.
[ 95 ] Dave Bailey. 移动安全为重点[N]. 每周电脑报. 2005(4):42-42.
[ 96 ] 彭卫华. 移动商务安全技术及发展前景分析[J]. 电脑与信息技术. 2005, 13(4):64-66.
[ 97 ] 吕欣. 移动商务的安全和隐私问题[J]. 计算机安全. 2005(9):36-38.
[ 98 ] 邓智华. 移动通信网络安全与策略[D]. 北京：北京邮电大学硕士学位论文. 2007.
[ 99 ] 程民利，赵力. 移动通信网络中的安全保密技术[J]. 电子科技. 2004(7):8-13.
[ 100 ] 高红梅，包杰，孙科学. 移动通信系统安全机制发展的研究[J]. 科技情报开发与经济. 2007, 17(10):177-178.
[ 101 ] 张晓麟. 优先考虑移动安全[N]. 每周电脑报. 2006(18):32-32.
[ 102 ] 李盛林. 中国移动通信安全问题研究[N]. 新远见. 2007(3):15-26.
[ 103 ] 李高广，吕廷杰. 电信运营商移动互联网运营模式研究[J]. 北京邮电大学学报. 2008, 10(3):29-33.
[ 104 ] 许翠萍. 融合中的移动互联网[J]. 通讯世界. 2008(5):62-62.
[ 105 ] 徐翠萍. 移动互联网：哪些服务和商业模式会流行? [J]. 通讯世界. 2008(5):36-36.

[ 106 ] 王跃. 移动互联网发展趋势分析. 数据通信[J]. 2008(4):16-18.

[ 107 ] 王志辉，宋俊德. 移动互联网应用重在商业模式融合[J]. 世界电信. 2008(10):50-53.

[ 108 ] 吴霞. 移动互联网在变革中前行[J]. 通信世界. 2008(38):A42-A43.

[ 109 ] 徐玉，汪卫国. 移动搜索：传统互联网搜索的超越[J]. 信息网络. 2008(8):11-14.

[ 110 ] 张东红，胡立强. 中国移动互联网发展方向的研究[J]. 移动通信. 2008(13):21-26.

[ 111 ] 彭立新. 电信 OSS/BSS 软件项目管理模型研究[D]. 四川：电子科技大学硕士学位论文. 2008.

[ 112 ] 杨娟. 国内新一代电信业务支撑系统软件体系结构的研究[D]. 北京：北京邮电大学硕士学位论文. 2007.

[ 113 ] 董振江. 移动互联网的支持技术及运营环境[J]. 北京：中兴. 2008.

[ 114 ] 马荟. 驶向移动互联网的战船[J]. 互联网周刊. 2009(4):34-35.

[ 115 ] 崔婷婷. “无序”的力量[J]. 互联网周刊. 2009(4):36-37.

[ 116 ] 申明. UMPC 的未来在哪里[N]. 科技日报. 2007(9):1-2.

[ 117 ] 吴挺. UMPC 未来谁主沉浮[J]. 计算机世界. 2008(17):1-4.

[ 118 ] 李郁. UMPC 蓄势待发[J]. 多媒体世界. 2007(6):24-25.

[ 119 ] 徐俊毅. 笔记本电脑大限将至 UMPC、UMD、MID 争相接手[J]. 电子与电脑. 2008(6):28-29.

[ 120 ] 戴静，万彭，周兰等. 移动互联网终端发展研究[J]. 信息通信技术. 2008(5):17-24.

[ 121 ] 李惠，丁革建. 智能手机操作系统概述[J]. 电脑与电信. 2009(3):67-68.

[ 122 ] 周允强，李代平，刘志武等. 3GUSIM 卡增值业务菜单的研究与实现[J]. 现代计算机. 2009(1):157-164.

[ 123 ] 孙文博. SIM 卡应用出新招整合公交卡功能[N]. 中国电子报.

[ 124 ] 阳富民，周艳，周正勇. WML 浏览器的设计与实现[J]. 计算机工程与科学. 2004, 26(9):4-6.

[ 125 ] 张静. 手机浏览器战争：移动互联网第一关[J]. 互联网周刊. 2009(4):30-32.

[ 126 ] 秦达. 3G 业务平台的整合与开放[J]. 电信技术.2002(10):4-7.

[ 127 ] 杨帆. 移动互联网 2009 技术现在与趋势[R]. 北京：德瑞电信咨询公司. 2009.

[ 128 ] James Lei. 移动互联网的发展期盼 3G 高带宽和应用服务[R]. In Stat China.2008.

[ 129 ] 庾志成. 移动互联网的发展现状和发展趋势[J]. 移动通信. 2008(9):22-24.

[ 130 ] 何达，瞿玮，周华春. 移动互联网技术综述[J]. 电信快报. 2007(11):16-19.

[ 131 ] 胡伟新. 移动互联网. http://www.chinavalue.net/Article/Archive/2009/3/28/167364.html.

[ 132 ] 怎样构建完善的 3G 业务支撑系统. http://info.tele.hc360.com/2005/08/21090856282.shtml.

[ 133 ] 手机多功能加身 MID 地位尴尬. http://www.embeded.cn/article/45623.html.

[ 134 ] MID 有望取代智能手机和上网本. http://news.163.com/09/0213/15/521UA388000120GU.html.

[ 135 ] 中国 MID 市场在未来两年将迎来快速发展. http://info.china.alibaba.com/news/detail/v0-d1003619860.html.

[ 136 ] MS 的移动浏览器：Deepfish. http://labs.chinamobile.com/mblog/384_5351.
[ 137 ] 移动版火狐浏览器将登录 Symbian 平台. http://tech.qq.com/a/20081217/000225.html.
[ 138 ] Opera. http://baike.baidu.com/view/473052.html.
[ 139 ] Safari. http://baike.baidu.com/view/110484.html.
[ 140 ] UCWEB. http://baike.baidu.com/view/96207.html.
[ 141 ] WML. http://baike.baidu.com/view/160091.html.
[ 142 ] 中国移动互联网发展趋势研究[R]. 艾凯数据研究中心. 2008.
[ 143 ] 艾瑞：2014 年中国移动互联网行业年度研究报告. http://report.iresearch.cn/2145.html.、http://news.iresearch.cn/zt/246303.shtml
[ 144 ] 潘敏. MMS 中 3GPP 的实现技术[D]. 西安电子科技大学硕士学位论文. 2005.
[ 145 ] 沈嘉. E3G 技术——3GPP LTE 和 3GPP2 AIE 的核心技术与标准化进展[J]. 世界电信. 2006, 04:29-34.
[ 146 ] 黄韬，刘韵洁，张智江. LTE/SAE 移动通信网络技术[M]. 人民邮电出版社. 2009.07.
[ 147 ] 吴险峰. 3GPP 的 MTC 标准最新进展[J]. 信息技术与标准化. 2011, 12:35-38.
[ 148 ] 王芃. M2M 应用与 3GPP MTC 标准化[J]. 邮电设计技术. 2014, 02:58-63.
[ 149 ] 杨庆广. ITU 标准：中国力量不断走强[N]. 中国电子报. 2007-02-06B06.
[ 150 ] 王保柱. 第四代(4G)移动通信关键技术浅析[J]. 中国新通信. 2012, 11:94-95.
[ 151 ] 蒋清平，杨士中，张天琪. 叮 DM 信号循环自相关分析及参数估计[J]. 华中科技大学学报（自然科学版）. 2010(02).
[ 152 ] 林涛. 第四代移动通信系统与关键技术分析[J]. 电子制作. 2014, 10:131+130.
[ 153 ] 毕俊辉. 第四代移动通信技术及其应用浅析[J]. 硅谷. 2014, 10:1+8..
[ 154 ] 张函清. 第四代移动通信技术研究[J]. 黑龙江科技信息. 2010, 15:82.
[ 155 ] 通信世界网：面向 2020 年及未来的 5G 愿景与需求. http://www.cww.net.cn/tech/html/2014/8/8/2014881656131124.htm.
[ 156 ]王景尧，白岩，孟祥娇，崔雪然. 5G 无线通信技术发展跟踪与分析[J]. 现代电信科技. 2014, 12:1-4.
[ 157 ] 月球，王晓周，杨小乐. 5G 网络新技术及核心网架构探讨[J]. 现代电信科技. 2014, 12:27-31.
[ 158 ] 李锦涛，郭俊波，罗海勇，曹岗，冯波，陈益强. 射频识别（RFID）技术及其应用[J]. 中国科学院计算技术研究所内部刊物—信息技术快报 2004 年第 11 期 1.
[ 159 ] 杨军. NFC 技术的应用、标准进展及测试[J]. 现代电信科技. 2009, 10:1-5.
[ 160 ] 曹宝坤. 崛起中的 NFC[J]. 数字技术与应用. 2013, 09:35+37.
[ 161 ] 杨军. NFC 技术的应用、标准进展及测试[J]. 现代电信科技. 2009, 10:1-5.
[ 162 ] 超移动宽带无线接入技术（UWB）网络架构分析[N]. 通信世界网. http://www.cww.net.cn/tech/html/2008/8/11/20088114113826 76.htm.

[ 163 ] 杨天. 创新应用将在 4G 时代快速发展[N]. 中国信息产业网-人民邮电报. http://www.cnii.com.cn/mobileinternet/2014-03/14/content_1323037.htm.

[ 164 ] 为什么 Hadoop 对你大数据处理的意义重大[N]. 中国大数据 [引用日期 2014-03-27] .

[ 165 ] Android 和 iOS 智能机市场占有率超过 90%. 手机中国咨询中心. http://www.cnmo.com/news/226998.html.

[ 166 ] iOS 及历史版本特性介绍. CNBlogs. http://www.cnblogs.com/salam/p/4344582.html.

[ 167 ] Android 操作系统发展史. 电子发烧友网. http://www.elecfans.com/baike/tongxunchanpin/shouji/20120202259006.html.

[ 168 ] 孙晓文. iOS 与 Android 操作系统的优缺点比较[J]. 无线互联科技，2013, (12):51-51.

[ 169 ] 王跃，肖丽. 移动智能终端技术架构模型研究[J]. 现代电信科技，2013, (6):13-19.

[ 170 ] 封顺天. 可穿戴设备发展现状及趋势[J]. 信息通信技术，2014, (3):52-57.

[ 171 ] 于寅虎. 平板电脑未来趋势分析[J]. 电子产品世界，2011, 18(10):5-6.

[ 172 ] 陈晔. 平板电脑市场状况及未来发展趋势[J]. 经济视角，2012, (2)94, 91.

[ 173 ] 张立成. 面向车联网的车载智能终端研究与实现[D]. 长安大学，2012.

[ 174 ] 国家工业和信息化部电信研究院发布《移动终端白皮书》[J]. 物联网技术，2012, 06:89.7.

[ 175 ] 鲁帆. 移动智能终端发展趋势研究[J]. 现代传播：中国传媒大学学报，2011, (11):139-140.

[ 176 ] 可穿戴设备还有多少路程要走. 网易科技. http://baike.baidu.com/link?url=3Y1rHHxA3tsW1rT-UUgXvePR0pvONwploHv3b5GaduoyuMnuuNq14mY6y7eoCtEBtKzGN-PyTU_BcmTNCCD14_.

[ 177 ] 未来智能手机发展趋势. 中国行业研究网. http://www.chinairn.com/news/20131017/171954748.html.

[ 178 ] 2015-2020 年中国智能手机市场供需及投资评估报告，智研咨询集团 http://www.chyxx.com/research/201501/301469.html.

[ 179 ] 车载智能终端，物联网世界技术文库. http://www.iotworld.com.cn/html/Library/201411/df11307b6c5d26a5.shtml.

[ 180 ] 可穿戴设备分类排行榜，互联网周刊. http://mp.weixin.qq.com/s?__biz=MjM5Njk3NTk0MQ==&mid=205324010&idx=1&sn=9bdc37e35877ee0ba0a6b29e0f9efa3d&scene=1&from=singlemessage&isappinstalled=0#rd.

[ 181 ] 杨彦格. 3G 移动终端软硬件技术发展趋势[J]. 移动通信，2012, 36(3):74-78.

[ 182 ] 李原，姜恒，王刚. 基于 IDC 的云计算应用研究[J]. 吉林大学学报（信息科学版），2014, 04:446-449.

[ 183 ] 王明皓，李平安. IDC 产业竞争及提升研究[J]. 电脑与电信，2013, 06:32-34.

[ 184 ] 中国电信云计算公司揭开面纱[J]. 电脑与电信，2012, 04:11-12.

[ 185 ] 范庆彬，王为. 云计算在电信运营商中的应用[J]. 信息通信，2011, 03:167-170.

[186] 王跃. 云计算在运营商 IDC 中的应用[J]. 数字通信，2012, 02:18-21.

[187] 王征，刘峰. 云计算在 IDC 中的应用研究和实践[J]. 数字通信，2010，37(3):37-42.

[188] 王明皓，李平安. IDC 产业竞争及提升研究[J]. 电脑与电信，2013, 06:32-34.

[189] 杨传栋，余镇威. 王行刚等. 结合 CDN 与 P2P 技术的混合流媒体系统研究[J]. 2005, 25(9): 204-207.

[190] 杨天路，魏小康等. P2P 网络技术原理与 C++案例[M]. 北京：人民邮电出版社，2008:130-140.

[191] 方炜，吴明晖，应晶等. 基于 P2P 的流媒体应用及其关键算法研究[J]. 计算机应用与软件，2005, 22(5):35-37.

[192] 叶剑虹，孙世新. 基于 P2P 的 CDN 网络研究报告. 电子科技大学计算机科学与工程学院 2007.

[193] 周洪波. 云计算：技术、应用、标准和商业模式[M]. 北京：电子工业出版社.

[194] 徐鹏，陈思，苏森. 互联网应用 PaaS 平台体系结构[J]. 北京邮电大学学报，2012, 01:120-124.

[195] 赵春燕. 云环境下作业调度算法研究与实现[D]. 北京：北京交通大学图书馆，2009.

[196] 俞乃博. 云计算 IaaS 服务模式探讨[J]. 电信科学，2011, S1:39-43.

[197] 岑文初. 分布式计算开源框架 Hadoop 入门实践[EB/OL]. http://blog.csdn.net/cenwenchu79/ar-chive/2008/08/29/2847529.aspx, 2008.

[198] Hadoop apache 文档. Hadoop 分布式文件系统：架构和设计[EB/OL]. http://hadoop.apache.org/common/docs/r0.18.2/cn/hdfs_design.html, 2009.

[199] Chuck Lam. Hadoop 实战:中文版[M]. 韩冀中译. 北京：人民邮电出版社，2011.

[200] 李冉. 一种改进的 Hadoop 基础框架[J]. 荆楚理工学院学报，2012, 09:26-30.

[201] 2013 年全球移动应用商店下载总量将达 1020 亿[N]. 赛迪网. http://miit.ccidnet.com/art/32559/20130922/5188791_1.html.

[202] 郭静. 移动搜索商业化为何会出现难题？[N]. 创业邦. http://www.cyzone.cn/a/20140212/254208.html.

[203] 2014 年中国移动阅读市场收入规模达 88.4 亿元[N]. 宁夏日报. http://www.chinanews.com/cul/2015/01-28/7013805.shtml.

[204] 易观国际：预测 2012-2015 年中国移动阅读市场趋势. 中国互联网数据资讯中心. http://www.199it.com/archives/86795.html.

[205] 唐爱军，曾宪云. 4G 移动通信系统的安全机制[J]. 科技传播，2014, 12:213-214.

[206] 朱朝旭，果实，薛磊. 4G 网络特性及安全性研究[J]. 数据通信，2011, 03:25-27.

[207] 吴新民，熊晖. 4G 网络安全问题防范与对策的研究[J]. 通信技术 Vol.42，No.04, 2009 总第 208 期 Communications Technology No.208, Totally.

[208] 奇飞，朱星岩. 移动社交:一场愈演愈烈的社交变革[J]. 中外企业家，2014, 35:225-226.

[209] 孟凡宁，丛中昌，黄志兴，贺楚瑜. 移动互联网应用跨平台开发研究[J]. 移动通信，2013, 13:60-63.

[210] 邢晓鹏. HTML5 核心技术的研究与价值分析[J]. 价值工程，2011, 22:157-158.
[211] 任金波. HTML5 在移动互联网中的应用[J]. 电脑与电信，2012, 12:38-39+42.
[212] 李慧云，何震苇，李丽，陆钢. HTML5 技术与应用模式研究[J]. 电信科学，2012, 05:24-29.
[213] 黄永慧，陈程凯. HTML5 在移动应用开发上的应用前景[J]. 计算机技术与发展，2013, 07:207-210.
[214] 快速构建跨平台移动应用开发方案[J]. 价值工程. 2013, 29:197-199.
[215] 王振家. 智能硬件:下一轮投资浪潮[J]. 光彩. 2015, 01:30-31.
[216] 石海娥. 智能硬件概念大于应用[J]. 光彩. 2015, 01:32-33.
[217] 智能硬件设计与应用研讨会在上海召开[J]. 电子技术应用，2014, 05:71.
[218] 陈杰. IT 江湖：智能硬件之争将持续升温[J]. 科技致富向导，2014, 26:6.
[219] 张越. 智能硬件开年发力[J]. 中国信息化. 2014.03.26.
[220] 李伟. 智能硬件：下一个“台风口”？[J]. 中国科技财富. 2014, (11).
[221] 国仁. 风险越大收益越可期——智能硬件投资热的背后原因[J]. 世界博览. 2014, 08:56-57.
[222] 刘志勇. 漫谈开源与闭源的纷争[J]. 网管员世界.2007.(10B).
[223] 何猛，闫强. 大数据时代的信息消费内涵分析[J]. 北京邮电大学学报（社会科学版），2014, 04:40-45.
[224] 周鸿祎. 颠覆性创新[J]. 唯实（现代管理），2014(01):45-45.
[225] 夏祖军. 大数据助力信息消费[J]. 中国财经报，2014(05):01-02.
[226] 王君琚，闫强. 碎片时间的应用现状与发展趋势分析[J]. 北京邮电大学学报（社会科学版）2011, 13(2):48-48.
[227] 王辰越. 信息消费的下一站：GIS [J]. 中国经济周刊，2014(9):80-81.
[228] 移动互联网迈入 2.0 时代加速与传统行业跨界融合. 通信世界网. http://www.cww.net.cn/cwwMag/html/2014/1/14/20141141734469756.htm.
[229] 周忠，周颐，肖江剑. 虚拟现实增强技术综述[J]. 中国科学：信息科学，2015, 02:157-180.
[230] 陈慧. Web2.0 及其典型应用研究[D]. 华东师范大学，2006.